淀粉生物技术

李兆丰　顾正彪　陈　坚　主编

中国轻工业出版社

图书在版编目(CIP)数据

淀粉生物技术 / 李兆丰，顾正彪，陈坚主编. —北京：中国轻工业出版社，2023.5
ISBN 978-7-5184-4081-8

Ⅰ.①淀… Ⅱ.①李… ②顾… ③陈… Ⅲ.①生物工程—应用—淀粉—食品加工 Ⅳ.①TS234

中国版本图书馆 CIP 数据核字（2022）第 134654 号

责任编辑：伊双双

策划编辑：伊双双　　责任终审：唐是雯　　封面设计：锋尚设计
版式设计：华　艺　　责任校对：朱燕春　　责任监印：张　可

出版发行：中国轻工业出版社（北京东长安街6号，邮编：100740）
印　　刷：三河市万龙印装有限公司
经　　销：各地新华书店
版　　次：2023 年 5 月第 1 版第 1 次印刷
开　　本：720×100　1/16　印张：18.25
字　　数：372 千字
书　　号：ISBN 978-7-5184-4081-8　　定价：128.00 元
邮购电话：010-65241695
发行电话：010-85119835　传真：85113293
网　　址：http://www.chlip.com.cn
Email：club@chlip.com.cn
如发现图书残缺请与我社邮购联系调换

211265K1X101ZBW

本书编委会

主　编： 李兆丰　顾正彪　陈　坚

编　委：（以姓名汉语拼音为序）

班宵逢　陈双娣　何　萌　蒋自航

孔昊存　李才明　李益文　李由然

李泽西　习士霞　尤钰娴　张　笑

张国强　张佳艳

前言

淀粉不仅来源丰富，而且属于可再生资源，同时容易被转化成各种衍生物，因此，其具有巨大的开发潜力和重要的应用价值。淀粉工业被誉为朝阳产业，随着国民经济的快速发展，淀粉的用途已渗透到各行各业，在人们的日常生活中无处不在，直接带动了食品、农业、医药、化工、纺织、造纸、燃料等诸多行业的发展。

淀粉生物技术是指生物技术在淀粉工业中的应用，包括利用传统生物技术进行淀粉发酵和转化，以及利用现代生物技术对淀粉原料进行加工和改良，以获得淀粉糖、变性淀粉、糖醇、淀粉质燃料、有机酸、氨基酸等淀粉深加工产品。淀粉生物技术的蓬勃发展代表着生命科学与工程技术的深度融合，其作为淀粉加工中不可或缺的关键技术，在淀粉工业的现代发展中发挥着重要的助推作用。

作为世界淀粉生产大国，我国淀粉工业的发展历经了长期的积淀和传承，已进入快速发展的新时期。随着科技的不断进步，淀粉工程技术与现代生物技术必将呈现更紧密的结合。开发淀粉生物技术，充分利用淀粉质资源，提高淀粉产品丰富度和附加值，对推动淀粉深加工及相关产业的快速发展具有重要意义。国家"十四五"规划提出的"创新、协调、绿色、开放、共享"新发展理念对淀粉加工行业的安全性、高效性、创新性提出了更高的要求。未来淀粉生物技术的发展，一方面要利用先进生物技术手段提高淀粉利用率和淀粉制品附加值，开发更加多元化和系列化的淀粉深加工产品；另一方面要致力于绿色节能减排与梯次利用，推动淀粉及淀粉深加工产业向可持续发展方式转变，从而带动整个淀粉加工产业的结构优化和转型升级。

为了满足我国淀粉工业日益发展的需要，使广大读者能更系统全面地了解淀粉生物技术的相关知识，特编写此书，旨在为从事淀粉生物技术的科研工作者及工程技术人员提供参考，帮助各行各业了解淀粉生物技术基础知识和产业前沿，以期推动本领域的理论研究、学科融合、产业应用和创新发展。

本书着眼于淀粉深加工相关生物技术及重要加工制品，结合最新研究成果和产业动态，围绕淀粉科学前沿理论、先进淀粉生物技术、淀粉质产品开发与应用等方面的研究进展、工业化应用及发展趋势进行总结和探讨。全书共八章。第一章主要概述了淀粉的结构及理化性质，由李益文、尤钰娴编写；第二章介绍了淀粉加工所涉及的生物技术及其发展历程与研究前沿，由张国强编写；第三章介绍了淀粉的天然合成过程以及新型的生物合成技术，由李才明、蒋自航编写；第四章结合生产实例重点介绍了淀粉发酵相关技术及代表性应用，由李由然编写；第五章至第七章分别从生产原理、生产用酶、工艺、理化性质和工业应用等方面介绍了传统淀粉糖、功能性低聚糖、特定功能低聚物三类淀粉深加工产物的酶法生产，分别由班宵逢、李泽西、习士霞、张笑、张佳艳、陈双娣编写；第八章介绍了包括酶解修饰、脱支修饰、高支化修饰在内的多种淀粉生物改性技术，由孔昊存、何萌编写。全书由李兆丰、顾正彪、陈坚统稿。

由于编者水平有限，书中难免有疏漏及不妥之处，恳请广大同行及读者批评指正。

编 者

2023 年 3 月

目　录

第一章　淀粉的结构与性质 1
- 第一节　淀粉的分子结构 2
- 第二节　淀粉的颗粒结构 5
- 第三节　淀粉的理化性质 8
- 第四节　淀粉的工业应用 20
- 参考文献 25

第二章　现代生物技术 31
- 第一节　概述 32
- 第二节　现代发酵工程技术 36
- 第三节　酶工程技术 48
- 参考文献 58

第三章　淀粉的生物合成 67
- 第一节　淀粉的天然合成途径 68
- 第二节　淀粉合成的分子生物学基础 69
- 第三节　淀粉的人工生物合成技术 76
- 参考文献 80

第四章　淀粉发酵技术 87
- 第一节　概述 88
- 第二节　淀粉预处理 92
- 第三节　淀粉的同步糖化发酵 100
- 第四节　淀粉发酵代表产品——酒精 101
- 第五节　淀粉发酵代表产品——柠檬酸 113
- 参考文献 120

第五章　传统淀粉糖的酶法生产 127
- 第一节　麦芽糊精 128

第二节　麦芽糖浆 …………………………………………………… 137
  第三节　结晶葡萄糖 ………………………………………………… 143
  第四节　果葡糖浆 …………………………………………………… 152
  参考文献 ………………………………………………………………… 160

第六章　功能性低聚糖的酶法生产 ……………………………………… 165
  第一节　低聚异麦芽糖 ……………………………………………… 166
  第二节　低聚龙胆糖 ………………………………………………… 172
  第三节　海藻糖 ……………………………………………………… 177
  第四节　磷酸寡糖 …………………………………………………… 183
  参考文献 ………………………………………………………………… 187

第七章　特定功能低聚物的酶法生产 ……………………………………… 191
  第一节　普通环糊精 ………………………………………………… 192
  第二节　分支环糊精 ………………………………………………… 204
  第三节　大环糊精 …………………………………………………… 208
  第四节　直链麦芽低聚糖 …………………………………………… 213
  参考文献 ………………………………………………………………… 226

第八章　淀粉的生物改性 ……………………………………………………… 233
  第一节　概述 ………………………………………………………… 234
  第二节　颗粒淀粉的酶解修饰 ……………………………………… 236
  第三节　淀粉的脱支修饰 …………………………………………… 243
  第四节　淀粉的高支化修饰 ………………………………………… 256
  参考文献 ………………………………………………………………… 275

第一章
淀粉的结构与性质

淀粉是一类天然的高分子碳水化合物，是植物主要的储能物质，广泛存在于种子、块茎、块根、果实和叶片等多种组织中。淀粉的结构是其理化性质和功能的基础，为了更好地开发利用淀粉资源，应先对其结构进行全面了解，主要包括淀粉的颗粒结构和分子结构。此外，深入解析淀粉的理化性质也能够为淀粉的发酵、酶解及改性提供理论基础，有助于进一步探索淀粉的精深加工、产品开发和工业应用。

第一节 淀粉的分子结构

一、淀粉的化学组成

淀粉是由葡萄糖单体组成的同聚物，分子式可写成$(C_6H_{10}O_5)_n$，n表示组成淀粉分子的脱水葡萄糖数量，又称为聚合度（degree of polymerization，DP）。淀粉颗粒主要由直链淀粉和支链淀粉聚合而成，两者的长链都由数百甚至数千个葡萄糖基单元组成。直链淀粉是α-D-吡喃葡萄糖基单元由α-1,4糖苷键连接而成的线性聚合物，而支链淀粉是α-D-吡喃葡萄糖基单元由α-1,4糖苷键连接而成直链、再由α-1,6糖苷键将多条直链连接而成的高支化聚合物。直链淀粉和支链淀粉的含量、比例及结构特性对淀粉的水结合能力、热特性、糊化特性、酶解性能等理化性质具有显著影响。有研究发现，除了直链分子和支链分子外，淀粉还存在少量的中间级分（intermediate material，IM），由低度支化的支链淀粉和带有少量短支链的直链淀粉组成，由于分支少、侧链短，其性质与直链淀粉接近。

淀粉颗粒中的非碳水化合物含量很低，仅占其质量的10%左右，如水分、蛋白质、脂质、灰分等。蛋白质存在于颗粒的表面或内部，通常与淀粉的生物合成相关，例如，颗粒结合型淀粉合酶Ⅰ（granule-bound starch synthase Ⅰ，GBSSⅠ）主要负责直链淀粉的合成[1]。大多数淀粉的脂质通常以游离脂肪酸或磷脂的形式存在，可与直链淀粉形成复合物。一般而言，谷物淀粉的脂质含量高于植物根茎、块茎和豆类淀粉。磷元素一般以磷脂、无机磷酸盐、磷酸酯的形式存在，其中马铃薯淀粉的磷含量相对较高。这些微量成分在淀粉加工过程中会与淀粉发生相互作用（如美拉德反应），从而改变淀粉的特性。

二、直链淀粉的分子结构

直链淀粉相对分子质量在$10^5 \sim 10^6$，平均DP一般在5000以下，结构示意图如图 1-1 所示。直链淀粉的一端是葡萄糖单元的 C_1 碳原子，含有游离的半缩醛羟基，具有还原性，称为还原性末端；另一端不含有游离的 α-羟基，不具有还原性，称为非还原性末端。少数直链淀粉分子具有分支结构，但其相邻分支点间隔很远且分支较短，α-1,6 糖苷键含量仅占总糖苷键的 0.3%~0.5%。此外，对于不同植物来源的淀粉，其直链淀粉含量存在较大差异，而同一植物来源的淀粉因生长条件、成熟程度、基因类型的差异也会影响直链淀粉的含量。

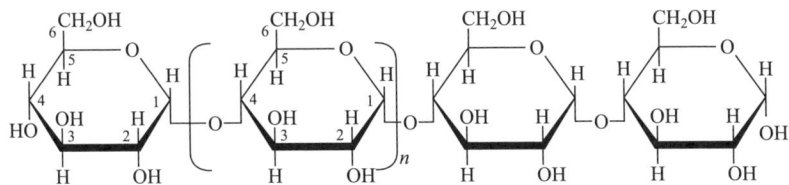

图 1-1　直链淀粉分子结构示意图

直链淀粉在溶液中的主要构型有螺旋型、间断式螺旋型和无规线团型等，如图 1-2 所示。在中性溶液中，直链淀粉一般呈现无规线团型，但是当溶液中的分子与直链淀粉形成络合物时，直链淀粉一般以螺旋型存在。例如，碘分子进入直链淀粉的螺旋内部，形成淀粉-碘复合物并呈现蓝色，该复合物在 620~680nm 波长的范围内具有最大的吸收峰。直链淀粉的螺旋结构通过分子内氢键的相互作用形成，每六个葡萄糖分子构成一个旋转的节距，氢原子位于螺旋结构的内侧，羟基位于螺旋结构的外侧。

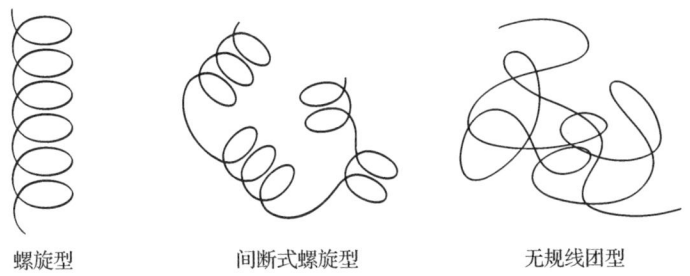

螺旋型　　　　　间断式螺旋型　　　　　无规线团型

图 1-2　直链淀粉在溶液中的主要构型

三、支链淀粉的分子结构

支链淀粉相对分子质量为 10^7~10^9，平均 DP 为 5000~100000，结构示意图如图 1-3 所示。一般而言，支链淀粉中 α-1,6 糖苷键的含量约占总糖苷键的 4%~6%。在大多数植物淀粉中，支链淀粉的含量高于直链淀粉，直链淀粉仅占 20%~30%。但也存在少许例外，例如，蜡质谷物中几乎不含有直链淀粉，而一些转基因作物的淀粉可能含有 50%~80% 的直链淀粉；也有研究报道了一种转基因大麦淀粉，其直链淀粉含量几乎占总淀粉的 100%[2]。

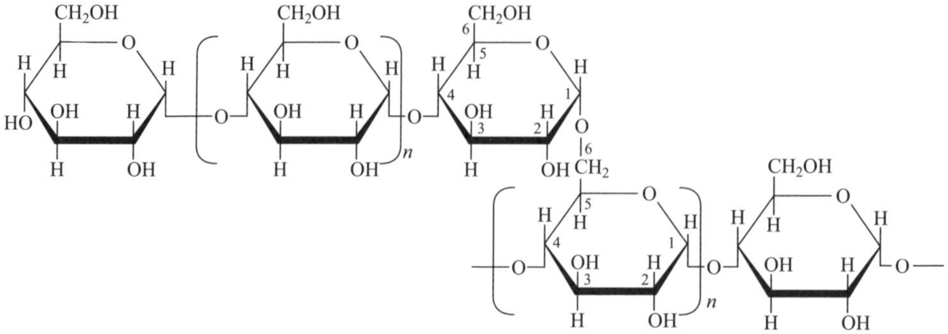

图 1-3　支链淀粉分子结构示意图

对于支链淀粉的分子结构模型有多种说法，目前普遍认为簇状结构模型最符合实际。根据簇状模型，支链淀粉的分支链可分为 A 链、B 链和 C 链，如图 1-4 所示。其中，A 链与其他分子链相连，但是自身不包含分支点，位于支链淀粉结构的最外侧，通过还原性末端葡萄糖残基的 O6 位连接于 B 链上。B 链通过 α-1,6 糖苷键与其他分子链相连，并且自身也包含一个或多个分支点。而 C 链是支链淀粉的主链，包含了淀粉分子唯一的还原性末端。整体而言，支链淀粉有一个还原性末端和多个非还原性末端，不显示还原性。

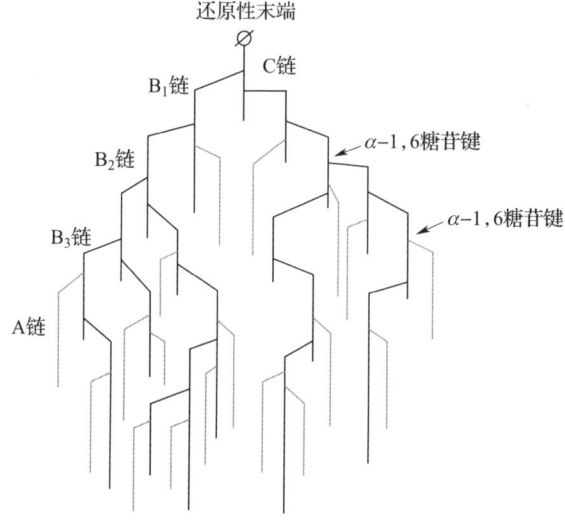

图 1-4　支链淀粉的簇状结构

第二节 淀粉的颗粒结构

一、淀粉颗粒的形态

淀粉在植物的生长过程中合成,并以颗粒的形式存在于植物组织中。淀粉颗粒的形态多样,目前观察到的淀粉颗粒形态有球形、椭球形、圆盘形、多角形等。一般不同来源的淀粉颗粒具有自身的特征形状,因此通过观察淀粉颗粒形态可以粗略地判断淀粉来源,例如,马铃薯淀粉颗粒多数呈椭球形,而玉米淀粉颗粒一般呈多角形[3]。此外,不同淀粉的颗粒大小也有差异,最小的淀粉颗粒直径可以达到亚微米级,而大的淀粉颗粒直径可超过100μm。通常而言,谷物的淀粉颗粒小于植物块茎或块根的淀粉颗粒。在同一植物组织中淀粉颗粒可能存在多种形状,大小也不均一。例如,在大麦中同时存在圆盘形和球形的淀粉颗粒,其中A型颗粒较大,直径为10~30μm;而B型颗粒较小,直径不超过6μm[4]。

通过扫描电子显微镜和原子力显微镜观察淀粉颗粒的表面形态,发现颗粒表面形貌较为粗糙,一些谷物淀粉颗粒的表面还具有特殊的微孔结构。这些微孔结构可能为淀粉酶作用于淀粉分子提供了最初的酶解位点,并且还是淀粉颗粒内部脐点空腔处到淀粉颗粒表面孔道的端口。淀粉颗粒表面形态的差异可能会导致淀粉在抵御酶水解等外部作用时呈现出不同抗性。在高倍光学显微镜下可以观察到淀粉颗粒的表面呈现若干环状细纹,称为淀粉颗粒的轮纹结构,样式与年轮类似。各轮纹层围绕的一点称为粒心或脐点。粒心在中央的轮纹称为中心轮纹,粒心偏于一侧的轮纹称为偏心轮纹。根据粒心及轮纹的情况,淀粉颗粒可分为单粒、复粒、半复粒和假复粒(图1-5)。

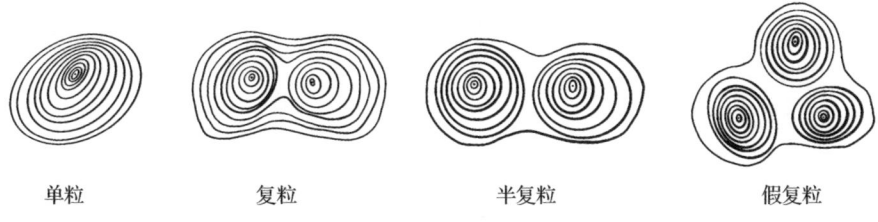

单粒　　　　复粒　　　　半复粒　　　　假复粒

图1-5　淀粉颗粒类型示意图

二、生长环结构

在偏光显微镜下观察淀粉颗粒,可以看到一个明显的偏光十字,十字的交叉点与淀粉颗粒的脐点重合，这种现象证明了淀粉颗粒具有球晶结构，内部晶体结构呈现辐射状。此外，采用高倍光学显微镜可发现淀粉颗粒具有环层结构，宽度为 120~400nm，将这种环层结构定义为淀粉颗粒的生长环，生长环所围绕的点则为淀粉颗粒的脐点。生长环实质上是由淀粉颗粒中的结晶区（硬壳层）和无定形区（软壳层）相互交替排列而形成的。结晶区域由支链淀粉的双螺旋结构通过相互靠近和排列形成，而无定形区一般由直链淀粉的单螺旋或线性链构成，示意图如图 1-6 所示。生长环的存在证明了淀粉颗粒以半晶态的形式存在于自然界中。

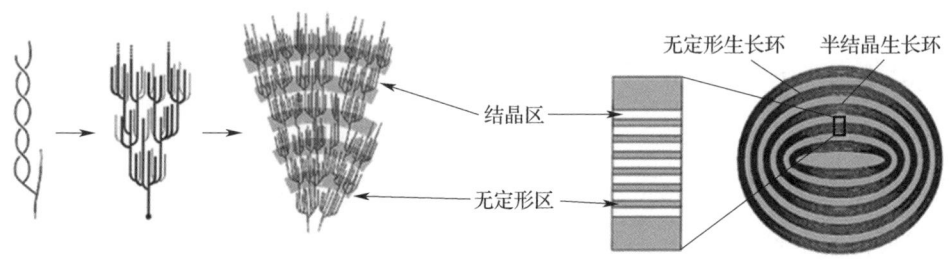

图 1-6　淀粉的生长环结构示意图[5]

三、Blocklet 结构

1937 年，Badenhuizen 在利用化学法降解淀粉时发现淀粉颗粒内部存在天然稳定的单元结构，扫描电子显微镜和原子力显微技术也证实了这一点，这种单元结构被称为 Blocklet 结构，示意图如图 1-7 所示。Blocklet 结构直径一般介于 20~500nm，互相堆砌聚集形成淀粉颗粒。在淀粉半结晶的生长环中，排列于结晶区的 Blocklet 结构尺寸较大且排列密集，而无定形区的 Blocklet 结构尺寸较小。例如，小麦淀粉生长环结晶区的 Blocklet 结构直径为 80~120nm，而无定形区的 Blocklet 结构直径仅为 25nm 左右[6]。

四、结晶形态

通过 X 射线衍射分析发现，天然淀粉的 Blocklet 结构中存在 4 种不同的结晶形态，分别为 A 型、B 型、C 型和 V 型。如图 1-8 所示，A 型结晶结构属于单斜晶系，每个晶胞含有 8 个结晶水；B 型结晶是六方晶体，每个晶胞含有 36 个结晶水。通过分子间及分子内能量计算发现，A 型和 B 型结晶的分子链都以双螺旋结构存在，A 型的结晶结构比 B 型更加紧密，具有更高的稳定性。C 型结晶结构是由 A 型和 B 型结晶共同构成的，目前发现在竹芋、甘薯的块根和一些豆类淀粉中存在 C 型结晶结构。V 型结晶结构则是由直链淀粉的单螺旋与碘、二甲基亚砜、乙醇和脂肪酸等疏水的客体分子形成的复合结晶，主要存在于高直链玉米淀粉和一些改性淀粉中。

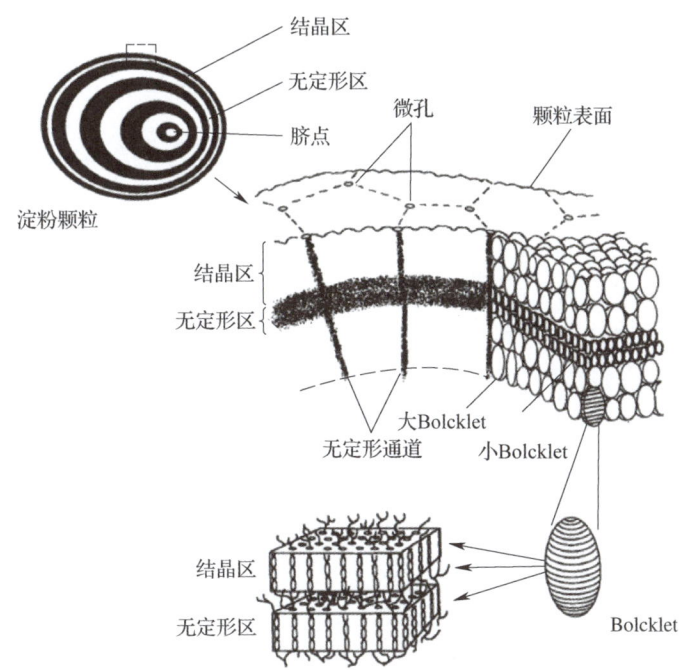

图 1-7　淀粉 Blocklet 结构示意图[6]

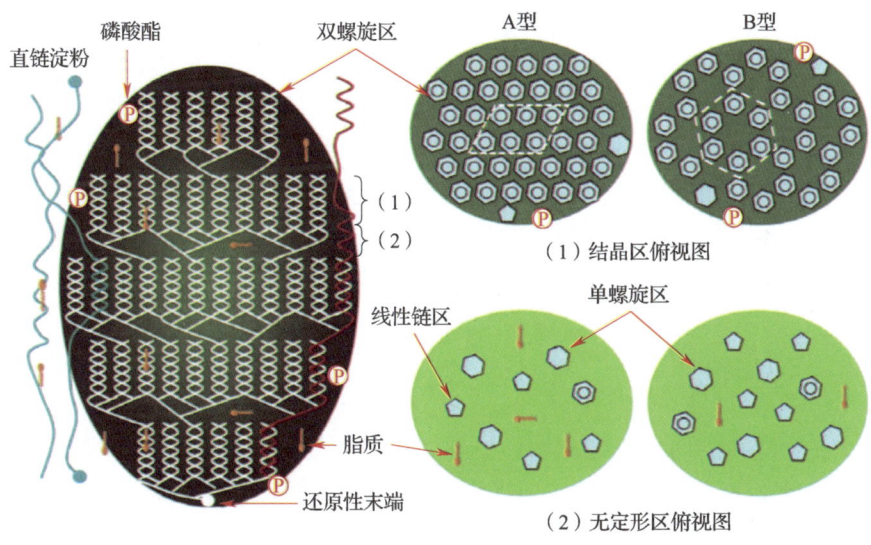

图 1-8　Blocklet 结构侧视图[7]

第三节 淀粉的理化性质

一、溶解度和溶胀性

淀粉的溶解度与溶胀性可反映淀粉分子与水分子间的相互作用力。由于氢键的作用力，淀粉在冷水中不具有溶解性，但是在过量的水和加热的条件下，直链淀粉和支链淀粉之间的氢键发生断裂，淀粉的晶体结构遭到破坏，水分子进入晶体结构后淀粉吸水膨胀，这种持水能力可以用溶解度来表示。

大量研究表明，淀粉的持水能力与淀粉的颗粒结构和分子结构密切相关。通过扫描电子显微镜观察淀粉颗粒表面，发现表面有空洞、裂缝、凹痕的淀粉颗粒其溶胀性显著高于表面光滑的淀粉颗粒，可能是因为表面光滑的淀粉颗粒缺少与水分子相互作用的位点[8]。在马铃薯生长过程中，支链淀粉含量增加，淀粉的溶胀性也随之增加[9]。此外，对于不同来源的淀粉，皮尔逊相关性分析发现直链淀粉的含量与淀粉的溶解度和溶胀性之间呈显著负相关[10]，这可能是由于水分子在热力作用下进入并破坏晶体结构，淀粉分子从半结晶形态转变为松散的结构，而此时直链淀粉的膨胀体积小于支链淀粉。Yang 等研究了马铃薯支链淀粉精细结构和理化特性之间的关系，发现 DP<24 的分支与淀粉颗粒的溶解度和溶胀性呈正相关，但当 DP>24 时，两者呈负相关[11]，可见较短的支链更利于淀粉颗粒的溶胀。

淀粉的持水能力还与淀粉的微量成分、温度、外源物等诸多因素相关。Sun 等从淀粉中去除了淀粉结合蛋白后，分析发现淀粉的溶解度和溶胀性均有所增加[12]。Zhang 等研究了在 55~95℃ 温度范围内微波处理、湿热处理和高压处理对石蒜淀粉理化性质的影响，发现三种处理方式的淀粉颗粒其溶解度和溶胀性都随着温度的增加而增加[13]。Xiao 等在黄米淀粉中添加了原花青素，发现随着原花青素添加量的增加，淀粉颗粒的溶解度和溶胀性也逐渐提升，认为原花青素可能加速了淀粉颗粒对水分子的吸收和自身的膨胀[14]。

二、糊化特性

在淀粉质食品的加工过程中，由于加热和冷却，淀粉会发生物理结构的变化。当淀粉颗粒与充足的水一起加热时，颗粒吸水膨胀，待加热到特定温度时，淀粉颗粒发生不可逆的迅速膨胀并失去其半结晶结构，这个吸热的过程称为糊化。淀粉发生糊化现象的温度称为糊化温度，即使是同一种来源的淀粉，淀粉颗粒糊化的难易程度也不同,使得糊化温度无法固定为某个准确的数值,而是一个温度范围。淀粉颗粒开始出现糊化的温度称为糊化开始温度,所有淀粉颗粒全部糊化之后的温度称为糊化完成温度,一般两种温度之间相差10℃左右。淀粉的糊化温度受诸多因素的影响,如颗粒大小、晶体结构、微量成分等,但大多数淀粉的糊化温度在60~80℃。

淀粉糊化的实质是在湿热作用下淀粉内部的分子振动能量增加,直链淀粉和支链淀粉之间彼此缔合的氢键断裂,水分子与淀粉链形成新的氢键,淀粉颗粒内部的晶体结构遭到破坏,分子链变得无序且离散,大量吸水后淀粉即形成糊化状态。淀粉颗粒从半结晶状态到无序且离散的分子链可分为三个阶段。第一阶段为可逆吸水阶段,在这一阶段淀粉颗粒所浸入的水温低于淀粉的糊化温度,少量水分子由孔隙进入无定形区,淀粉颗粒膨胀体积较小。随着温度的升高,无定形区的氢键被破坏,结晶区的结构无明显变化。这一阶段属于可逆润胀阶段,颗粒经充分干燥后可恢复至原来的半结晶状态。第二阶段为不可逆吸水阶段,淀粉颗粒所浸入的水温达到淀粉的糊化温度,水分子进入结晶区域,进而破坏淀粉分子链之间的氢键,支链淀粉的双螺旋结构解旋,直链淀粉浸出,结晶态转变为无定形态,淀粉颗粒的层状结构和定向顺序以及与该顺序相关的颗粒性质出现不可逆损失,颗粒大量吸水并迅速膨胀至原体积的50~100倍,淀粉分子链形成膨胀性的网状结构。第三阶段为淀粉颗粒完全解体阶段,水温达到淀粉的糊化温度之后继续加热,淀粉分子链完全离散解体,形成黏性物质,称为淀粉糊。

淀粉糊由溶解和部分溶解的淀粉聚合物分子(主要是直链淀粉和低分子质量的支链淀粉)的连续相、溶胀颗粒的不连续相和颗粒碎片组成,其特性主要取决于不连续相中颗粒的大小和性质、连续相的组成和性质(主要是直链淀粉和支链淀粉分子的精细结构及其相互作用程度)以及两相之间的相互作用。此外,淀粉糊的黏度随着溶胀的淀粉颗粒在剪切作用下的分解而显著降低。

淀粉在加热和冷却过程中的流变学行为几乎可以反映淀粉的所有特性,如颗粒的溶胀行为、糊化、不同温度下的黏度、回生、耐热性和抗剪切能力等。通常采用快速黏度分析仪和布拉班德黏度仪分析淀粉的糊化特性。在淀粉糊化过程中,糊化温度、峰值黏度、降落值和短期回生值是评价淀粉糊化特性的重要参数。糊化温度的高低反映了淀粉颗粒结构的稳定性,糊化温度越高,表明淀粉颗粒的结晶区越难破坏。峰值黏度是指淀粉在糊化过程中黏度的最高值,主要由淀粉颗粒的膨胀和淀粉聚合物(主要是直链淀粉)分子浸出引起,此时淀粉颗粒处于完全糊化的状态。峰值黏度的高低与淀粉颗粒的溶胀性相关,溶胀度越低则峰值黏度越低。当糊化温度在95℃持续时,淀粉分子之间的连接较为松懈,淀粉糊黏度快速下降,达到低谷黏度。峰值黏度与低谷黏度之间的差值称为降落值。降落值与淀粉糊的稳定性相关,降落值越小,说明在加热过程中淀粉糊抗热处理和抗机械剪切的能力越强。当温度降低,淀粉分子发生重排,淀粉糊黏度增大达到最终黏度。低谷黏度与最终黏度的差值称为短期回生值,反映的是淀粉糊在降温过程中黏度的二次增加,其本质是直链淀粉和支链淀粉的分子重排,使得淀粉糊逐渐形成有序的双螺旋结构,导致其黏度再次增加。短期回生值与淀粉中直链淀粉和支链淀粉的比例及分子结构密切相关。

三、流变学特性

流变学特性主要是研究物质在力的作用下发生的形变,按照流体流动行为的不同,可将流体分为牛顿流体和非牛顿流体。淀粉糊是一种典型的非牛顿流体中的假塑性流体,具有剪切稀化的特性,其黏度随着剪切速率的增加而降低。探究淀粉的流变学特性有助于理解淀粉分子间的相互作用,淀粉糊的固态、液态性质以及黏度等。了解淀粉在加工过程中的流变学行为是了解受加工条件影响的淀粉颗粒微观结构的关键,可解决与流动相关的基本工程问题,确定最佳加工条件,以便于更好地控制产品质量,对加工物料的搅拌混合、加工设备的设计、加工过程的控制、管道输送及热交换等工序具有重要意义,有利于淀粉类产品的开发和应用。

依据剪切力的不同,可以将淀粉的流变学行为分为静态流变学特性和动态流变学特性。静态流变学特性是指淀粉糊在单一方向且稳定的剪切作用下的流动和形变特性。在实际生产过程中,表观黏度是最普遍测量的流变特性之一。流变黏度与剪切速率之间的关系可用式(1-1)表示:

$$\eta_s = K\gamma^{n-1} \tag{1-1}$$

式中 η_s——表观黏度,Pa·s;

K——黏度系数,Pa·s^n;

γ——剪切速率,s^{-1};

n——流动行为指数。

公式中的流动行为指数与1的偏差代表流体与牛顿流体行为的偏离程度。当流动行为指数小于1时,淀粉糊表现为剪切稀化行为,表观黏度随着剪切速率的增加而降低,这类流体称为假塑性流体。这一现象的主要原因是随着剪切速率的增加,分子缠结逐渐降低。当流动行为指数接近或等于1时,淀粉糊表现为牛顿流体,黏度不变。当流动行为指数大于1时,淀粉糊表现为胀塑性流体,表观黏度随着剪切速率的增加而增加。

动态流变学特性是指在振动或搅拌应力的作用下淀粉糊所呈现的黏弹性行为,表征参数有弹性模量、黏性模量、损耗因子等。弹性模量又称储能模量,表示物料在形变过程中储存的能量,反映物料形变后恢复原状的能力。弹性模量越大,淀粉糊的恢复能力越强,弹性越强。黏性模量又称损耗模量,表示在形变过程中物料为了抵抗黏性阻力而损失的能量,反映物料抵抗流动的能力。黏性模量越大,淀粉糊抵抗流动的能力越强,黏性越强。损耗因子等于该材料黏性模量与弹性模量的比值。

淀粉中直链淀粉与支链淀粉的含量和比值与其流变学特性相关。Liu 等研究发现,随着糯玉米生长期的延长,其支链淀粉含量逐渐增高,直链淀粉和支链淀粉的比例逐渐降低,其中长分支(DP>25)可提高淀粉糊的表观黏度,而短支链则相反[15]。Zhang 等分析了 16 种小麦的淀粉糊流变特性,发现支链淀粉 A 链和 B_1 链的结晶区域对淀粉糊的动态流变学特性具有显著影响。A 链和 B_1 链的 DP 较低,淀粉糊倾向于表现弹性行为,反之则更倾向于黏性行为[16]。Chen 等采用超高压微射流技术处理红薯淀粉,发现经过 40MPa 处理之后的红薯淀粉内部结构遭到破坏,淀粉的分子链断裂,黏度明显降低;但经过 80MPa 处理之后的红薯淀粉颗粒内部则会发生重结晶、分子链重新排序、分子链之间的相互作用力增强等现象,从而导致表观黏度显著增加[17]。

淀粉糊的流变学性质还取决于淀粉来源、淀粉糊浓度、环境温度等因素。Du 等研究发现,西米淀粉糊的剪切稀化行为低于玉米淀粉和马铃薯淀粉,但具有更高的黏性[18]。Zeng 等研究发现,随着淀粉浓度的增高,其机械强度增加、流动性减弱[19]。Lu 等还分析了糯米粉在高温烘烤(140~180℃)后糯米淀粉的分子结构和淀粉糊的流变学特性变化,发现经过高温烘烤后糯米淀粉分子质量降低、分散性升高,淀粉糊黏度显著降低,弹性模量和黏性模量都随着角频率的增加而增加,并且弹性模量始终大于黏性模量[20]。

四、回生性

淀粉回生是淀粉质食品在加工和贮藏过程中发生的不可避免的变化,会影响淀粉质产品的质量,包括降低感官质量(面包变质和变硬)和降低储存稳定性(沉淀和分层)[21]。当糊化淀粉冷却时,高能、无序的直链淀粉和支链淀粉链逐渐重组成不同的有序结构,形成晶体,达到有序、稳定的状态。这个过程称为淀粉回生,是糊化的逆过程[22]。淀粉回生是一个连续的过程,可分为短期回生和长期回生两个阶段。在回生过程中,淀粉链在冷却阶段重新结合并形成双螺旋结构,然后双螺旋被包装成晶体。淀粉的重结晶可分为三个阶段,即成核(晶核的形成)、膨胀(晶核的生长)和成熟(晶体的完善或晶体的进一步生长)。

关于淀粉回生机制的研究主要包括以下三类:淀粉-水混合体系中淀粉分子链的迁移、水分子的重新分布和糊化淀粉的重结晶动力学,也有许多研究着眼于淀粉回生动力学及其与食品组分的相关性。其中,基于化学反应动力学模型提出了一个描述高分子质量淀粉聚合物结晶的数学模型,即 Avrami 方程(式 1-2)[23]:

$$\Theta = 1 - \exp(-kt^n) \tag{1-2}$$

式中　Θ——一定温度下，时间 t 时重结晶的体积分数，%；

　　　k——回生速率常数；

　　　n——Avrami 指数。

Avrami 方程描述了淀粉聚合物结晶过程中晶体变化的速率，表明结晶度随时间呈指数增长，被广泛用于分析聚合物的结晶特性。Avrami 指数（n）提供有关晶体成核特性和晶体生长过程的信息，其大小取决于晶体生长过程的维数（如晶体形状）和成核时间。回生速率常数（k）反映了成核和晶体生长速率的联合作用。结晶能、储存温度等诸多因素会影响回生速率常数，其中温度是最重要的因素。应用 Avrami 方程时，第一步是测量淀粉在某个温度下的等温回生曲线，从而得出该温度下 Θ 和 t 之间的关系，然后通过回归分析得到回生速率常数和 Avrami 指数。最后，可以在不同条件下研究温度和含水量对参数 k 和 n 的影响。

淀粉回生过程受到多种因素的影响（图 1-9），包括淀粉内部因素（直链淀粉比例、支链淀粉链长分布、分支度、水分、脂质、蛋白质、其他碳水化合物、金属离子等）和外部因素（储藏温度、回生时间、回生模式等）。

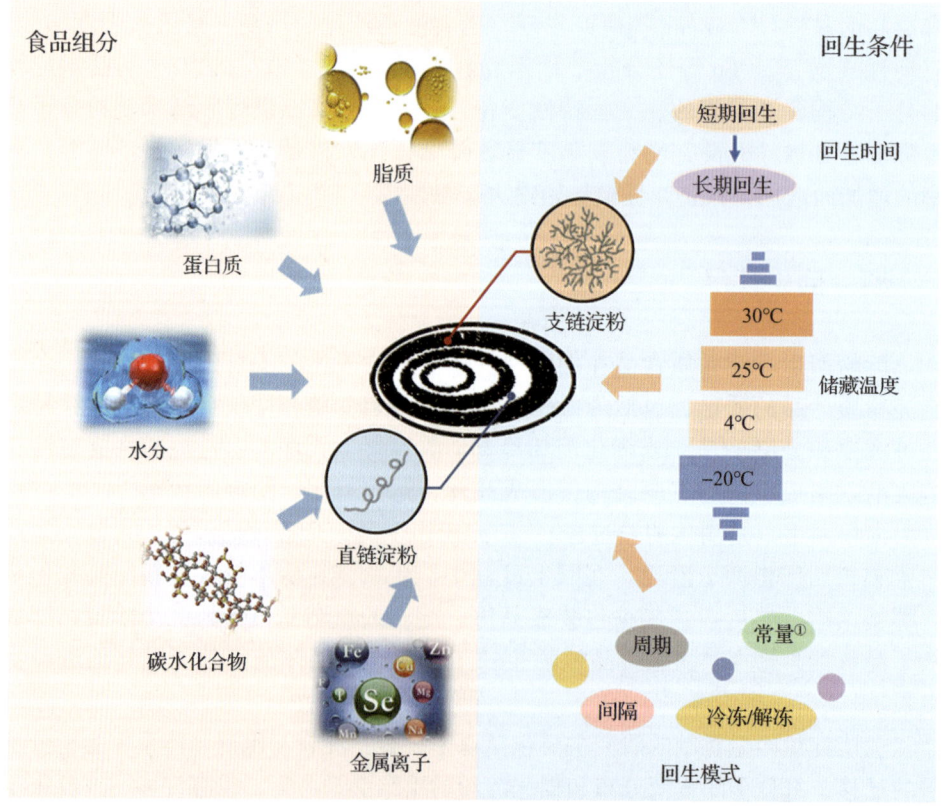

图 1-9　影响淀粉回生的主要因素[27]

注：①常量指在冷冻、解冻过程中除温度、时间外其他保持不变的条件参数。

（一）影响淀粉回生的内部因素

直链淀粉和支链淀粉是淀粉颗粒的主要成分。从不同植物来源分离的淀粉具有不同的直链淀粉和支链淀粉比例，会对淀粉性质产生较大影响。直链淀粉和支链淀粉的迁移率取决于它们的线性或多分支结构。糊化过程中被水塑化后，直链淀粉由于其线性结构需要相对较小的空间进行重排，因此比支链淀粉具有更好的重排能力，从而更容易形成双螺旋或晶体。相比之下，支链淀粉具有大量的支链，糊化后其链分布紊乱，难以重新排列和恢复其有序结构，导致其回生过程比直链淀粉需要更长的时间。因此，回生第一阶段的持续时间取决于淀粉的直链淀粉含量，而回生的后期与支链淀粉的链长分布相关，尤其是短 A 链的比例。Liu 等发现回生的玉米淀粉表现出典型的 B 型 X 射线衍射（XRD）图谱[24]，直链淀粉含量为 79.05% 的高直链玉米淀粉比直链淀粉含量为 25.43% 的普通玉米淀粉更容易回生，这可能与直链淀粉更容易形成有序晶体结构有关。Li 等采用具有转糖基化活性的淀粉分支酶处理玉米淀粉[25]，发现直链淀粉含量下降，支链淀粉含量增加，会导致回生减少。除了直链淀粉与支链淀粉的比例外，淀粉的回生还受淀粉链其他性质的影响，如支链淀粉的分支度和链长分布。Vamadevan 和 Bertoft 还研究了不同结构类型的支链淀粉对回生的影响[26]，发现支链淀粉的回生受 Blocklet 外部和内部链长的影响，Blocklet 外部的长链有助于形成长而稳定的双螺旋，而 Blocklet 内部的长链会影响支链淀粉骨架的柔韧性。

（二）影响淀粉回生的外部因素

除内部因素外，淀粉的回生还受多种环境因素的影响，如回生时间、储藏温度、回生模式和温度变化速率等。就回生时间而言，现有研究一致认为回生可分为短期回生和长期回生两个阶段，短期回生一般归因于直链淀粉的重新排列，而长期回生则归因于支链淀粉的重新排列。通常来说，回生程度随时间延长而增加。

储藏温度是影响淀粉回生的另一个因素，不同温度下淀粉回生的程度和速率不同。目前的研究发现，4℃可以促进晶核的形成，但不适合晶体的生长；而25℃不利于晶核的形成，但有利于晶体的生长。Xie 等还发现，在 4℃ 和 25℃ 交替变换下的循环回生可以促进淀粉形成不完美的晶体，从而用于制备缓慢消化淀粉[29]。Zhou 等则提出，淀粉在 4℃ 形成的不完美晶体在 30℃ 容易熔化，从而降低总熔化焓。其中，在回生过程开始时晶核小且不稳定，这个阶段的晶体极易熔化；继续回生后，晶体生长到更大的尺寸，其内部结构会重新排列成更有序的结构[30]。此外，Hesso 和 Hu 等发现，与 4℃ 的回生相比，20℃ 或 25℃ 效果更佳，影响其回生的原因主要是温度条件下的微晶稳定性[31, 32]。

此外，温度变化的速率也会影响淀粉回生。Yu等研究了冷却速率对淀粉回生以及回生淀粉最终质地的影响[33]，发现冷却速率较快时，淀粉的回生程度会有所降低，这是由于快速冷却限制了淀粉重新排列的可用时间。例如，在0℃以下的温度冷冻时，水分子迅速凝固形成有序的刚性结构，限制了淀粉链的运动和重排。

五、消化性

淀粉是人类膳食结构中最常见的碳水化合物，也是摄入量最大的营养素之一。淀粉在人体内消化分解产生的葡萄糖能参与一系列生化反应，是维持人体生命活动的重要能量来源。此外，由于葡萄糖是人类大脑必需的供能物质，可消化淀粉的摄入被认为在人类进化，尤其是人类大脑进化过程中起到了至关重要的作用。根据淀粉消化的程度和速度，淀粉可分为快速消化淀粉（rapidly digestible starch，RDS）、缓慢消化淀粉（slowly digestible starch，SDS）和抗性淀粉（resistant starch，RS）[34]。

（一）淀粉不同营养片段的消化性能

在体外消化实验中，淀粉中的RDS组分被定义为标准消化反应体系中前20min内消化的那部分淀粉[35]。尽管RDS是依据体外消化实验的结果来定义的，但淀粉转化为葡萄糖的速率在人类消化系统中遵循类似的动力学规律。在体内，RDS被快速降解成葡萄糖，并在小肠前端被吸收进入血液，引起餐后血糖急剧上升。虽然RDS可以为人体提供必要的能量，维持人脑和中枢神经系统的正常生理功能，但富含RDS的食物在消化时释放出的大量葡萄糖也可能会诱发与饮食相关的代谢性慢性疾病。

在体外消化实验中，SDS被定义为标准消化反应体系中20~120min内消化的那部分淀粉，即在小肠中缓慢但可完全消化的那部分淀粉。SDS在进入小肠后会缓慢而持续地释放葡萄糖，以维持人体血液中稳定的葡萄糖浓度。其在体内的潜在健康益处包括稳定的葡萄糖代谢、糖尿病控制和增强饱腹感等。尽管一些缓慢消化的碳水化合物如异麦芽酮糖已经商业化，但是目前市面上还没有出现成熟的SDS产品。

在体外消化实验中，RS被定义为标准消化反应体系中120min内无法被消化的那部分淀粉。RS在小肠中无法消化并主要在大肠中被肠道微生物利用，也会对人体健康产生一定的有益影响。例如，RS可到达结肠，被微生物代谢产成短链脂肪酸，有利于调节肠道菌群和预防代谢疾病。RS被认为是能够预防和管理糖尿病、肥胖症、结肠癌、直肠癌等疾病的重要膳食因素[36]。

(二)淀粉在人体内的消化过程

食物在进入人体消化道后,在消化酶的作用下逐渐分解成可溶性的小分子,随后被机体吸收和利用。淀粉在人体内的消化主要分为4个阶段,并涉及6种消化酶,最终使得淀粉被分解成葡萄糖参与人体代谢。

1. 口腔阶段

如图1-10所示,人体对淀粉的消化是从口腔开始的。在咀嚼食物的过程中,唾液α-淀粉酶能水解淀粉分子的α-1,4糖苷键,大约5%的淀粉分子被降解[37, 38]。尽管唾液α-淀粉酶对淀粉分子的消化能力有限,口腔的咀嚼过程对淀粉的整个消化进程却非常重要。食物经口腔咀嚼后,形成食团的尺寸大小直接决定了胃排空的时长,从而影响淀粉在小肠的消化吸收。

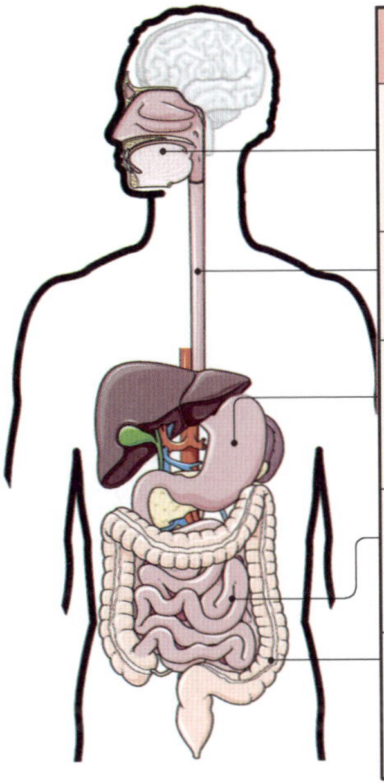

来源	物理过程	生化过程
口腔	咀嚼:形成便于吞咽的小食团	唾液α-淀粉酶的酶解
食管	蠕动:运输食团	
胃	蠕动:调节胃排空和食团输送	胃酸的轻微酸解
小肠	蠕动:运输食糜 扩散:吸收葡萄糖	胰腺α-淀粉酶的酶解 α-葡萄糖苷酶的酶解
大肠	蠕动:运输食糜 扩散:吸收发酵产物	肠道微生物的发酵

图1-10 淀粉在胃肠道内消化的主要物理和生化过程[37]

2. 胃阶段

食物经口腔咀嚼形成食团,经过吞咽进入食管,并通过食管的蠕动作用进入胃。胃液中不含淀粉消化酶,因此胃几乎不直接参与对淀粉的消化过程。胃主要通过胃排空过程直接控制食物向小肠的递送。胃排空的时长决定了淀粉到达小肠的快慢,从而影响淀粉消化的速率和餐后血糖水平。众多研究表明,适当延长胃排空时间,对降低餐后血糖水平和糖尿病控制具有重要的临床意义。胃排空过程主要受神经和内分泌系统的反馈调节控制,尤其是下丘脑-迷走神经回路和回肠L-细胞分泌的胰高血糖素样肽-1(glucagon-like peptide-1,

GLP-1)、酪酪肽（peptide tyrosine-tyrosine，PYY）等肠激素能够调控人体胃排空的速率。

3. 肠腔阶段

淀粉在人体内的消化主要在小肠内进行，食团从胃运输至小肠后，淀粉分子迅速被胰腺α-淀粉酶降解。胰腺α-淀粉酶是糖苷水解酶家族13（glycosyl hydrolase family 13，GH13）的一种淀粉酶，能专一地水解淀粉分子的α-1,4糖苷键。X-射线晶体学分析结果显示，胰腺α-淀粉酶含有5个能够结合葡萄糖残基的亚位点（-3、-2、-1、+1、+2）[39]，因此只能作用于含有至少连续4个α-1,4糖苷键的分子。在作用于淀粉分子时，胰腺α-淀粉酶倾向于从α-1,6分支点相邻的或第二个α-1,4糖苷键处开始催化，并向着非还原性末端的方向依次作用，生成麦芽糖、麦芽三糖等麦芽低聚糖。此外，胰腺α-淀粉酶不能水解α-1,6糖苷键，在充分作用于淀粉分子后，会产生一些侧链极短的分支状残余片段，即α-极限糊精（α-limit dextrins，α-LDs）。

4. 刷状缘阶段

在唾液α-淀粉酶和胰腺α-淀粉酶的共同作用下，淀粉分子在消化道内迅速分解成麦芽低聚糖（以麦芽糖、麦芽三糖为主）和α-LDs。这些消化产物无法被α-淀粉酶进一步水解，而是在小肠黏膜刷状缘处被α-葡萄糖苷酶转化成葡萄糖（图1-11）。人体消化道内含有4种α-葡萄糖苷酶，分别是麦芽糖酶（N-terminal maltase-glucoamylase，Nt-MGAM）、葡萄糖淀粉酶（C-terminal maltase-glucoamylase，Ct-MGAM）、蔗糖酶（N-terminal sucrase-isomaltase，Nt-SI）和异麦芽糖酶（C-terminal sucrase-isomaltase，Ct-SI）。4种α-葡萄糖苷酶以蛋白复合体形式固定在小肠黏膜刷状缘，与两种α-淀粉酶的作用互补，是决定淀粉消化最后一步的关键酶。

4种α-葡萄糖苷酶都属于糖苷水解酶家族31（glycosyl hydrolase family 31，GH31），具有相似的氨基酸序列，并且都是典型的外切酶，以水解α-1,4糖苷键为主，对麦芽糖具有极强的水解能力。在作用于不同结构的底物时，4种α-葡萄糖苷酶具有不同的催化特点和活力。Ct-MGAM和Ct-SI具有4个能够结合葡萄糖残基的亚位点（-1、+1、+2、+3），因此对麦芽三糖、麦芽四糖、麦芽五糖和麦芽六糖等链段较长的底物具有较高的催化效率[40]。相比之下，N端的两种酶（Nt-MGAM和Nt-SI）由于缺少+2、+3亚位点，对长链底物的亲和力很弱。此外，Nt-MGAM不能水解α-1,6糖苷键，而Ct-MGAM对含有α-1,6糖苷键的α-LD的消化起主要作用[41]，即展现出较高葡萄糖淀粉酶活力。Ct-MGAM主要分布在回肠（小肠末端），其葡萄糖苷酶活力在回盲瓣附近达到最强，而淀粉等碳水化合物在回肠的消化吸收是触发"回肠制动"①的必要

---

① 回肠制动：指未消化吸收的食物到达回肠时，回肠会向大脑发出反馈信号，从而使人停止进食，降低食物运转的时效性，减缓食物的消化。

条件。可见，淀粉分子经 α-淀粉酶消化后产物的结构可能会影响其在小肠消化吸收的位置，进而对机体产生更加深远的影响。

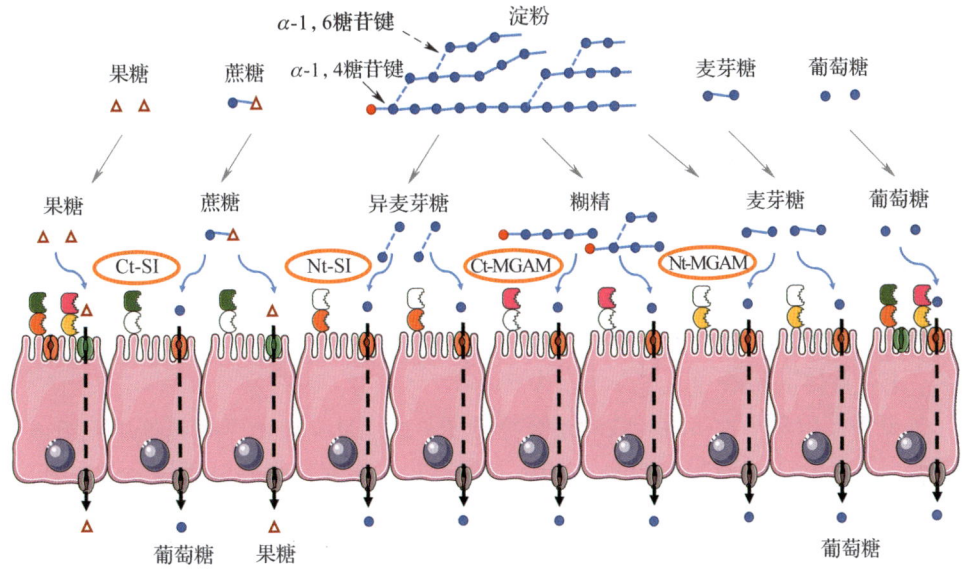

图 1-11 淀粉等主要膳食碳水化合物在小肠的消化吸收过程[37]

（三）淀粉消化与餐后血糖波动

膳食淀粉的摄入、消化和吸收是人体外源葡萄糖的主要来源，也是餐后血糖上升的最主要原因。淀粉摄入引起餐后血糖波动的程度通常是通过血糖生成指数（glycemic index，GI）进行衡量。GI 是评价淀粉及含淀粉食品营养品质的一个重要指标，其大小与淀粉消化的速度和程度密切相关。食品中绝大部分淀粉在进入人体后，被快速降解成葡萄糖，并在小肠前端被吸收进入血液，引起餐后血糖急剧上升，因而 GI 通常较高。一些淀粉，例如未经加热糊化的颗粒态淀粉、适当变性的淀粉，在人体内被缓慢消化，导致葡萄糖缓慢释放至血液中，避免了餐后血糖的剧烈波动，因而受到了广泛关注[42]。除了快速消化和缓慢消化的淀粉之外，还有一些淀粉在胃肠道内不能被消化吸收，几乎不引起餐后血糖的波动，通常具有较低的 GI。这类抗性淀粉（RS）主要是在结肠内被肠道微生物代谢利用并改善宿主健康，起到膳食纤维的作用，难以直接为机体提供能量，因此无法完全替代膳食中其他的可消化碳水化合物。可见，淀粉作为人类膳食的重要组成和能量的主要来源，其消化的速度和程度直接影响餐后血糖的波动程度，与机体健康密切相关。

(四) 影响淀粉消化性能的内在因素

淀粉进入消化道后,依次经唾液 α-淀粉酶、胰腺 α-淀粉酶和小肠刷状缘 α-葡萄糖苷酶降解,任何能影响这些酶活力或影响底物与酶接触的因素都会影响淀粉的消化。因此,淀粉的消化性能通常受加工方式、植物来源、晶体结构、分子结构和其他膳食组分等诸多因素影响。例如,淀粉颗粒的晶体结构会显著抑制淀粉消化,尤其是马铃薯淀粉、香蕉淀粉等 B 型淀粉;蒸煮、油炸、焙烤等常见的食品加工方式通常会增强淀粉的可消化性;此外,蛋白质、脂肪酸等其他膳食组分可以与淀粉分子形成络合物,进而抑制淀粉糊化,并且阻碍消化酶与淀粉分子的接触,从而降低淀粉消化性。当然,在大多数食品中,淀粉完全糊化,因此其消化性能主要受淀粉分子结构的影响。

1. 直链淀粉含量

直链淀粉是一种接近线性的葡聚糖分子,由 300~3000 个葡萄糖单元组成,在大多数淀粉中,通常占 20%~30% 的比例。直链淀粉很容易通过分子内或分子间氢键而形成螺旋结构,这种螺旋结构具有热稳定性和抗酶解性。因此,与支链淀粉相比,直链淀粉被认为更不易消化。直链淀粉含量会影响淀粉的消化性能,一方面高直链淀粉含量的淀粉在食品加工中难以完全糊化;另一方面,糊化后的直链淀粉分子在食品储存过程中很容易发生重结晶,即回生。大量研究已经证实,对于不同直链淀粉含量的淀粉,其消化性与直链淀粉含量有显著的负相关性[43]。当然,高直链淀粉含量对淀粉消化性的影响,本质上还是由于残余或重新产生的晶体结构对淀粉消化的抑制作用。Zhou 等通过酸化酒精提取法制备了可溶性的直链淀粉和支链淀粉,发现可溶性的直链淀粉在大鼠体内更容易被消化[44],这进一步证明了直链淀粉的抗消化性能主要是依赖其形成的螺旋结构。人类日常膳食中大多数淀粉的直链淀粉含量在 20%~30%,其余部分均为支链淀粉,因此支链淀粉的精细结构对淀粉的消化性能具有更重要的影响。

2. 支链淀粉的链长分布

支链淀粉是由一系列不同长度的线性葡聚糖链通过 α-1,6 糖苷键聚合而成的簇状分子,其分子结构比直链淀粉更复杂。支链淀粉分子中不同线性链段的 DP 及其比例影响着 α-淀粉酶的酶解效率。Zhang 等通过研究 18 种玉米淀粉的分子结构和消化性,揭示了淀粉的消化速率与其支链淀粉内短链(DP<13)和长链(DP≥13)的质量比具有一种抛物线型的显著相关性,即高比例的 DP<13 短链或者 DP≥13 长链都有助于延缓淀粉消化[45]。在储藏过程中,支链淀粉的外链之间可以通过氢键形成螺旋,尤其是 DP>15 的 A 链和 B_1 链外链更倾向于形成分子内或分子间氢键,因此高比例长链能够降低淀粉的消化性。

另一方面,当胰腺 α-淀粉酶的 5 个亚位点都被占据时,其催化效率最高。

DP<13 的短链由于含有相对较少的连续 α-1,4 糖苷键,容易与胰腺 α-淀粉酶形成无效结合,同时也增大了胰腺 α-淀粉酶触碰到分支点的概率,进而会抑制胰腺 α-淀粉酶的高效催化和连续进攻。许多研究者也已证明,高比例的 DP<13 短链能够有效延缓淀粉消化[46]。

3. 支链淀粉的分支模式

链长分布相同的支链淀粉分子可能会具有完全不同的分支模式。分支模式包括分支点的数量和分支点之间的距离,也是影响淀粉消化的重要结构因素。一方面,由于分支点的存在会增强淀粉分子的空间位阻,进而阻碍淀粉酶活性中心与底物的结合;另一方面,唾液 α-淀粉酶、胰腺 α-淀粉酶和 Nt-MGAM 不能水解 α-1,6 糖苷键,另外 3 种 α-葡萄糖苷酶水解 α-1,6 糖苷键的效率仅为水解 α-1,4 糖苷键的 1/30[47],使得 α-1,6 糖苷键断裂成为淀粉消化的限速步骤。大多数天然淀粉的 α-1,6 糖苷键比例通常在 4%~5%,容易被消化,而分支密度更高的淀粉分子通常具有较低的消化性。

在支链淀粉中,相邻分支点之间的链段通常被称为内链。目前,关于内链长度对淀粉消化性影响的研究较少。Damager 等利用化学手段合成了一种含有两个分支的麦芽十糖,以此为底物证明胰腺 α-淀粉酶只能水解 DP ≥ 3 的内链(图 1-12、图 1-13)[48]。因此,较长的内链更容易受到酶的进攻,而短内链可能会对胰腺 α-淀粉酶产生天然的抗酶解性。

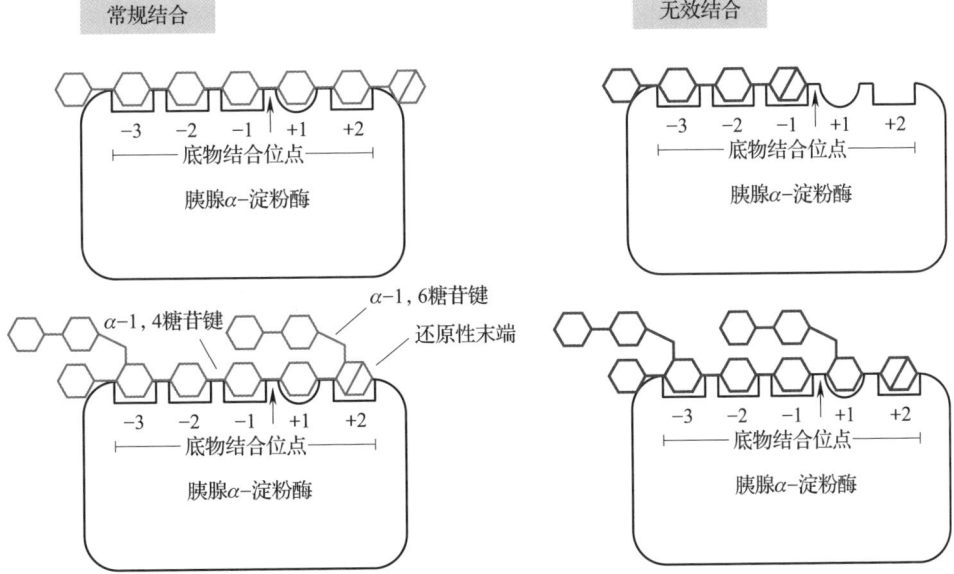

图 1-12 淀粉分子与胰腺 α-淀粉酶可能的结合方式示意图[37]

除了影响胰腺 α-淀粉酶的催化效率外,内链长度还会影响消化产物中 α-LD 的结构。如图 1-13 所示,较长的内链有利于支链淀粉在消化过程中的碎片化，多数 α-LDs 只含有一个 α-1,6 糖苷键；相比之下，DP<3 的内链容易造成更大 DP、含有更多分支点的 α-LDs 残留。高度分支化的结构增强了 α-LD 空间位阻，不利于 α-葡萄糖苷酶与底物的结合，α-葡萄糖苷酶对分支点和与分支点相邻的 α-1,4 糖苷键的水解效率也很低，因此淀粉分子经胰腺 α-淀粉酶消化后产物的结构差异会进一步影响 α-葡萄糖苷酶的催化效率。Shim 等研究表明，α-LDs 的分支点数量直接决定着其被小肠 α-葡萄糖苷酶水解的速率，并最终影响其在哺乳动物体内的消化位置和血糖应答水平[49]。

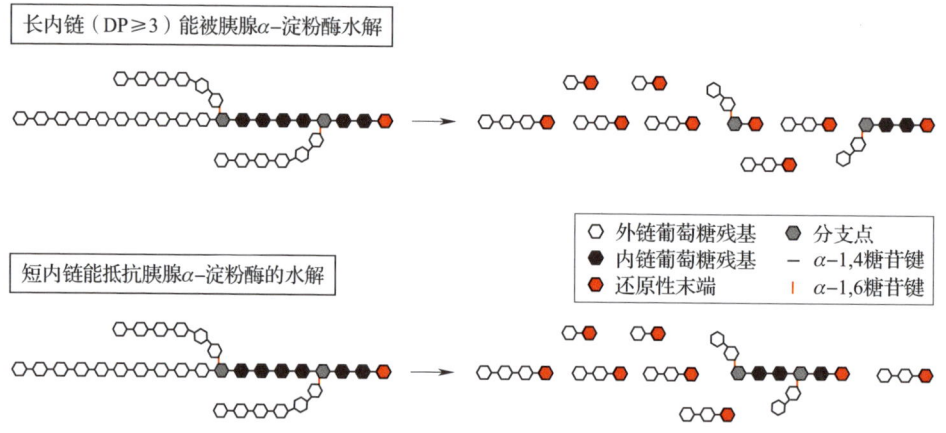

图 1-13　胰腺 α-淀粉酶作用于长内链（DP≥3）或短内链（DP<3）淀粉分子的示意图[37]

第四节　淀粉的工业应用

一、淀粉在食品工业中的应用

淀粉作为一种填充原料和工艺助剂，由于其易得、廉价、质量易控等独特优势，被广泛应用于食品工业，具有增稠、凝胶、黏合和成膜等多种功能。天然淀粉有时无法满足各种生产上的特殊需求，因此常利用物理、化学、生物等技术改善其原有性能或增加新的功能，使得淀粉可被更加广泛地应用于食品工业生产中，有助于改进和控制各种食品的流变学和感官特性，从而提高产品质量，促进食品工业发展。

（一）淀粉在乳制品中的应用

淀粉常作为增稠剂和稳定剂被用于改善酸乳的质地，具有提高酸乳黏度、减少乳清析出的作用。在酸乳的工业化生产中，必然经历高压均质和高温杀菌等过程，极易出现乳清分离、黏度不足、凝胶破碎等现象，严重影响最终产品的感官品质。淀粉糊对热、酸和机械作用力具有较强的抵抗作用，在冷藏的条件下容易回生形成凝胶，并且能与酪蛋白形成复合物，增强对水分子的束缚能力[50]。淀粉形成的凝胶结构能够提高酸乳的稠厚度、保水性和稳定性，耐受高速剪切和高温，可防止乳清析出，为酸乳提供良好的体态及细腻润滑的口感，因此淀粉被广泛应用于搅拌型、凝固型、饮用型等各类酸乳制品中。

（二）淀粉在肉制品中的应用

淀粉可作为黏结剂、填充剂、保水剂应用于肉制品加工领域。肉制品中含有大量脂肪，在加热过程中脂肪易融化并流出，影响肉制品的口感。淀粉具有吸油性和乳化性，可束缚脂肪在肉制品加工过程中的流动，从而改善其外观和口感。此外，淀粉对肉块和肉糜具有黏结作用，可保证西式火腿和灌肠类肉制品在切片时不松散。在肉制品运输过程中，往往不能保证运输链的温度恒定，肉制品经过反复冻融析出大量水分，使得形态松散。而淀粉具有持水性，可抑制水分析出，同时淀粉糊化时可吸收大量水分，提高肉制品的保水性，增强肉糜的抗压性，使其烹饪后鲜嫩顺滑[51]。

（三）淀粉在速冻制品中的应用

速冻水饺、速冻水晶包、速冻汤圆等速冻制品由于食用方便、营养美味，备受人们喜爱。但是这些食品的表皮在速冻的过程中易发生脱水收缩和冻裂，导致其耐热性、韧性和口感变差，产品品质显著下降。亲水性淀粉具有较高的低温稳定性和锁水能力，可以使速冻食品在温度小幅波动的情况下具有良好的抗冻融性，避免水分析出而引起的表皮皱裂。此外，添加淀粉还可以提高速冻食品表皮的透明度、减缓速冻食品的低温老化现象，使得食品组织结构富有弹性且不粘牙。

（四）淀粉在调味酱中的应用

调味酱在储存过程中流动性易发生变化，长时间储存时易出现固液分层、酱料结块、严重挂壁等现象。添加淀粉后，酱料的保水性可显著增强，并显示出剪切稀化行为，进而形成具有屈服应力的假塑性流体。这可能是由于淀粉填充在酱料内部的孔隙中，各组分之间静电作用力增强，整体呈现出网状结构，使得体系更加稳定，有效防止了水分的析出，从而提高了酱体的稳定性。因此，淀粉可作为增稠剂、稳定剂、保水剂应用于番茄酱、花生酱、沙拉酱、豆腐乳酱、蚝油、烘焙果酱等产品中，有利于改善产品外观、口感，并延长产品货架期。

(五）淀粉在饮料制品中的应用

饮料中添加的脂溶性香精具有增味提香的作用，但却极易氧化、挥发。亲脂性淀粉的溶液黏度低、负载率高，是一种理想的微胶囊壁材，可作为乳化稳定剂和胶囊剂应用于饮料制品。采用亲脂性淀粉包埋易氧化变味的香精，如橙油，不仅可以有效抑制香精成分的变性，还可以增强产品的抗氧化性能，进而显著改善饮料制品的感官品质和功能活性。

二、淀粉在制糖业中的应用

淀粉糖是指淀粉经液化、糖化、精制、浓缩等处理而生产出的具有不同甜度和功能性质的糖品，是淀粉深加工的主要产品之一，具有原料成本低廉、来源广泛、品种多样的特点。淀粉糖产品在许多性质上存在差异，如甜度、黏度、增稠性、持水性、稳定性、发酵性、结晶性等，其性质与应用密切相关。相较于蔗糖，淀粉糖的发展为市场提供了多种糖源，能够满足食品、医药、化工等多领域的需求。

（一）葡萄糖

葡萄糖是淀粉完全水解的产物，由于生产工艺不同，淀粉制得的葡萄糖产品纯度也不同。目前葡萄糖主要以玉米淀粉乳为原料，经过液化、糖化、除渣、活性炭脱色、离子交换树脂脱盐等处理，再经过蒸发浓缩、冷却结晶、分离、烘干等工序精制而成。其中，液化和糖化工艺分别采用 α-淀粉酶和葡萄糖淀粉酶，具有专一、高效、反应条件温和、复合分解反应少等优点，可有效提高转化率及糖液浓度，并改善糖液质量，是目前最理想的制糖方法之一。

（二）麦芽糖浆

麦芽糖浆是一种麦芽糖含量高、葡萄糖含量低的低热量新型糖制品，具有甜度低、发酵性能好、抗结晶性等优点，在食品工业中被广泛应用。工业上一般先利用玉米、木薯等原料生产淀粉，再利用淀粉酶通过酶解反应生产麦芽糖浆。目前普遍使用 α-淀粉酶液化淀粉、β-淀粉酶糖化淀粉以及普鲁兰酶脱支的方式得到麦芽糖浆产品。

（三）果葡糖浆

果葡糖浆是一种含有果糖和葡萄糖的混合糖浆，又称异构化糖浆或高果糖浆，其具有接近蔗糖的甜度和冷甜特性，主要应用于软饮料和酒精饮料中替代蔗糖。在生产中需要先用酶法将淀粉水解成葡萄糖，再通过葡萄糖异构酶的异构化作用将其中一部分葡萄糖转化为果糖。异构化反应的方式有两种，分别为碱性异构化反应和葡萄糖异构酶反应。目前，工业中普遍采用的是葡萄糖异构酶反应，这种异构化反应是可逆的，在实际生产中葡萄糖异构酶可使 42%～43% 的葡萄糖转化为果糖。

（四）麦芽糊精

麦芽糊精是淀粉经控制水解而得到的 DE 值为 2～20 的产品，主要成分为四糖以上的低聚糖和小分子糊精。在酸法、酶法和酸酶法三种方法中，酸法工艺生产的产品含有部分分子链较长的糊精，易发生混浊和凝结，产品溶解性较低，一般不采用此方法生产。酶法和酸酶法生产的产品，极端大分子和小分子的比例低，分子质量分布更为均匀，改善了酸法产品的缺点，是目前普遍采用的方法。

三、淀粉在发酵工业中的应用

除了作为人类食物的主要来源外，淀粉也可以作为培养基中的碳源被微生物直接或间接利用，为自身提供养分和产生代谢物。淀粉发酵就是指以淀粉为原料，依靠微生物的生命活动直接或间接地生产产品的过程。随着社会对淀粉加工产品需求的不断增长，淀粉加工业已不再满足于对淀粉糖、变性淀粉等传统产品的加工，对淀粉发酵制品的生产和需求呈现出逐年增长的势头。目前，淀粉发酵产品主要包括乙醇、有机酸、氨基酸、核苷酸、维生素、生物可降解塑料、微生物油脂、食品添加剂等众多与人们生活息息相关的制品。

（一）乙醇

乙醇广泛应用于食品、医药、化工、日用化妆品、能源、国防等领域，乙醇的生产为国民经济发展提供了重要的基础原料。目前，我国乙醇生产原料 80% 采用淀粉质，主要有玉米、木薯、马铃薯、小麦等粮食作物。乙醇的生产工艺包括原料预处理（除杂和粉碎）、水-热处理、糖化、发酵、蒸馏、精馏等步骤。生产乙醇的淀粉原料需要预先液化糖化，将淀粉水解为葡萄糖，再接入酒精酵母将葡萄糖转化为乙醇，发酵结束后经蒸馏、精馏乙醇发酵醪制得成品乙醇。其中涉及生物转化的主要有原料热处理、糖化和发酵步骤。

在糖化阶段，通常会使用酶制剂将淀粉质转化成可发酵糖，同时减少过程中传热和传质的阻力，以及不同单元操作如浓缩、蒸发、输送和干燥等涉及的困难。糖化剂可分为固体糖化剂、液体糖化剂及酶制剂糖化酶，这些糖化剂均是微生物发酵所制产品。糖化剂中含有的淀粉酶系主要包括耐高温 α-淀粉酶、淀粉脱支酶和糖化酶。酶制剂的飞速发展，不仅提高了液化、糖化过程的效率，有的新酶制剂甚至改变了生产过程。随着淀粉酶性能的不断提升，对醪液降黏效果更强，且新的复合糖化酶还可解决未溶解淀粉染菌问题，使得低温液化成为可能，不但节省了能量，还能减少高温蒸煮下发生的美拉德和其他副反应导致的可发酵糖损失。

（二）氨基酸

氨基酸工业是20世纪50年代发展起来的新兴产业，所制得的各种氨基酸作为调味剂、营养补充剂、食品添加剂、医用输液营养剂等，在诸多方面有着广泛的应用。目前，经淀粉质发酵生产的氨基酸包括谷氨酸、赖氨酸、苏氨酸、色氨酸等。其中应用最广泛的当属谷氨酸，其次是赖氨酸。现今大多数工业发酵使用短杆菌属（*Brevibacterium* sp.）和棒状杆菌属（*Corynebacterium* sp.）来生产谷氨酸。

几乎所有的谷氨酸产生菌都不分泌淀粉酶，不能直接利用淀粉。可以作为谷氨酸发酵碳源的有葡萄糖、果糖、蔗糖、麦芽糖、乙酸、乙醇等，其中以葡萄糖、蔗糖为最佳。利用淀粉水解糖为原料通过微生物发酵生产谷氨酸是目前最成熟的工艺，主要生产过程包括淀粉水解糖的制备、菌种扩大培养、谷氨酸发酵和谷氨酸提取几个步骤。其中发酵过程的主要影响因素有温度、pH、供氧、泡沫的消除、流加糖的控制和放罐处理等。

（三）有机酸

有机酸是分子中含有羧基（—COOH）的酸类物质，含有一个或数个羧基的有机酸广泛存在于自然界中动物、植物、微生物体内，工业上用途较广。代表性的有机酸有柠檬酸、乳酸、乙酸、葡萄糖酸、苹果酸、衣康酸、酒石酸、琥珀酸等。除酒石酸主要来源于葡萄，是葡萄酒发酵的副产物外，其他有机酸多数以发酵法生产为主。以柠檬酸为例，工业上通常使用淀粉发酵法制取柠檬酸，黑曲霉是被广泛应用的发酵菌种。淀粉发酵制取柠檬酸可分为表面发酵法、固体发酵法和液体深层发酵法，发酵获得的柠檬酸成熟醪再经中和、酸解、净化、浓缩、结晶而获得柠檬酸成品。目前工业上大多采用深层发酵法进行生产。由于发酵使用的原料不同，柠檬酸发酵大体分为利用薯干粉醪液深层发酵、利用糖蜜深层发酵、利用水解糖深层发酵三种发酵模式。其中关键工艺控制点包括温度、罐压、风量、搅拌转速、pH发酵过程监测和放罐条件的管理，目前国内外一般采用双酶法将淀粉水解成糖液后再进行柠檬酸发酵。

四、淀粉在纺织工业中的应用

在纺织制造过程中，经纱往往需要经受停经片、综丝和钢筘等机件的反复摩擦，还要经受各种机件运动产生的拉伸、曲折和冲击等机械作用。为了提高经纱的可织造性，应尽可能地降低织造过程中经纱的断头率。

采用经纱上浆的工艺，在纱线表面涂抹一层浆膜是降低断头率的有效方法之一。淀粉作为浆膜的原料具有资源丰富、价格低廉、黏附力强等优点。淀粉浆液不仅覆盖在纱线的表面，还可以浸透到纱线内部。浆液与经纱的纤维之间具有分子间作用力，可产生润浸、铺展、吸附和黏合的作用。这不仅避免了纱线磨损，还增强了经纱的强度，显著提高纺织过程中经纱的耐磨性。当织造工序完成之后，采用退浆工艺去除浆膜即可。

五、淀粉在包装工业中的应用

淀粉因来源广泛、成本低廉、生物降解完全、生物相容性高、成膜性能好，被认为是合成塑料的良好替代品。淀粉基生物降解材料已在蔬菜、水果、肉类、面包等多种食品中作为包装材料被广泛应用，具有良好的商业前景。根据实际的产品需求，淀粉基生物降解材料需要满足一定的机械性、阻隔性、抗菌性和抗氧化性，以提高食品的安全性并延长货架期。目前，淀粉基材料延长食品货架期的方法主要分为两种：一是通过与其他物质混合来提高淀粉基材料对氧气和水蒸气的阻隔性，二是在成膜材料中加入抗氧化剂或抗菌物质。

目前研制出了一种智能的淀粉基食品包装，将天然提取物中的花青素添加到淀粉膜中，利用花青素对 pH 响应的显色反应进行食品质量检测，可用于海鲜、肉类、食用油、果汁等食品[52]。此外，淀粉基包装材料还可以作为食品功能成分（如维生素 C）的载体，实现靶向释放[53]。这些具有独特功能的淀粉基新型包装材料为食品检测和营养摄入提供了新的思路。

六、淀粉在造纸业中的应用

由于淀粉和纤维素均由葡萄糖单元构成，相互间具有良好的亲和性，因此淀粉被广泛应用于纸基产品的商业生产中。纸张通常面临抗张能力低、易破裂、表面粗糙等质量问题，而淀粉的羟基可使纤维与纤维之间、填料与填料之间的接触面积增大，结合力增强。因此，淀粉可作为增强剂提高纸张的抗张强度、耐破度和耐折度。淀粉还可以作为表面施胶剂改善纸张的印刷性能，同时提高纸张中细小组分的留着率。

参考文献

[1] Wang W, Wei X, Jiao G, et al. GBSS-binding protein, encoding a CBM48 domain-containing protein, affects rice quality and yield [J]. Journal of

Integrative Plant Biology, 2020, 62: 948-966.

[2] Carciofi M, Blennow A, Jensen S L, et al. Concerted suppression of all starch branching enzyme genes in barley produces amylose-only starch granules [J]. BMC Plant Biology, 2012, 12: 1-16.

[3] Wang B, Gao W, Kang X, et al. Structural changes in corn starch granules treated at different temperatures [J]. Food Hydrocolloids, 2021, 118: 106760.

[4] Punia S. Barley starch: Structure, properties and *in vitro* digestibility - A review [J]. International Journal of Biological Macromolecules, 2020, 155: 868-875.

[5] O'Neill E C, Field R A. Underpinning starch biology with *in vitro* studies on carbohydrate-active enzymes and biosynthetic glycomaterials [J]. Frontiers in Bioengineering and Biotechnology, 2015, 3: 136.

[6] Gallant D J, Bouchet B, Baldwin P M. Microscopy of starch: Evidence of a new level of granule organization [J]. Carbohydrate Polymers, 1997, 32: 177-191.

[7] Tang H, Mitsunaga T, Kawamura Y. Molecular arrangement in blocklets and starch granule architecture [J]. Carbohydrate Polymers, 2006, 63: 555-560.

[8] Rengadu D, Gerrano A S, Mellem J J. Physicochemical and structural characterization of resistant starch isolated from *Vigna unguiculata* [J]. International Journal of Biological Macromolecules, 2020, 147: 268-275.

[9] Liu Q, Weber E, Currie V, et al. Physicochemical properties of starches during potato growth [J]. Carbohydrate Polymers, 2003, 51: 213-221.

[10] Naiker T S, Gerrano A, Mellem J. Physicochemical properties of flour produced from different cowpea (*Vigna unguiculata*) cultivars of southern african origin [J]. Journal of Food Science and Technology, 2019, 56: 1541-1550.

[11] Yang L, Liu Y, Wang S, et al. The relationship between amylopectin fine structure and the physicochemical properties of starch during potato growth [J]. International Journal of Biological Macromolecules, 2021, 182: 1047-1055.

[12] Sun L, Xu Z, Song L et al. Removal of starch granule associated proteins alters the physicochemical properties of annealed rice starches [J]. International Journal of Biological Macromolecules, 2021, 185: 412-418.

[13] Zhang F, Zhang Y Y, Thakur K, et al. Structural and physicochemical characteristics of lycoris starch treated with different physical methods [J].

Food Chemistry, 2019, 275: 8-14.

[14] Xiao Y, Zheng M, Yang S, et al. Physicochemical properties and *in vitro* digestibility of proso millet starch after addition of proanthocyanidins [J]. International Journal of Biological Macromolecules, 2021, 168: 784-791.

[15] Liu Z, Chen L, Bie P, et al. An insight into the structural evolution of waxy maize starch chains during growth based on nonlinear rheology [J]. Food Hydrocolloids, 2021, 116: 106655.

[16] Zhang Z, Li E, Fan X, et al. The effects of the chain-length distributions of starch molecules on rheological and thermal properties of wheat flour paste [J]. Food Hydrocolloids, 2020, 101: 105563.

[17] Chen L, Dai Y, Hou H, et al. Effect of high pressure microfluidization on the morphology, structure and rheology of sweet potato starch [J]. Food Hydrocolloids, 2021, 115: 106606.

[18] Du C, Jiang F, Jiang W, et al. Physicochemical and structural properties of sago starch [J]. International Journal of Biological Macromolecules, 2020, 164: 1785-1793.

[19] Zeng X, Chen H, Chen L, et al. Insights into the relationship between structure and rheological properties of starch gels in hot-extrusion 3D printing [J]. Food Chemistry, 2021, 342: 128362.

[20] Lu X, Xu R, Zhan J, et al. Pasting, rheology, and fine structure of starch for waxy rice powder with high-temperature baking [J]. International Journal of Biological Macromolecules, 2020, 146: 620-626.

[21] Zhang M, Sun C, Wang X, et al. Effect of rice protein hydrolysates on the short-term and long-term retrogradation of wheat starch [J]. International Journal of Biological Macromolecules, 2020, 155: 1169-1175.

[22] Liu L, Yang M, Wang L, et al. Effect of pullulan on molecular chain conformations in the process of starch retrogradation condensed matter [J]. International Journal of Biological Macromolecules, 2019, 138: 736-743.

[23] Avrami M. Kinetics of phase change I: General theory [J]. Journal of Chemical Physics, 1939, 7: 1103-1112.

[24] Liu R, Xu C, Cong X, et al. Effects of oligomeric procyanidins on the retrogradation properties of maize starch with different amylose/amylopectin ratios [J]. Food Chemistry, 2017, 221: 2010-2017.

[25] Li W, Li C, Gu Z, et al. Retrogradation behavior of corn starch treated with 1,4-α-glucan branching enzyme [J]. Food Chemistry, 2016, 203: 308-313.

[26] Vamadevan V, Bertoft E. Impact of different structural types of amylopectin on retrogradation [J]. Food Hydrocolloids, 2018, 80: 88-96.

[27] Chang Q, Zheng B, Zhang Y, et al. A comprehensive review of the factors influencing the formation of retrograded starch [J]. International Journal of Biological Macromolecules, 2021, 186: 163-173.

[28] Feng M, Yang X, Sun J, et al. Study on retrogradation of maize starch-flaxseed gum mixture under various storage temperatures [J]. International Journal of Food Science and Technology, 2017, 53: 1287-1293.

[29] Xie Y, Hu X, Jin Z, et al. Effect of repeated retrogradation on structural characteristics and *in vitro* digestibility of waxy potato starch [J]. Food Chemistry, 2014, 163: 219-225.

[30] Zhou X, Baik B, Wang R, et al. Retrogradation of waxy and normal corn starch gels by temperature cycling [J]. Journal of Cereal Science, 2010, 51(1): 57-65.

[31] Hesso N, Le-Bail A, Loisel C, et al. Monitoring the crystallization of starch and lipid components of the cake crumb during staling [J]. Carbohydrate Polymers, 2015, 133: 533-538.

[32] Hu X, Huang T, Mei J, et al. Effects of continuous and intermittent retrogradation treatments on *in vitro* digestibility and structural properties of waxy wheat starch [J]. Food Chemistry, 2015, 174: 31-36.

[33] Yu S, Ma Y, Sun D. Effects of freezing rates on starch retrogradation and textural properties of cooked rice during storage [J]. LWT-Food Science and Technology, 2010, 43(7): 1138-1143.

[34] Dona A C, Pages G, Gilbert R G, et al. Digestion of starch: *In vivo* and *in vitro* kinetic models used to characterise oligosaccharide or glucose release [J]. Carbohydrate Polymers, 2010, 80(3): 599-617.

[35] Englyst H, Kingman S, Cummings J. Classification and measurement of nutritionally important starch fractions [J]. European Journal of Clinical Nutrition, 1992, 46: 33-50.

[36] Topping D, Bajka B, Bird A, et al. Resistant starches as a vehicle for delivering health benefits to the human large bowel [J]. Microbial Ecology in Health and Disease, 2008, 20: 103-108.

[37] 孔昊存. 淀粉分子糖苷键重构及其产物对小鼠糖脂代谢的调控作用 [D]. 无锡: 江南大学, 2021.

[38] Lee B H, Yan L, Phillips R J, et al. Enzyme-synthesized highly branched maltodextrins have slow glucose generation at the mucosal α-glucosidase level

[39] Butterworth P J, Warren F J, Ellis P R. Human α-amylase and starch digestion: An interesting marriage [J]. Starch-Stärke, 2011, 63 (7): 395-405.

[40] Ren L, Qin X, Cao X, et al. Structural insight into substrate specificity of human intestinal maltase-glucoamylase [J]. Protein & Cell, 2011, 2 (10): 827-836.

[41] Lee B H, Lin A H M, Nichols B L, et al. Mucosal C-terminal maltase-glucoamylase hydrolyzes large size starch digestion products that may contribute to rapid postprandial glucose generation [J]. Molecular Nutrition & Food Research, 2014, 58 (5): 1111-1121.

[42] Hasek L Y, Phillips R J, Zhang G, et al. Dietary slowly digestible starch triggers the gut-brain axis in obese rats with accompanied reduced food Intake [J]. Molecular Nutrition & Food Research, 2018, 62 (5): 1700117.

[43] Han M, Bao W, Wu Y, et al. Insights into the effects of caffeic acid and amylose on in vitro digestibility of maize starch-caffeic acid complex [J]. International Journal of Biological Macromolecules, 2020, 162: 922-930.

[44] Zhou X, Kaplan M L. Soluble amylose cornstarch is more digestible than soluble amylopectin potato starch in rats [J]. Journal of Nutrition, 1997, 127 (7): 1349-1356.

[45] Zhang G, Ao Z, Hamaker B R. Nutritional property of endosperm starches from maize mutants: A parabolic relationship between slowly digestible starch and amylopectin fine structure [J]. Journal of Agricultural and Food Chemistry, 2008, 56 (12): 4686-4694.

[46] Ren J, Chen S, Li C, et al. A two-stage modification method using 1, 4-α-glucan branching enzyme lowers the in vitro digestibility of corn starch [J]. Food Chemistry, 2019, 305: 125441.

[47] Pazur J H, Ando T. The hydrolysis of glucosyl oligosaccharides with α-d-(1→4) and α-d-(1→6) bonds by fungal amyloglucosidase [J]. Journal of Biological Chemistry, 1960, 235 (2): 297-302.

[48] Damager I, Jensen M T, Olsen C E, et al. Chemical synthesis of a dual branched malto-decaose: A potential substrate for α-amylases [J]. ChemBioChem, 2005, 6 (7): 1224-1233.

[49] Shim Y E, Lee E S, Hong M G, et al. Highly branched α-limit dextrins attenuate the glycemic response and stimulate the secretion of satiety hormone peptide YY [J]. Food Hydrocolloids, 2020, 108: 106057.

[50] Talbot-walsh G, Kannar D, Selomulya C. pH effect on the physico-chemical, microstructural and sensorial properties of processed cheese manufactured with various starches [J]. LWT-Food Science and Technology, 2019, 111: 414-422.

[51] Jia R, Katano T, Yoshimoto Y, et al. Effect of small granules in potato starch and wheat starch on quality changes of direct heated surimi gels after freezing [J]. Food Hydrocolloids, 2020, 104: 105732.

[52] Choi I, Lee J Y, Lacroix M, et al. Intelligent pH indicator film composed of agar/potato starch and anthocyanin extracts from purple sweet potato [J]. Food Chemistry, 2017, 218: 122-128.

[53] Garcia V A S, Borges J G, Maciel V B V, et al. Gelatin/starch orally disintegrating films as a promising system for vitamin C delivery [J]. Food Hydrocolloids, 2018, 79: 127-135.

第二章
现代生物技术

现代生物技术是基于现代生命科学理论，综合运用现代生物学、工程学以及其他基础学科的知识和方法，对生物进行定向调控、改造或功能模拟获得生物活性物质并服务社会的高新技术[1]。这种潜力巨大而崭新的技术必将成为未来重要的经济支柱之一，也会对人类的健康和社会生活产生深远影响，具有非常广阔的应用前景。

第一节　概　　述

一、生物技术的定义

生物技术是一门有潜力的、新兴的、综合性的学科，可以定义为：以现代生命科学理论为基础，结合其他自然科学和工程学原理及技术，构建具有特定优良性状的新型物种或品系，依靠生物体作为生物反应器，将物料进行转化加工以提供相关产品并为社会服务的综合性技术体系[2]。

现代生物技术开发利用的生物材料非常丰富，微生物、动植物及其器官、组织、细胞、细胞器、生物酶系等都可以成为开发对象。现代生物技术的根本目的是基于生物独特的生命代谢方式，控制适当的反应条件，经济而高效地生产人类所需要的生物活性物质，从而为人类社会提供高质量服务。如医药蛋白、食品、肥料、饲料、生物材料等相关产品的生产，可以广泛用于治疗和预防疾病、提高生活质量、治理环境污染、改善生态环境等社会服务[3]。

二、生物技术的发展和技术范畴

根据生物技术发展的历史进程，可以将生物技术分为传统生物技术、近代生物技术和现代生物技术，不同时期的它们有着自己的技术特点和主要的相关产品（图2-1）。从传统生物技术到现代生物技术，生物技术的快速发展与科学技术的进步是相辅相成的，与生物学科的发展也是分不开的。随着以分子生物学为核心的现代生命科学的兴起，现代生物技术的技术范畴也越来越广，包括基因工程、细胞工程、发酵工程、酶工程、生化分离工程，以及由此衍生出来的蛋白质工程、抗体工程、糖工程、胚胎工程及海洋生物技术等。

基因工程，又称基因拼接技术或DNA重组技术，是在分子水平上按照人类的意愿对基因进行操作的复杂技术。基因工程是当前生物技术中影响最大、发展最迅速、最具突破性的领域。它打破了常规育种中难以突破的物种之间的界限，使原核生物与真核生物之间、动物与植物之间、甚至人与其他生物之间的遗传信息可以进行相互转移和重组。细胞工程是按照人们的意愿在细胞、亚细胞或组织水平上进行遗传操作，获得重组细胞、组织、器官或生物个体，从而达到改良生物的结构和功能，或创造新的生物物种，或加速繁育动植物个体，或获得某些有价值产品的综合性生物工程。随着细胞工程研究的不断深入，在其基础之上发展衍生出了不少新的领域，如组织工程、胚胎工程、染色体工程等。发酵工程是现代生物技术产业化的重要环节。发酵工程基于生产设备和工艺利用微生物以及动植物细胞大规模生产商业产品，是生物技术的桥梁工程。酶工程是指研究酶的生产、酶分子改造和应用的一门技术性学科，它包括酶的发酵生产与分离纯化、酶的固定化、酶的化学修饰与人工模拟、对酶基因进行修饰或设计新基因、改造酶蛋白或合成新型酶，以及酶的理论和应用研究等方面的内容。生化分离工程是从微生物发酵液、酶促反应液或动植物细胞培养液中将需要的目标产物提取、浓缩、纯化及成品化的一门工程学科，是现代生物技术产业化必不可少的重要技术环节。

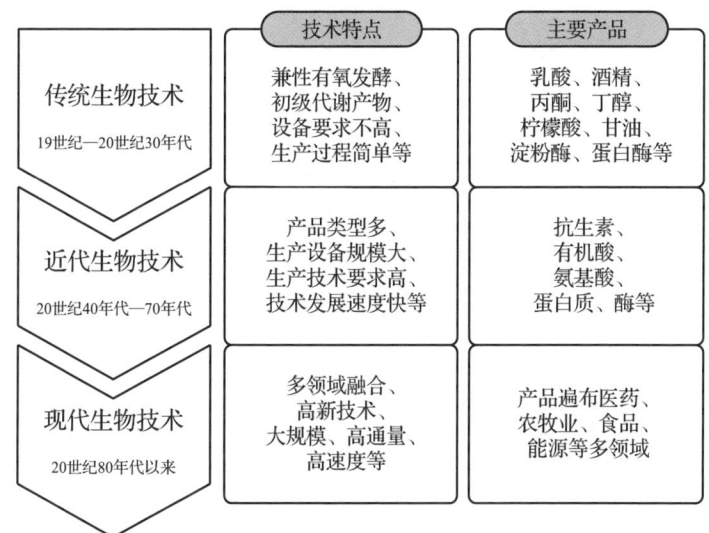

图 2-1　生物技术的技术特点和主要产品

随着生命科学与生物技术的不断发展，基因组学、蛋白质组学、生物芯片、生物信息学等新理论如雨后春笋不断涌现出来。因此，现代生物技术的内涵持续扩展，其深度与广度也在不断拓宽。

三、现代生物技术的应用

（一）农业领域

农业是国民经济的基础，是人类社会的衣食之源、生存之本。现代生物技术的应用在传统农业的生产上发挥着至关重要的作用。基于基因克隆与功能验证、规模化转基因、生物安全等关键技术的突破，人们培育出了抗病虫、抗逆、优质、高产、高效的优秀转基因新品种，极大地促进了农牧业的发展[4]。利用转基因动植物生产稀有的蛋白质和多肽药物、疫苗、酶乃至环保型生物塑料等被称为"分子农业"（molecular farming）。分子农业的发展将突破传统农业的范畴，将其延伸到医药和工业领域[5]。除此以外，动物克隆技术在遗传育种、畜牧业生产、器官移植、转基因动物培育以及濒危动物拯救等方面也已展示出不可估量的作用。

（二）工业领域

随着新技术的发展和进步，现代生物技术在工业领域中发挥着重要的作用，尤其在食品工业领域更是绽放出夺目的光彩。为缓解人口剧增与粮食短缺的矛盾，利用现代生物技术开发出了多种多样的微生物食品。同时，为满足人们对食品营养和健康的追求，具有保健作用的功能食品应运而生。此外，现代生物技术在食品加工中具有重要地位。如在淀粉加工时，通过基因技术来调节淀粉合成中起关键作用的几种酶的比例，来达到调控淀粉成分或功效的目的。食品的安全问题一直受到人们的广泛关注，在食品检测中应用现代生物技术取得了明显的效果。生物传感器、基因探针、蛋白质检测等技术准确高效、省时省力的特点在食品检测市场上体现了强大的实用性和优越性。

（三）医学领域

现代生物技术在生物制药、基因治疗、疾病预防、诊断和治疗等方面有着突出的地位。随着人类基因组计划的完成，人类基因组的蓝图已经呈现在人类面前。基于人类基因组的研究成果和现代分子生物学的发展，人们可以发现并研究更多的疾病相关基因。借助功能基因组研究与生物技术途径，使人们研制出专门治疗癌症、传染病和遗传病等的新型药物也成为了可能。针对一些重大疾病，如恶性肿瘤、心脑血管疾病、代谢性疾病、自身免疫性疾病等，可以开发研制一系列创新药物、新型诊断试剂和新型疫苗等[6]。此外，各类新兴的生物技术（如组织器官工程、干细胞技术、生物纳米技术、合成生物学等）的应用，为新药和医疗器械的研发提供了强有力的技术保障。现代生物技术正在或将带动新兴制药工业的发展，蛋白质和核酸类药物、药物靶点化合物等的研发将成为制药工业的主流。

（四）环境领域

现代生物技术在环境领域的应用主要集中在污染环境的生物监测、生物修复和生物处理等方面。絮凝剂、混凝剂等产品在废气废水的净化过程中取得了很好的成果[7]。而对于石油炼制、医药化工行业带来的有机污染物，基于现代生物技术开发的生物降解技术也发挥着重要的作用。通过高效脱硫微生物的选育及脱硫微生物代谢途径的控制，微生物脱硫技术在工业化上取得了重要进展[8]。此外，生物炭正在逐步应用于改善盐碱地土壤物理和水力特性，盐碱地将来也有可能变为良田[9]。现代生物技术生产的用于废气、废水、废渣处理和降解生物塑料的相关产品，将会逐步解决"三废"、白色垃圾等环保难题。生物肥料、生物农药的应用，将大幅度地减少化学农药、化学肥料对农田和环境的污染，加速污染水土的修复进度。

（五）能源领域

在石油和天然气工业领域中，以微生物为探测系统的微生物勘探技术（microbial exploration technologies，MET）的应用可有效降低勘探成本并提高预测成功率[10]。利用微生物生产氢能、洁净煤、生物质能、微生物燃料电池、微生物固碳制造新能源等清洁能源取得了重要的进展。在"绿色能源"替代"黑色能源"的研究中，利用生物技术将甘蔗、油菜籽、农作物秸秆、林产品废弃等有机物转化为生物乙醇、生物柴油、生物电能、生物氢等生物质能的关键技术已经实现突破。微生物燃料电池（microbial fuel cell，MFC）也已成雏形，MFC利用微生物的代谢作用，将有机废水中的化学能转化为清洁电能，具有非常广阔的发展前景[11]。此外，在微藻类生物的固碳技术和高附加值产品的开发和产业化方面也取得了重要成果[12, 13]。这些研究极大地促进了非粮生物能源产品制造的发展。

（六）军事领域

目前，现代生物技术在军事领域的应用逐渐深入，必将对信息探测、军事指挥、军事医学、生物材料、武器装备、后勤保障等诸多领域产生深刻影响[14, 15]。在信息探测方面，现代生物技术可用于军事生物传感器技术和军用仿真导航技术的研发。军用生物传感器把生物活性物质等与信号转换电子装置结合，能准确快速地识别各种生化剂，与计算机配合可及时提出最佳防护方案。此外，利用蛋白质分子处理器及神经网络等原型器件做材料制造的生物计算机，在军事情报的获取和处理上发挥着重要的作用。许多生物计算机、生物传感器或仿生探测器、轻质高性能生物材料已经应用到军事装备中并产生了良好的效果。

第二节　现代发酵工程技术

一、现代发酵工程技术概况

（一）发酵工程技术简介

发酵工程技术通常被认为是采用工程技术手段，利用微生物在发酵罐中将原料生产为特定目标产物的技术。发酵工程的基本内容主要包括菌种的选育、培养基的配制与灭菌、扩大培养与接种、发酵过程调控以及产品的分离提纯等。发酵工程技术的核心是微生物，微生物具有种类多、繁殖速度快、代谢能力强、代谢产物多等众多优点，其发酵性能可以通过诱变和代谢改造得到改善。在生产过程中，微生物生长和代谢的条件容易控制，使得发酵产品生产不受季节、地域等自然条件的限制。微生物进行发酵过程的主要场所是发酵罐，常见的机械搅拌式发酵罐系统包括罐体部分、通气部分、搅拌部分、传热部分、环境测量控制部分以及进、出料口等管路部分。完整的发酵生产过程在发酵结束后还须对产物进行分离纯化。

发酵工程技术生产流程可以明确地分为三个阶段：上游工程、中游工程和下游工程。先进行优良发酵菌株的选育和改造、发酵原料的预处理、最佳发酵条件的确定等；然后在人工或计算机控制的生化反应器中进行大量细胞培养并积累目标产物；最后从发酵液中分离和纯化所需的产品，包括固液分离、细胞破壁、蛋白质纯化、制剂化以及最终产品的包装处理等。

1. 菌种选育

体外重组技术的建立，使发酵微生物的改造进入了一个崭新的阶段。从自然界中筛选不同来源的DNA进行体外重组，再将重组DNA导入受体细胞内进行繁殖和遗传，人们可以根据需求引入外源基因，实现单一酶的大量发酵；或对内源基因的表达进行改造，定向改变微生物性状与功能，从而合成新的产物，极大地丰富了发酵工业的范围。随着工程技术的不断完善，人们对与目标产物相关的代谢途径的强化以及对副产物途径的弱化或消除，实现了多种天然产物与非天然产物的发酵生产，如多糖、黄酮、L-苯丙氨酸等。

2. 过程控制

发酵过程的调控主要依赖在线传感装置（pH、溶氧、温度等）、数据分析（葡萄糖、甲醇、OD等）以及反馈控制系统。计算机硬件与发酵过程动力学的发展使得研究人员可以在线更精细地调控多种反馈补料控制系统。基于不同发酵过程，发酵工艺由分批发酵衍生出分批补料发酵、连续发酵以及更为严格的分阶段控制策略。

3. 分离技术

最后对目标产物的分离提取是决定整个发酵过程经济性的关键，属于发酵过程下游技术。分离提取指将目标产物从发酵液或细胞中分离出来从而提高其纯度的过程。分离提取主要包括破碎、离心、沉淀、过滤、浓缩、吸附、萃取、蒸馏、结晶、干燥等多个过程。随着纳米技术的发展，新的膜材料与色谱分离材料在发酵工业分离提取过程中得到了广泛应用，有助于快速实现产物分离，提高目标产物的质量稳定性，降低分离成本。随着人口的急剧增加，人们对资源的需求不断提高，给地球资源带来了巨大的压力。以生物质等可再生资源为核心的环境友好型、过程高效型、可持续发展的新一代生产模式将成为必然趋势，其核心技术就是工业生物技术，而工业生物技术最重要的部分是发酵工程技术。

（二）现代发酵工程的技术支撑

发酵工程技术源于古老的食品天然发酵，从最初依赖经验环境，到今天成为食品、医药、农业、化工、能源等生产生活资料的重要生产方式，成为人类可持续发展的关键支撑技术，其发展离不开一系列相关支撑技术的发展。现代发酵工程技术的发展，首要工作就是推动其核心关键技术的进步，主要包括系统生物学技术、合成生物学技术、信息科学与人工智能技术和先进材料技术等。

1. 系统生物学技术

随着代谢工程技术的发展，研究人员发现仅对局部代谢网络进行分析和改造越来越难实现预定目标，需要从全局层面对生物的代谢和调控网络进行分析与改造。系统生物学是研究生物系统组成成分的构成与相互关系的结构、动态与发生，以系统论和实验、计算方法整合研究为特征的生物学，主要依赖于组学技术，包括基因组学、转录组学、蛋白质组学、代谢组学、表观遗传组学、结构基因组学等多种组学技术。随着高通量测序技术、高分辨率质谱和核磁共振技术、纳米技术、X射线衍射技术和高分辨率冷冻电镜技术等相关技术的发展，从系统和全局层面对微生物的代谢过程进行分析，有助于更理性地设计代谢工程方案，实现工业发酵过程的目标。

2. 合成生物学技术

合成生物学技术是近20年来发酵工程技术发展的核心支撑技术。合成生物学技术是一种涉及生物学、工程学、化学、遗传学、材料科学以及信息技术等多领域的交叉学科，强调利用工程化理念，实现"自下而上"的设计。合成生物学技术的关键是DNA合成技术和超长基因片段的高效重组技术，蛋白质结构功能分析、定向设计与合成技术，标准化生物元件与功能模块的构建技术。基因编辑技术的发展与完善，使得研究人员可以对代谢途径和调控网络进行更为精细的调控，也使生物技术的基础研究向应用开发的转化更加简便、快捷。

3. 信息科学与人工智能技术

随着20世纪计算机科学的发展，计算机的存储和分析能力得到增强，逐步形成了生物信息技术，主要以计算机为工具对生物信息进行储存、检索和分析，研究生命系统的规律。海量数据的挖掘与分析，有效地促进了系统生物学和合成生物学的发展。人工智能技术的不断发展与生物信息数据的不断积累，使得数据获取从原有的储存、检索和分析，发展到预测、设计。基于现有的代谢和调控网络模型，结合大量的组学数据、蛋白质结构数据，使得蛋白质结构的预测不仅可以根据同源的方法进行，还实现了部分蛋白质结构的从头预测。人工智能还整合现有的自动化技术，实现微生物筛选、培养和发酵过程的自动化操作，极大地减少了人力资源成本和人为引入的误差。

4. 先进材料技术

先进材料指新近发展或正在发展之中的具有比传统材料更优异性能的一类材料。先进材料技术是按照人的意志，通过物理研究、材料设计、材料加工、实验评价等一系列研究过程，创造出满足各种新需求的新型材料技术。先进材料技术对现代发酵工程技术的支撑主要体现在过程监测和下游处理。基于先进材料发展的新一代传感器技术，可以对发酵过程在线实时监测，进而实时反映细胞的生命代谢过程。先进材料技术对于现代发酵工程技术下游工程的进步起到了极大的推进作用。

（三）现代发酵工程主要研究内容

现代发酵工程技术的发展存在三个主要问题：微生物积累的目标产量低，微生物转化原料为目标产物的效率差，微生物生产过程强度小。围绕这三个问题，探究如何实现微生物工业发酵高产量、高产率与高生产强度的统一，成为现代发酵工程的主要研究方向。

现代发酵工程技术在细胞工厂构建方面专注于多变量模块优化、代谢途径精细调控与动态调控、高通量和超高通量筛选、基因组高效编辑等新技术。如Zhang等通过对N-乙酰神经氨酸的合成关键前体供应途径与N-乙酰神经氨酸生物合成和细胞生长进行模块化，极大提高了N-乙酰神经氨酸的产量[16]。Zhou等通过温度开关动态调控乳酸脱氢酶基因，提高了乳酸的产量[17]。Ma等提出了一种荧光液滴捕获的酶底物设计新策略，同时建立了超高通量的微液滴酶筛选体系，该体系能运用于多种酶快速定向进化的研究[18]。Shi等利用CRISPR-Cas技术对酿酒酵母菌基因组进行高效编辑，仅通过一步将木糖利用途径整合至酵母菌基因组,提高了丁二醇的产量[19]。现代发酵工程技术在发酵过程优化与控制方面重点专注于参数在线检测、数据实时分析、统计建模分析、参数预测与风险评估、代谢组学过程分析与优化以及基于模块精准调控的发酵模式重构等技术。微生物发酵过程是一个非常复杂的过程,需要对微生物发酵过程进行实时分析与优化,而单一的参数测定不能体现出对发酵过程的精准监控,需要通过更加丰富灵敏的传感器对发酵过程中的生物量、温度、pH、残糖、尾气等进行实时监控分析。如Neubauer等由于发现不同规模反应器内流场结构差异对枯草芽孢杆菌的发酵过程有影响,基于计算流体力学方法采用scale-down的放大进行发酵放大研究[20]。Liu等通过GAMs模型配合bootstrap方法进行建模,在谷氨酸的发酵研究中获得了99.6%的模型拟合度[21]。

(四)现代发酵工程展望

近三十年来,生物技术的飞速发展为新时代发酵工程的发展提供了重要的基础,发酵工程技术的应用已经由传统的生活资料向生产资料方面拓展,成为解决未来资源、环境、能源等问题的新工具[22]。采用酶法生产生物柴油和采用发酵法生产燃料乙醇,在解决可持续新能源、降低环境污染等方面起到了很好的作用[23],但是仅仅依靠现有生物质产生能源还远远不够。未来可持续能源将会如何发展还很难预测,但是现代发酵工程技术在提供可持续新能源方面肯定会起到重要支撑作用[24]。利用现代发酵工程技术挖掘新的人类赖以生存的未来资源,探索极端环境中利用微生物提供食品、服装、药品等将在不远的将来得到拓展[25-27]。

二、微生物的高通量筛选

(一)高通量筛选技术概述

工业微生物发酵生产各种功能产物的过程中,主要关键问题为:高产量、高转化率、高生产强度。只有通过系列的深入研究才能实现微生物发酵法生产工业产品的高产量、高转化率和高生产强度的相对统一,而解析发酵微生物生理功能、构建基因工程操作体系、重构代谢途径等工作耗费大量的时间和精力,有时甚至超过了90%,同时这些分析和改造方法并不总是有效。因此,通过构建新系统、发明新方法选育优良的工业菌株,是使工业发酵水平得到高效提升的前提和保障。

从自然界获得的野生型菌株通常具有不良的工业应用特性,如产量和转化率低、生长和代谢速度慢、环境适应性差等。要实现菌株发酵过程中高产量、高产率和高生产强度的相对统一,就必须人为地进行诱变和改造。然而,诱变过程中正向突变的概率往往很低,而传统的筛选技术人力消耗大、消耗时间长,严重限制了优良菌株的筛选。因此,如何从这些庞大的突变菌株库中快速筛选出优良菌株是现代发酵工程技术面临的重要难题[28,29]。现代发酵工程技术的首要任务是改进工业发酵微生物菌种的选育,主要集中在建立高效筛选平台和设计先进的筛选模型。

高通量筛选技术的通量大、特异性高,适用于各种药物或目标微生物的筛选。高通量筛选技术以各种类型的微孔板如24孔板、48孔板、96孔板等为载体工具,利用自动化检测工具快速灵敏地获得实验数据。高通量微生物筛选技术有助于微生物育种技术的快速发展,一方面,微生物筛选系统QPix系列、全自动化移液工作站、酶标仪检测器、机器人自动化高通量筛选系统等设备的不断发展为高通量筛选提供了主要的设备;另一方面,流式细胞仪、微流控芯片等超高通量筛选设备的发展使得对目标细胞的分选效率大大提高。微生物高通量筛选具体流程如图2-2所示。

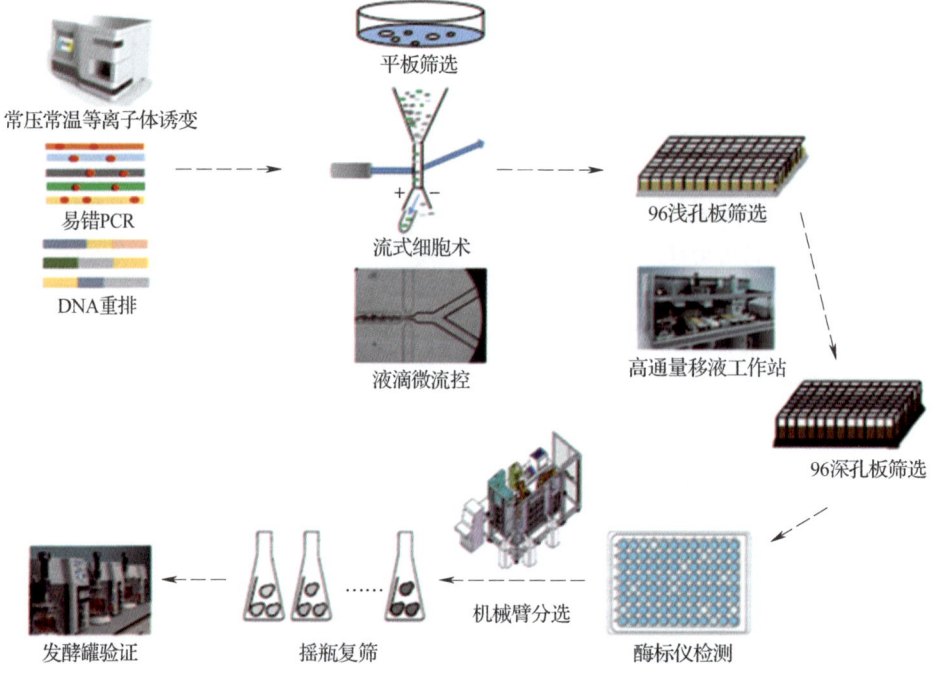

图2-2 微生物高通量筛选系统流程

在现代发酵工程技术领域,高通量筛选技术已发展成为一门具有巨大应用前景的技术。相比传统的微生物筛选方法,高通量筛选技术具有很多优势。

1. 高度自动化

运用自动化操作系统,形成了加样、稀释、转移、混合、洗板、孵育、检测的实验室自动化工作站,自动连续地完成整个实验操作。自动化设备基本分为两类：一类是机械臂、移液工作站、多功能酶标仪、多孔板培养箱和清洗器等通用型设备；另一类是生物评价体系和软件分析系统等组建型设备。

2. 人力资源需求少

相比于传统微生物筛选方法，高通量筛选过程的自动化操作和微孔板培养分析模式大大减少了人力投入。在微生物的高通量筛选过程中，常规的高通量筛选每批次可筛选多于10000株菌株，基于流式细胞术和微流控技术的筛选方法具有更大规模的筛选量。

3. 快速、灵敏、准确

高通量筛选技术应用了紫外-可见光分析、亲和闪烁分析和荧光检测分析等方法。紫外-可见光分析延续了传统分析技术，但多功能酶标仪的应用使其检测通量大大提高。荧光检测分析具有高度的灵敏性，可同时应用多种荧光分子进行高通量筛选，也可以通过荧光关联胞内的物质浓度、pH、膜电位等来实现快速精确筛选。

4. 样品用量少

相比于传统筛选过程，高通量筛选技术运用多孔板微量培养和分析方法，减少了化合物和试剂的用量，使实验所需样品用量更趋微量化、精确化。

（二）常用的菌种选育方法

自然界存在种类繁多的微生物，工业生产常用的微生物菌种主要有细菌、酵母菌、霉菌、放线菌、担子菌以及藻类等。这些微生物能在一定条件下积累少量的产品，但无法用于工业生产。发酵工业是利用微生物的生长和代谢活动生产目标产品的工业生产技术，必须使用优良的工业菌种，这些微生物具有生长繁殖快、代谢能力强、易变异改造等优点。为获得适合发酵生产的微生物，通常需要人为地去筛选优良的发酵菌株。常用的菌种选育方法有物理化学诱变法、适应性进化法以及基因工程改造法等。

1. 物理化学诱变法

物理化学诱变法是利用各种物理因素和化学试剂处理微生物细胞，提高基因突变频率，在菌种选育方面应用广泛。随着物理技术的快速发展，物理诱变因其处理时间短、环境污染小等特点成为菌种诱变的工具之一。常用的物理诱变剂主要包括紫外线、X射线、β射线、γ射线等。近年来，常压室温等离子体（atmospheric and room temperature plasma，ARTP）诱变技术开始作为主要的微生物诱变工具并得到广泛应用，它能在大气压下产生温度在25～40℃的、具有高活性粒子浓度的等离子体射流，是一种很有前途的新型微生物诱变技术，广泛应用于各种工业发酵微生物的诱变筛选过程，如细菌、链霉菌、酵母菌等。化学诱变剂主要包含碱基类似物、碱基修饰剂和移码诱导剂。碱基类似物具有与DNA碱基类似的结构，使DNA复制时配对错误而导致突变；碱基修饰剂主要修饰 DNA 碱基，通过改变配对性质而引起突变；移码诱导剂主要通过在 DNA 分子中嵌入单个或多个碱基对，从而引起突变。常见的化学诱变剂有硫芥类、环氧衍生物类、亚胺类、吖啶橙、硫酸酯类等。

2. 适应性进化法

适应性进化是指在外界特定选择压力下，物种为了适应环境而发生性能或自身特性的改变，通过菌株自发突变的不断富集，获得适应特定条件的表型或生理性能。微生物的一些生理特性（如易于培养、生长繁殖快等）促进了其可以进行快速进化筛选。至今，人们研究开发了一系列适应性进化方法，实现了对微生物细胞的选育，这些策略在工业微生物育种中应用广泛[30]。适应性进化方法的应用主要包括：① 提高微生物细胞对环境的耐受力，如高渗透压、高酸度、高碱度或高温；② 提高微生物菌株的发酵性能，如提高其生长速度和底物消费量、提高目标物质的合成和减少副产品的积累；③ 激活一些潜在的途径。进化器（eVOLVER）和微生物微滴培养系统（microbial microdroplet culture，MMC）已被设计并用于工业微生物高通量培养和适应性进化。近年来，有研究者建立了一种基于基因组复制改造的连续进化方法（genome replication engineering assisted continuous evolution，GREACE），有效提高了大肠杆菌（*Escherichia coli*）的热耐受性[31]。

3. 基因工程改造法

现代发酵工程技术构建的关键是高效微生物细胞工厂，传统优良菌种微生物的获得主要依赖于人工诱变与进化，存在效率低、周期长、劳动强度高等缺点，限制了工业生产发酵对微生物的生产需求。随着基因工程技术的快速发展，加速了优良微生物细胞工厂的构建。

（三）高通量筛选方法

1. 基于目标产物的快速定量方法

基于目标产物的快速定量方法可根据产物或底物的不同性质特点，对目标产物直接或间接进行检测，如紫外－可见光光谱检测、电化学传感器检测、生物传感器检测等。紫外－可见光光谱检测主要是基于检测产物或底物的颜色或吸光度变化来初步反映代谢物浓度或产量的高低，对于一些发酵过程中产生的有明显颜色或显色变化又不受培养基中其他物质干扰的物质，可直接采用紫外－可见光光谱检测。电化学传感器主要基于反应后的电位变化来进行评估，它具有灵敏快速、操作简便、成本低等显著优点，近年来纳米材料与电化学传感器的交叉融合使得电化学传感器在临床诊断、药物分析、环境监测等方面应用广泛。生物传感器主要是基于颜色或荧光变化来进行评估，如生物的一些蛋白质（转录因子、荧光蛋白等）、核酸等，通过识别某些代谢产物，转化为特定的信号（荧光、光密度等）输出，从而反映细胞代谢物的浓度。例如，Qian 等将水杨酸反应性转录因子用于优化重组大肠杆菌中莽草酸/水杨酸途径（shikimate/salicylate pathway）基因的表达水平，并筛选染色体转座子插入文库以提高水杨酸产量[32]。

2. 基于孔板的高通量筛选方法

基于孔板的高通量筛选过程一般包括突变库的构建、预筛、孔板初筛、摇瓶复筛、发酵罐验证等。首先得到突变菌库，然后进行平板预筛（蓝白斑、透明圈等），再将平板上符合要求的菌落挑取到96浅孔板进行种子液培养，然后转至96孔板或48孔板进行发酵培养，培养一定时间后，根据胞内外物质情况对细胞和发酵液进行分别处理，配合酶标仪等检测紫外/可见吸收光或荧光进行筛选，将孔板筛选出来的优良菌株用摇瓶进行复筛验证，将得到的验证目标产物明显提高的突变菌株进行发酵罐培养验证产量和效价，整个过程均以出发菌株作为对照。如Han等基于在强碱性条件下丙酮可与水杨醛反应生成显色化学物质这一原理，构建了酪氨酸酚裂解酶（TPL）的高通量筛选方法[33]。然后基于多孔板高通量筛选通过定向进化TPL强化全细胞催化合成左旋多巴。

3. 基于流式细胞分选的高通量筛选方法

流式细胞术（flow cytometry，FCM）是一种能对悬液中的单细胞或其他生物粒子的多参数进行快速分析，并可将目标群体进行多种方式快速分选的生物学技术。流式细胞仪的液流系统聚焦携带的荧光染色剂或荧光素的细胞或微粒，通过光学系统激发激光，收集各种光信号如散射光、特异性荧光、自发荧光，电子系统将由此产生的各种光信号转化为电信号，来反映细胞或微粒各项待检测指标。流式细胞仪通过对目标细胞上的荧光信号进行识别而实现对细胞的定量。使用流式细胞术，能够获取有关细胞的众多信息，如细胞密度、相对细胞大小、胞内DNA含量、相对荧光强度以及靶细胞上的荧光信号并加以定量等。基于流式分选的高通量筛选步骤一般包括突变菌种库的构建、流式分选预筛、多孔板初筛、摇瓶复筛及发酵罐验证等。例如，在高产阿维菌素的阿维链霉菌（Streptomycesavermitilis）筛选实验中，研究者基于流式细胞术构建并优化了高通量筛选方法，结合多孔板筛选，摇瓶复筛得到了较原始对照显著增加的突变体[34]。Zhou等利用生物传感器结合流式细胞术构建并优化了高通量筛选方法，基于梯度强度启动子5′-UTR及定向进化强化大肠杆菌合成柚皮素[35]。

4. 基于微流控的高通量筛选方法

微流控（microfluidics）技术是一种使用微管道精确控制和操纵微小流体的技术，是一门新兴的交叉学科，涉及化学、流体物理、微电子、新材料和生物学以及生物医学工程等学科。微流控芯片是用于实现微流控操作的装置，具有生物和化学实验最基本的功能。微流控芯片具有小型化、便携化、自动化和集成化等独特的特性，以其超高通量、高灵敏度、定量、准确的性能，广泛应用于生物学、化学和医学领域的科学研究和应用[36]。在工业微生物育种的应用中，由于结合荧光标记和分选等策略，微流体系统显著提高了筛选的效率。另外，一些其他的检测方法正在被试图应用于微流控系统中，包括质谱法、拉曼光谱法和毛细管电泳等，从而进一步扩大了筛选过程的普遍性。基于流式分选和多孔板筛选的高通量筛选系统一般包括突变菌种库的构建、微流控包裹、流式分选、多孔板筛选、摇瓶筛选或发酵罐验证等。在基于生物传感器的液滴微流体系统用于快速筛选大肠杆菌产3-脱氢莽草酸的实验中，研究者将生物传感器与液滴微流体系统相结合，以在多拷贝水平和独立的液滴微环境中检测标记细胞，成功提高了阳性突变体的富集率和最佳突变体的生产力[37]。

三、生物反应器与发酵过程优化

（一）微型生物反应器发酵

生物反应器在整个发酵过程中具有中心纽带的作用，是实现生物技术产品产业化的关键设备。在生物反应器内，生物催化剂（酶或细胞）作用于原料合成目标产物，将廉价的原料转化为升值的生化产品。生物反应器的设计与调控是发酵工程中非常重要的工程问题，生物反应器必须能够保证微生物的生长特性和要求，满足微生物不同生长阶段对pH、温度、溶氧、渗透压等不同的要求，考虑发酵过程中生物剪切力的影响，除此之外，还要在发酵过程中保持无菌。随着大数据与人工智能的发展，20世纪90年代，高通量微型生物反应器作为近代发酵工程技术的重要内容得到快速发展与推广，促进了发酵过程的理解，推动了发酵工艺的优化，提高经济效益的同时降低了污染。

1. 微型生物反应器技术简介

微型生物反应器不仅仅是体积的缩小，更重要的是功能的完善。实现这一目标需要合适的材料、灵敏的传感器、在微小体积内过程参数的控制器件以及与之配套的自动化数据处理等。

（1）材质与加工技术　聚苯乙烯是微型生物反应器的常用材料，也有文献报道使用玻璃、硅、全氟烷氧基树脂以及钢材制作的微型反应器，这些一般用于剧烈化学反应研究。在选择制作微型生物反应器的材料时，要考虑材料与反应体系的兼容性、材料表面的特性以及透光性，因为生物质浓度、pH、溶氧等参数一般是采用光学方法透过培养容器进行测量的。

（2）传感器技术　微型生物反应器的关键技术是对溶氧、pH、温度、葡萄糖、二氧化碳等过程参数的测量与控制，可连续测量和记录整个发酵过程参数变化的光学传感器是最佳选择，但是光敏颜料一般都是以微颗粒形式包裹在聚合物材料中，制成薄膜贴附在微型反应器内，因此微型传感器与微型反应器的整合要照顾到可靠性、通透性、热稳定性以及化学稳定性。

（3）实验设计与数据分析　微型反应器还有一个特点就是高通量，通常多个微型反应器同时运行，一般配有额外的液体试剂处理系统。借助实验设计软件，研究人员只需简单输入范围并指定微型反应器，即可自动完成对初始底物浓度等参数的配置。高度自动化、强大的数据处理软件可以在短时间获得大量数据，保证了实验的可靠性。

2. 微型生物反应器发酵条件组合优化技术

随着微型反应器所依赖的检测控制技术和微流控技术的进步，微型反应器越来越多地用到发酵操作条件的优化上。考虑到操作参数之间的相互作用，发酵过程的优化如果仅在少量反应器上进行多次单因素实验，往往不能得到整体的最优值。

析因设计是一种基于统计学理论的多因素交叉分组的实验设计方法，自20世纪初就有了系统性的总结[38]，其优势在于可以通过尽可能少的实验次数获取被研究体系多参数之间的相互作用，具有全面性和均衡性。例如对发酵过程中的参数进行优化，单因素优化实验成指数倍数增长，相比之下，通过析因设计，同时改变两个或两个以上操作参数，并用统计学模型对实验结果进行拟合，则可以在较少的实验次数下迅速找到最优的参数组合。类似地，图2-3展示了三个因素、两个水平的中心复合设计。其中，正方体的三个维面分别表示温度、pH、DO三个参数，八个顶点代表了三因素两水平八种可能的组合。为了捕捉到曲线和曲面等细节，在八次实验的基础上，中心复合设计增加了正方体面心的六种组合，如图2-3（1）所示。将正方体中心的实验条件重复三次，来确定实验数据的可重复性和检测误差，这种实验设计称为中心复合表面设计（CCF）。另外一种常用的中心复合设计称作中心复合序贯设计（CCC），它将中心复合表面设计中轴心上的点从正方体的表面脱离，使所有设计点（不包括中心点）与中心等距，如图2-3（2）所示，使所有的设计组合均匀地分布在以正方体中心为圆心的一个球面上。中心复合序贯设计在实验次数不变的情况下，每个因素增加到五个水平，可以捕捉更加复杂的细节，较中心复合表面设计更有优势。

3. 微型生物反应器发酵过程放大技术

发酵过程放大技术是在小规模实验设备上衡量放大后可能出现的问题，并以此为依据对工艺和设备进行优化，以期最大程度降低工艺放大的风险。这就需要在微型反应器的物料性质、传质速率、混合时间、控制策略等方面与工业规模生物反应器相匹配，进行一个先缩小、再放大的过程。模型缩小是指动态操作条件，或者将多个同类型或不同类型的反应器串联来模拟大规模反应器内可能出现的操作条件在时间和空间上的波动。发酵工艺和反应器放大时常用的一些参数有体积传质系数（$K_L a$）、传氧速率、溶解氧浓度、通气量、单位能耗等。从表面上看，如果保持这些参数相同，好像就能从一个体积放大或缩小到另一个体积。然而在不同规模的反应器之间进行缩放变换时，是无法保证所有参数全部一致的。在微生物发酵中，多数情况下放大后的工艺达不到预想实验的效果[40]。在工业生产中，这种不确定性对发酵操作本身以及上下游单元操作的衔接都是有负面影响的。

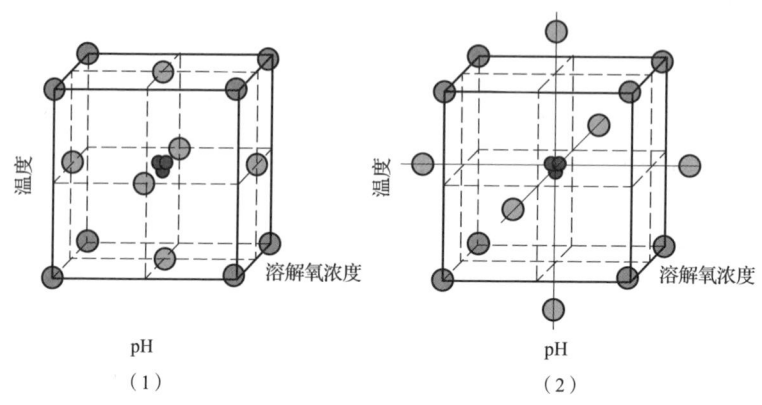

图2-3　中心复合实验设计[39]
（1）中心复合表面设计　（2）中心复合序贯设计

微生物发酵大部分耗氧，需要大量通气和剧烈搅拌。很多发酵液黏度大，有些发酵原料含有大量固体颗粒如谷壳等，在微型反应器中难以处理。以赛多利斯斯泰帝（Sartorius Stedim）公司的Ambr® 15mL微型反应器与1L台式搅拌釜反应器内两株大肠杆菌生产疫苗的情况为例，在相同单位能耗的情况下，两种不同尺寸的反应器内菌体生长和产物生产都很接近。然而在该反应体系内，气液传质不是限制因素。换言之，在两个规模的反应器内由于功率输入都很高，传质、混合等已经不是发酵的限制因素，因此体现不出反应器之间的区别。这种做法在经济上并不是最优的设计，从1mL到1L和从$1m^3$到$1000m^3$均是1000倍的放大，但是两者几乎没有可比性。

由于上述原因，很多工作还需要在传统小型设备上完成。在工业化生产之前，还需要经过中试规模的测试，这是由发酵工艺的复杂性决定的，而不是微型反应器本身的缺点。在传统的放大途径中，如果菌株筛选的培养环境和工业化生产的培养环境差别很大，则无法保证筛选最优的工业菌株。微生物反应器的工艺放大途径得益于其体积微小、高度自动化，尤其是可以进行补料操作以及pH、溶氧控制的微型反应器，能在同一个反应器中完成菌种、培养基、操作条件的同时优化，与传统的摇瓶和微孔板培养相比，可大大缩短研发的周期。

（二）发酵过程优化

随着发酵工程工艺的进步和应用领域的不断扩展，对生物发酵产品产量与精细化的需求也日益提高。为满足这种日益提高的需求，需要不断提高对发酵过程控制与优化的水平，尽可能增加发酵产物产量，降低生产成本，提高设备的使用效率，从而提高发酵工业的整体经济效益。利用过程控制和优化的方法，将发酵过程控制在最优环境或操作条件下，是提高整体发酵水平的一种简单的方法。在发酵生产中，人们可以利用检测所得到的信息深入了解整个发酵进程，进而达到对发酵过程进行控制和优化的目的。对于发酵过程中的易测变量，如温度、压力、pH、溶解氧浓度等可以直接采用传感器进行在线测量，并且已经开发出来各种耐受高温高压的传感器。对于发酵过程不可测变量可以采用测量与之相关的变量，然后通过一定的模型进行计算得出变量数值。根据发酵过程中参数是否可在线测量，又可以将发酵过程控制分为离线控制和在线控制。离线控制是一种典型的开回路 - 前馈控制方式，其最大的特点就是不需要测量任何状态变量，只利用已知的动力学模型或其他方式来计算和确定控制变量来调控发酵过程。在线控制是典型的闭回路 - 反馈控制方式。在反馈控制中，至少要有一个状态变量可以在线测量。根据被控状态变量测量值与其设定值之间的偏差，反馈控制器按照一定的方式，自动地对操作变量进行修正调整，使得测量值能够迅速和稳定地被控制在其设定值附近。对于一般的发酵系统而言，需要检测的相关参数可以分为三类：物理参数、化学参数和生物参数。

微生物自身的代谢状态显著影响着发酵过程的生产强度和经济性，但微生物的代谢状态又对发酵环境极其敏感。对于生产菌株自身的代谢能力不足，可以通过对其生理特性和代谢能力的解析，在分子水平上进行改造从而获得优良的生产菌株。发酵过程控制优化指的是在已具有良好生产菌株的基础上，对发酵过程进行全局动态的优化与控制，保证发酵过程状态稳定、有序、定向和高效，最终实现目标代谢产物生产的高产量、高产率与高生产强度的统一。传统的基于代谢通量分析的发酵过程优化技术更多的是在基于准稳态的假设下进行的，而工业化生产过程中大量涉及非代谢稳态条件。因此，将其应用到实际的工业生物过程中面临挑战。只有不断引入先进的思维和技术，不断完善、更新、发展，才能够保证发酵过程控制与优化技术的时代性与应用性。随着多学科交叉发展的大趋势，控制自动化、计算数学等学科进入发酵工程领域，发酵过程控制与优化技术也有了新方向的发展。

作为当今科研的热点，代谢物组学以系统生物学的观点阐释了生物体代谢反应的全部信息，微生物代谢物组学在代谢调控分析、发酵控制以及和其他组学结合进行菌种改良等方面取得了迅速的发展[41]。代谢物是细胞生命活动过程的整体响应物，代表细胞对整个代谢流调控的最终结果。生物系统具有复杂的调控机制，在不同的环境下细胞代谢物随不同的功能需要发生改变。因此，相对基因、蛋白质的变化，代谢物更能直接反映细胞调控作用的结果。研究表明，细胞的多种功能是在代谢物和代谢网络的水平上进行调节的。由于生物体特性不仅与其遗传基因有关，也与细胞所处的微观及宏观环境密切相关，因此，对菌种的改良要结合实际的环境条件，采用组学技术进行表型表征，以满足包括环境条件在内的整个生物加工过程优化的需要。在发酵过程中，工业生物过程的优化和放大需要检测大量参数，而代谢物种类要远少于蛋白质和基因的数量，因此利用代谢物组学作为研究手段有助于加快工业化进程，可以更加精准地对发酵过程进行优化和控制，同时可靠的胞内代谢物和代谢通量分析是揭示细胞真实代谢状态的直接证据，对于提高代谢工程和工业发酵过程优化的理论水平也具有重要意义。

第三节 酶工程技术

一、酶工程概述

（一）酶工程技术简介

酶工程是酶的生产和应用的技术过程，其主要任务是经过预先设计，通过人工操作、优质生产获得大量所需的酶，并利用各种方法改进酶的催化特性，从而使其发挥最大的催化功能。酶工程的研究内容主要包括酶的制备、固定化、修饰与改造及反应器等方面内容。

目前由于酶稳定性、催化效率、选择性等性质的不足，限制了酶制剂的可行性工艺以及工业化应用。随着酶学及DNA重组技术的共同发展，允许利用动植物、微生物作为细胞工厂大量生产酶，并利用定向进化、蛋白质设计实现对酶基因的分子改造。此外随着流式细胞仪、微流控系统等高通量方法的开发，极大促进了具有性能改善、高催化活性、新生物活性的酶甚至新型酶的开发和应用。因此，酶的挖掘和分子改造技术为克服酶性质的局限性问题提供了一种可行方法，通过这些工具的使用将会为酶工程领域带来重大进步。在此，本节将就新酶的发现与筛选、酶的分子改造两个酶工程研究中的重要方向，概述相关基本技术以及近年来发展出的新方法和新工具。

（二）酶工程的应用

在食品工业中，酶工程可以用来生产食品加工的原料，如利用淀粉酶、葡萄糖异构酶、乳糖酶、蛋白酶加工淀粉、乳品、果汁、烘烤乳品等，也可用于生产食品添加剂、食品保鲜、改善风味等。

在轻工业中，酶制剂常在饲料加工业中用于饲料添加剂，提高饲料利用率；也可在造纸工业中用于酶的纸浆漂白技术等；在纺织加工业中，纤维素酶、果胶酶、脂肪酶等酶制剂可用于纤维改性、真丝脱胶、棉纺织品的整理等。

在医药行业中，酶在生产手性药物方面因其副产物少、环境友好的优势发挥了不可代替的作用，其中水解酶和氧化还原酶应用最为广泛；此外还可用于疾病诊断和治疗等。

此外，随着环境污染、化石能源短缺以及温室效应等问题日益突出，酶工程研究在环境治理、节能减排等方面日益发挥重要作用，包括酶法检测环境污染、净化废水、合成生物可降解材料、制备生物质燃料、研发生物电池等。

（三）酶工程的展望

酶工程作为现代生物技术的重要组成部分，是酶学与工程学科相融合、主要研究酶及其应用的综合性科学技术。酶工程技术已被广泛应用于食品工业、轻工业、医药、环保、能源开发等领域。随着酶工程技术研究的不断深入，酶在工业中的应用越来越广泛。为了满足各领域和环境可持续发展的要求，研究和开发新酶以及新酶体系已成为酶工程领域的热点课题，基因组学、蛋白质组学、生物信息学、酶的定向进化技术、高通量筛选技术等的快速发展将为酶工程研究和酶制剂行业带来广阔的发展前景。酶作为科技部"绿色生物制造"重点研究项目的重要内容之一，也将为酶工程的发展带来新的机遇和挑战。

二、酶的挖掘与筛选

目前随着绿色合成产业和环境资源压力的推动，人们对于工业酶的应用和需求迅速增加，因此工业新酶的挖掘和开发具有重要意义。工业生物催化剂主要来源于自然界中的微生物，由于微生物经过漫长的历史适应了各种环境条件，进化成为丰富的酶资源库，通过酶的挖掘和筛选技术，有利于开发新酶或者酶的新功能。传统的酶挖掘方法是从自然界中分离筛选产酶菌株，包括产酶菌株的富集培养、纯种分离、初筛和复筛等步骤，已经鉴定和表征了多种生物催化剂用于工业生产。但由于自然界中可培养的微生物所占比例不足微生物总量的1%，因此限制了新酶的发现[42]。目前宏基因组技术因其能够避免微生物的培养、简化操作步骤，已经成为挖掘新酶常用且成熟的方法。随着结构生物学以及生物信息学的发展，大大增加了数据库中的酶基因序列与蛋白质结构信息，基于宏基因组和数据库的挖掘结合高通量筛选方法在新酶的发现和筛选方面具有极大的发展潜力（图2-4）。

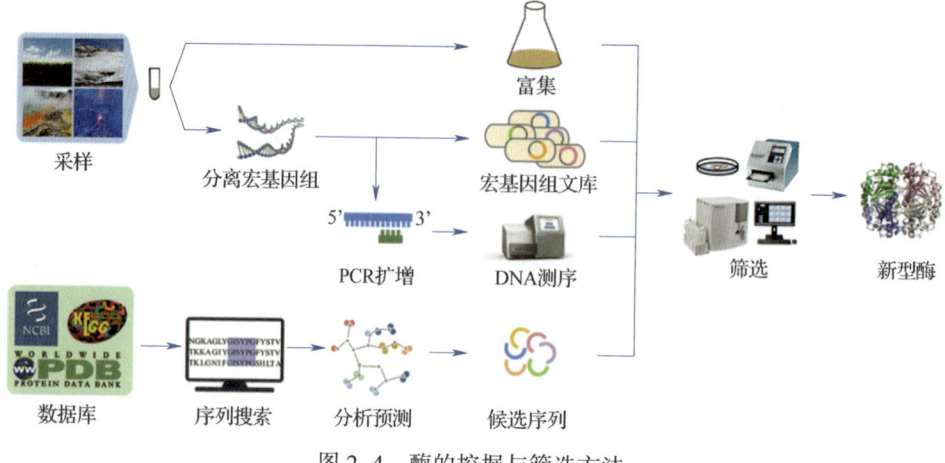

图 2-4　酶的挖掘与筛选方法

（一）从自然界中筛选

1. 基于微生物培养的传统筛选方法

从自然界中分离筛选产酶菌株是最早和最常用的酶基因挖掘方法。为了获得具有特殊生长特性的微生物，通过对于采集的混合微生物样品进行富集培养，分离筛选出具有较高催化活性的菌株，再从菌株中获得目标酶基因。菌种的筛选目的决定了样品采集的环境，需要根据所需酶的性质与微生物表型的关系，考虑目标产酶菌株可能存在的环境。微生物的富集培养是指通过控制培养基的营养成分（碳源、氮源、维生素和无机盐类等），并在可控的培养条件（温度、pH、空气、光照等）下对采集的样品进行一次或多次培养，使具有所需特征的微生物得到大量繁殖，同时使其余微生物的生长受到抑制，从而提高目标产酶菌株的比例。例如，使用淀粉作为唯一碳源，可以有效富集产淀粉酶类的微生物。

筛选方法的选择对于筛选结果至关重要。为了提高筛选效率，初筛一般使用快速、简捷的筛选方法。通常利用目标菌株的代谢特征如代谢产物能够与指示剂、显色剂等发生反应，通过平板检出法，对菌株进行分离筛选。透明圈法是最常用的筛选方法，利用培养基中的浑浊底物被分解后在菌落周围形成透明圈的大小，评价微生物分解该底物的能力，多用于分离筛选水解酶。对于不易产生透明圈的微生物，可直接在分离培养基中掺入酸碱指示剂或显色剂，根据变色圈的颜色及大小初步判断菌株产酶的种类和能力。但由于平板检出法存在反应特异性低、培养基中个别成分干扰产生假阳性的问题，需要对初步筛选出的菌株进一步复筛，从而获得所需产酶菌株。

2. 基于宏基因组技术的筛选方法

宏基因组技术是指直接从环境中分离宏基因组 DNA（全部微小生物基因组

DNA 的总和），而不需要微生物的培养，弥补了传统新酶筛选方法的不足[43,44]。主要包括以下步骤：从环境样本提取 DNA，构建到合适的表达载体→转化易于培养的细菌，获得宏基因组文库→分离筛选，其中筛选方法包括基于功能的筛选和基于序列的筛选[45]。

（1）基于功能的筛选　基于功能的宏基因组文库筛选依赖于基因产物在宿主机体中的成功异源表达，根据酶的活性进行筛选。该方法的优点是不需要了解序列相关信息，直接进行筛选，可以获得与现有基因序列无任何相似性的新基因序列。目前，大肠杆菌是主要的表达宿主，人们还在此基础上开发了各种类型的改良菌株以及合适的异源表达宿主。但由于宿主中存在翻译效率低、蛋白质错误折叠、缺少翻译后修饰等问题，限制了基因的表达成功率。因此，研究人员设计了多种载体系统来实现功能性宿主-载体甚至多宿主-载体的相容性，从而提高表达系统的效率。但仍存在使用具有强启动子的高拷贝质粒不能提高表达效果的问题。例如，Simon 等用质粒和 Fosmid 载体从同一元基因组中克隆 DNA 聚合酶 I，两种方法筛选出的阳性克隆数量差异不大[46]。为了增加转录克隆插入片段的机会，研究人员还构建了具有双向启动子的质粒表达载体，该系统适用于多种酶的筛选，并成功提高了表达系统的效率。

基于活性功能的筛选策略对于准确检测阳性克隆至关重要。常用的筛查方法包括基于表型的检测、基于宏基因组文库克隆的异源互补检测和基于诱导报告基因表达的检测。首先，表型检测是指利用与目标酶的底物相关的显色物质筛查酶的活性，属于经典的平板检出方法。此外在液体培养基中添加与底物耦联的荧光物质，基于高通量筛选技术可以通过荧光信号进行筛选。例如，研究人员开发了基于荧光底物的微液滴筛选技术，发现了同时具有硫酸盐单酯和磷酸三酯水解活性的新型酶[47]。异源互补策略是指向宏基因组插入的基因包含表达宿主生存生长所必需的基因，在选择条件下，只有具有互补能力基因的宿主才能够存活下来。例如，研究人员从土壤宏基因组文库克隆中筛选出 10～13 个对于 β-内酰胺类和氨基糖苷类抗生素具有抗性的新基因。而基于诱导报告基因表达的检测属于对酶活性的间接筛选，在宏基因组文库表达的基础上，诱导报告基因在宿主细胞的表达（底物或产物诱导）。以绿色荧光蛋白（green fluorescent protein，GFP）的表达为例，GFP 受到严格调控启动子的控制，当宏基因组文库表达产生特定代谢物时，才能诱导 GFP 的表达，从而通过荧光激活细胞分离器（fluorescence activated cell sorter，FACS）进行阳性筛选[48]。此外，不同的筛选方法包括使用底物的种类和检测步骤对检测结果会有较大影响。因此，根据所需的酶学性质选择底物和检出方法的最佳组合至关重要，这也是高效、准确鉴定新型生物催化剂的基础[49]。

（2）基于序列的筛选　基于序列的筛选方法是指从宏基因组文库中利用简并引物 PCR 或 DNA 探针获得目标基因。该策略利用宏基因组文库或数据库获取酶的同源序列，将其克隆到合适的表达载体中，最后进行酶的活性筛选。例如，张冬寒等以卤化酶基因的保守序列设计简并引物，从土壤宏基因组文库筛选出了65个卤化酶阳性克隆[50]；张陈胜等以扁桃腈水解酶基因的保守序列为探针，在基因组数据库中进行比对筛选，选取序列同源性在40%~70%的基因作为候选序列，并在大肠杆菌中进行克隆表达，通过对邻氯扁桃腈的水解活性和立体选择性的筛选，最终获得一种新型的水解邻氯扁桃腈的腈水解酶[51]。Alinne等使用土壤微生物构建了一个大型插入的宏基因组文库，基于PCR或NGS（下一代测序）的多重策略，结合生物信息学分析，从19200个克隆中鉴定出223个阳性克隆（1.2%），发现了新型聚酮合成酶（polyketide synthase，PKS）和非核糖体肽合成酶（non-ribosomal peptide synthetase，NRPS）基因簇[52]。此外，通过此种方法已发现多种酶，如双加氧酶、几丁质酶、醇脱氢酶、甘油脱水酶、羰基还原酶等。

基于序列的筛选方法中，使用的杂交DNA探针是根据已知蛋白质家族的保守区域设计的，因此基于同源序列的方法依赖基因组数据的准确性和完整性。此外，该策略局限于筛选与已知蛋白质序列同源性较高的酶家族，因此不易发现新型酶基因。

3. 基于极端微生物的筛选方法

极端微生物在pH、温度、酸度、碱度等极端环境下进化出了具有独特催化性能的酶。从极端微生物中开发新酶，有利于拓宽酶的应用范围，实现新型生物催化剂的工业化应用。近年来，极端环境（如火山口、深海、含硫温泉和冰川土壤等）中的微生物成为开发新酶的一类重要资源[53]。

在极端环境下，酶的稳定性常因原始来源菌株的种类及其生存条件的不同具有较大差异。因此了解与分析极端微生物酶的特殊性质与其结构–功能关系，对于开发具有理想性质的新型催化剂尤为重要。例如，在工业应用中，酯酶需要具备有机溶剂耐受性以发挥生物活性，而酶的这一功能特性与蛋白质结构表面带有大量负电荷的氨基酸残基有关，与嗜盐菌耐受高盐环境的机制类似，因此有潜力从此类微生物中挖掘有机溶剂耐受酶。此外，低温酶在洗涤剂和食品以及生物修复等方面具有较大的应用价值，可以从嗜冷菌中筛选在低温下具有较高催化活性的新酶[48, 54]。

近年来挖掘极端微生物新酶的主要方法是传统的培养筛选方法，多对于工业应用潜力较大的酶如淀粉酶、蛋白酶、水解酶等进行了筛选。但许多极端微生物不能通过标准化方式进行培养，宏基因组技术的使用进一步促进了极端微生物中新酶的筛选。在宏基因组技术中常用的表达宿主是大肠杆菌，如果使用极端条件筛选，会影响表达宿主的正常生长，因此通常在正常条件下培养宏基因组文库，并在基因表达完成后进行所需酶活性的筛选。例如，研究人员从北极巴伦支海的宏基因组文库中筛选出低温耐盐酯酶[55]。此外，在系统进化上，由于极端微生物往往与常用的表达宿主相隔较远,导致在使用基于功能的宏基因组技术筛选时,目标基因片段在宿主的表达效率低,限制了从各种环境样本筛选阳性克隆的效率[56, 57]。

(二)基于电子计算机器的数据库筛选方法

下一代测序技术与宏基因组技术飞速发展,使基因组序列和蛋白质结构数据的数量呈指数级增长,为发现新基因序列提供了基础。目前,针对酶的基因序列、蛋白质功能和蛋白质结构信息,研究人员已经设计了各种类型的蛋白质资源数据库,极大地促进了酶基因的挖掘和筛选工作。其中 UniProt 是信息最为丰富的蛋白质数据库,但该数据库通过与其他蛋白质数据库中结构域的序列进行同源比对获得功能注释,因此大部分注释并不准确,根据催化类似反应的酶的信息的相似性或同源性挖掘到的候选序列,很难预测其可溶性表达、催化活性等性质,效果往往难以达到预期。为了提高筛选的成功率,研究人员进一步开发了新的算法,对候选序列进行酶蛋白聚类分析和优先化排序。其中聚类分析方法包括序列相似性网络分析工具(sequence similarity network,SSN)以及侧重蛋白质结构比对的 CATH(Class,Architecture,Topology,Homologous superfamily)分析工具,从而利用信息资源整合对未知蛋白质进行序列、进化、功能和结构多方面综合分析,指导研究者优先探索序列空间内的未知区域[58~60]。

对于初步获得的大量候选序列,通常需要开展大量实验进行验证,因此基于酶的可溶性表达和底物选择性等性质开发的优先化排序标准与算法能够降低工作量,提高筛选效率。例如,可以通过 Wilkinson-Harrison 溶解度模型预测蛋白质序列在大肠杆菌可溶性表达的概率;利用 SVM、BNICE 算法预测酶的底物选择性。未来基于电子计算机的数据库筛选方法将进一步促进工业应用新型催化剂的挖掘工作。

三、酶分子改造

(一)非理性设计

酶的分子改造包括理性设计和非理性设计。非理性设计一般是通过定向进化实现的,非理性设计不需要了解分析酶蛋白分子的高级结构与功能的关系,其关键步骤是选取高效的构建突变体库的方法和条件以及针对该突变体库选择准确而便捷的筛选目标突变菌的方法,进而获得符合实验要求的突变体。目前,突变体库的构建方法主要包括易错 PCR 技术、DNA 改组、交错延伸及体外随机引发重组技术等[61, 62]。另外通过物理(紫外诱变、α 射线、β 射线)、化学(烷化剂、抗生素、核酸碱基类似物)诱变对目标菌株进行随机突变,然后再定向筛选从而获得具备目标性能的菌株,也是常常用到的定向进化的方法。

1. 定向进化

一般情况下,微生物合成或生物催化目标产物实际上是由一种或某几种酶作用的催化反应过程。然而,由于自然界中的野生型酶已经适应了自身的作用环境,野生型酶所表现的活性及稳定性往往无法达到工业要求。酶定向进化,主要指通过蛋白质工程等手段,在实验室模拟并加速天然酶进化过程,对目的基因进行多轮反复的突变、表达和筛选,以分离或富集具有一个或多个预期性能改进的酶突变体。在酶的特性改造方面,定向进化方法已有诸多应用,如改变底物特异性、增强热稳定性、提高有机溶剂耐受性、改变对映选择性等。

2. 随机组装

为了扩大高性能菌株累积目标产品的筛选范围,随着基因编辑技术和生物信息学的发展,人们已经建立了一系列基于随机组装的策略,包括多重自动化基因组编辑技术(multiplex automated genome engineering,MAGE)[63]、多功能基因组装平台(ePathBrick)[64]、高效无标记基因组工程策略(CasEMBLR)[65]和级联启动子工程策略等。例如,CasEMBLR是一种无标记的多基因体内组装方法,应用CRISPR/Cas9介导产生的双链断裂,将DNA片段与同源序列结合到基因组的特定位点。另外,采用梯度强度启动子工程的筛选方法,用于强化大肠杆菌中柚皮素的合成[66]。

3. 物理诱变

随着物理技术的发展,物理诱变逐步发展成为具有对人体伤害小、处理时间短、环境污染小等特点的技术。常用的物理诱变方法主要包括紫外线诱变法、γ射线法、离子注入法、电离辐射法、超声波波阵法、微波诱变法、超高压诱变法等[67]。近年来,常压室温等离子体(atmospheric and room temperature plasma,ARTP)诱变技术开始得到广泛的应用,它是一种以大气压辉光放电等离子体发生器为核心的新型微生物诱变工具。等离子体喷流可以破坏细菌细胞壁、细胞膜及蛋白质等导致大部分细胞死亡,具有明显的诱变效应。利用常压室温等离子体诱变技术所获得的突变株遗传稳定性良好,并且该技术具有突变率高、处理快速、环境友好、操作简便、对操作者安全无辐射等特点,已广泛应用于各种工业发酵微生物的诱变筛选过程,如细菌、链霉菌、酵母菌、霉菌和微藻等[68-70]。

4. 化学诱变

化学诱变也是一种传统的诱变处理方法,主要的化学诱变剂包含碱基类似物、碱基修饰剂、移码诱导剂。碱基类似物主要以造成子代DNA复制配对改变而导致突变;碱基修饰剂主要修饰DNA碱基,通过改变配对性质而引起突变;移码诱导剂主要通过嵌入DNA分子引起突变。常见的化学诱变剂有硫芥(氮芥)类、环氧衍生物类、亚胺类、硫酸(磺酸)酯类、吖啶橙、原黄素、亚硝酸及其盐和部分金属化合物等[67]。化学试剂造成的突变以点突变为主,并且因试剂不同而具有某些相对高频且较为稳定的突变谱。

(二)分子改造理性设计

酶的非理性设计具有盲目性,因此工作量很大,往往会耗费大量的人力、物力及财力。如图 2-5 所示,酶的理性分子改造需要根据蛋白质的二级和三级结构、特定功能和催化机制等对氨基酸序列进行精确设计,对蛋白质序列中特定的氨基酸进行替换,从而鉴定出与酶催化特性相关的关键元件,这是一种高效省力的方法。理性设计策略主要包括:同源序列比对策略、蛋白质表面电荷优化策略、基于二硫键的设计策略、基于脯氨酸效应的设计策略、基于蛋白质解折叠自由能的设计策略、温度因子的设计策略和模式(schema)模拟法等。理性设计已经被成功地应用于很多酶热稳定性的提高,如木聚糖酶、β-葡糖醛酸糖苷酶、脂肪酶和 α-淀粉酶等。

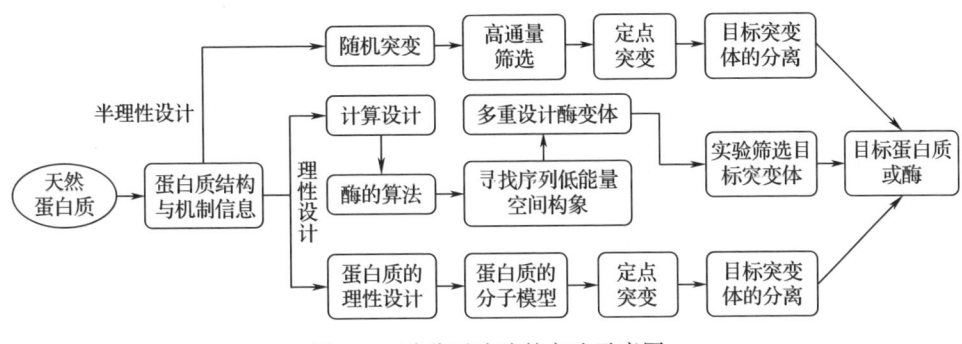

图 2-5 酶分子改造的方法示意图

1. 理性设计

理性设计(rational design)是基于一定的已知信息针对某种特性设计构建突变体蛋白的方法。这种设计策略的实施需要蛋白质的序列和结构信息、待改造性质的作用机制等作为依据,同时通常利用计算机辅助,对酶催化反应的过程或某一状态进行分子模拟,从分子水平考察预测蛋白质催化作用效果。其中设计依据是理性设计中的关键因素,根据设计依据的不同将理性设计分为以下四类。

(1)基于序列的理性设计 虽然蛋白质数据库中已经收录有十万多个解析结构,但是比起已发现的蛋白质,还仅是其中的小部分。而相对于结构的解析,蛋白质一级序列的测定技术手段比较成熟,有效结果的获得也比较容易。将蛋白质序列信息和其相应的功能结合分析,可以建立蛋白质序列-功能关系数据库,进而在此基础上可以对只有一级序列信息的相似蛋白质的功能进行预测和设计,这就是基于序列的理性设计的思路。这一研究领域的研究者们致力于建立这样的开放数据库,以作为理性设计的依据,如针对亚科特异性位点(subfamily specific positions,SSPs)的数据库 ZEBRA 和针对脂肪酶及其突变体的数据库 LED[71]。在具体到某一种蛋白质的某一种性质的设计时,如果找到关键序列区段与其功能性质之间的直接关系,可通过对相应序列模式的搜索,得到具有目标性质的蛋白质。这种方法被成功应用于转氨酶的设计,研究者最终在酶库中筛选到与初始蛋白质选择性相反的转氨酶[72]。

(2)基于结构的理性设计 酶的结构是其性质的物质基础,无论是催化活性还是底物特异性、立体选择性和稳定性等其他性质,都有相应的结构支持。酶对底物催化的结构基础是其催化活性氨基酸和底物结合口袋(substrate binding pocket),对这些催化关键部分的改造会对蛋白质的催化性质有显著的影响。而为了了解这些关键氨基酸与底物相互作用的具体情况,研究者们运用计算机模拟技术进行分子模拟并对结果进行评估,确定设计关键点和突变方向[73]。这种设计策略不仅可以针对蛋白质已有的催化性质进行改造,还可以通过对催化关键氨基酸的替换,实现不同非活性蛋白质的酶分子化和不同功能酶之间的转换。

除了上述催化氨基酸和活性口袋(active site pocket),酶分子中还有其他与其催化性质相关联的结构区域,它们也可以作为理性设计的目标,如小分子进入活性中心的底物通道,控制蛋白质活性区域与溶剂接触的盖子区域等。这些区域的改变会显著影响底物和蛋白质形成复合物的过程,从而影响酶的催化效率。例如,Yang 等通过对位于活性位点的催化核心中的甲硫氨酸残基进行基于结构的工程改造,使侧链尺寸和活性位点的空间位阻增加,提高了来自解淀粉碱单胞菌(Alkalimonas amylolytica)的碱性淀粉酶的氧化稳定性[74]。Padhi 等通过对羟腈裂合酶和酯酶的晶体结构和催化机制进行研究,发现两者活性中心结构的相似度极高,根据两者的不同之处选定相对应的残基作为突变点[75]。

(3)计算机辅助的理性设计 近年来,随着计算机技术的飞速发展,计算机辅助设计已成为酶理性设计的主要方向。通过计算机模拟酶与底物的结合过程,选择性地对酶-底物结合口袋的形状和大小进行调节,能够有效地改变酶的底物专一性。例如,通过分子动力学模拟发现,野生型碱性蛋白酶结构中 Gly97~Gly102 环状结构(loop)区域会与底物分子接触并相互作用,从而影响碱性蛋白酶的催化功能。运用 Hot-Spot Wizard 3.0 设计了碱性蛋白酶在 Gly97~Gly102 环状结构区的突变库,筛选得到了胶原蛋白降解活力显著降低的 G97E 突变体[76]。

计算机辅助的理性设计相对于基于实验结果设计的传统方法具有高效、经济的优势。在酶的理性设计中,传统方法通常运用比对的手段寻找保守序列来进行对关键残基的预测和改造,计算机辅助设计则通过引入一种或几种算法直接对大量氨基酸序列的结构信息进行分析计算和排序,可以更加精确可控地预测关键残基以及相关突变体的催化特性。

（4）从头设计蛋白质　随着计算机模拟技术的发展，对蛋白质骨架的精确预测和模拟使从头设计蛋白质得以实现。近几年兴起了利用计算机辅助从头设计自然界中不存在的酶的研究。这种方法需要给定一个明确的目标空间结构，找出能折叠成目标结构的氨基酸序列。成功地从头设计出一个蛋白质或活性位点需要已知所有有关的相互作用，所设计的蛋白质就是由一个算法采用一组描述相互作用的参数而产生的。这种从头设计的方法打破了传统蛋白质工程研究对象的限制，开拓了蛋白质工程领域新的研究方向。例如，Diels-Alder反应是一个双分子成环反应，研究者设计了一系列含有结合位点、催化位点和可能过渡态的理想活性中心模型，利用RosettaMacth方法在数据库中筛选大量结构已知的蛋白质支架，然后用Rosetta Design算法在过渡态结合能、催化残基位置以及过渡态与活性中心形状互补性等方面对过渡态结合模型进行系统优化，发现有84个可能具有Diels-Alder反应催化活性的蛋白质[77]。

2. 半理性设计

半理性设计是对随机定向进化的改进，沿用了定向进化的整体思路，但是在突变体文库构建上采用较为理性的方法，这样可以减少后期筛选方法的负荷。中性漂移突变体库（neutral drift libraries）的构建和筛选就是一种较为成功的半理性设计策略[78]。该方法通过以融合荧光蛋白为标签的对蛋白质表达的预筛选，建立起容量小但正突变率高的中性漂移突变体库，实现了对突变体文库的精简。此外，在一定的结构信息的辅助下，针对若干选定突变热点的饱和突变可以构建容量较小并且效率较高的突变体文库。迭代饱和突变法（itrative saturation mutagenesis）是这种方法中的代表[79]。针对若干选定的突变热点，先分别做饱和突变，然后针对每个小突变体文库中的优势突变体，分别对剩余点做饱和突变，如此迭代，直到得到最终优势突变体。

（1）基于序列的半理性设计　多序列比对和系统发育分析已经成为探索氨基酸保守性和同源蛋白质序列和结构组之间原始关系的标准工具。无论这些统计数据是从大的自然序列库中获得的，还是通过实验室的中性漂移实验获得的，这些数据被用来鉴定功能热点、评估局部氨基酸的可变性和指导回归一致性设计。例如，Hot-Spot Wizard 2.0提供了一个基于网络的自动化方案来识别保守残基，其可为用户提供稳定性和功能热点的列表、可变性和合适突变的列表，以及合适退化的设计密码子和蛋白质隧道分析。使用该工具结合定点饱和突变，研究人员将嗜热脂肪芽孢杆菌脂肪酶T6的甲醇稳定性提高了66倍，热稳定性提高了4.3℃，大豆油脂肪酸甲酯的产率增加了两倍[80]。

（2）基于结构的半理性设计　一旦得到蛋白质的晶体结构，尤其是与底物类似物共结晶的结构，人们就可以清楚地获得酶和底物的相互作用关系。这样就可以选定活性中心或底物结合口袋附近的特定残基进行突变，将全部基因上的随机突变限制在特定的区域,大大减少了筛选的工作量。例如,Savile等应用基于蛋白质结构的酶再设计和定向进化的组合策略,改造来源于节杆菌(*Arthrobacter* sp.)的酶同源物,将其转化为符合工艺要求的生物催化剂[81]。为了提高来自芽孢杆菌(*Bacillus* sp.)AR9的D-海因酶(D-hydantoinace,HYD)的催化效率,进而提高D-对羟基苯甘氨酸的产量,对HYD的底物结合通道进行分析,选取底物通道瓶颈处的氨基酸进行饱和突变和筛选,以提高HYD的催化效率[82]。

(3)计算机辅助的半理性设计　　随着计算生物学的发展,计算机辅助的半理性设计可以进一步缩小所需筛选的突变库容量。半理性设计综合了理性设计和非理性设计两个方法的优点。针对自身实验材料的特点,灵活地将两种方法互相补充,可以提高对所需性质进行改良的速度。通过半理性设计,在对酶的改造上,人们可以采用更多更灵活的方法,制备出更优品质的酶,同时进一步加深对酶的结构和功能关系的理解。例如,Murphy等报道计算辅助的半理性设计不需要局限于单个氨基酸的替换,而是可以应用于整个环状结构区域的替换[83]。罗塞塔(Rosetta)是基于粗糙集理论框架的表格逻辑数据工具,二十年来一直处于蛋白质结构预测的前沿,已经成为一个多功能程序集合包,包括程序、脚本和工具,用于不同类型的大分子建模,如配体对接、蛋白质-蛋白质对接、蛋白质设计和循环建模[84]。Liu等采用B-FITTER软件分析了P450 BM-3晶体结构中各氨基酸残基位点的温度因子(B-factor),识别出G46位点对酶的热稳定性不利,在该位点进行定点饱和突变构建了突变文库,并从中筛选获得一个热稳定性得到显著提高的突变酶[85]。

酶分子改造主要通过非理性设计、理性设计以及半理性设计来实现。随着基因工程和蛋白质工程等技术的快速发展,在大量科研实践的基础上逐渐建成科学的方法体系,从而改造出性质优良的酶制剂,推动社会经济进步。酶的理性化设计正成为酶分子改造的主流技术。

参考文献

[1] Mosier N S, Ladisch M R. Modern biotechnology: Connecting innovations in microbiology and biochemistry to engineering fundamentals [M]. Hoboken: John Wiley & Sons, 2011.

[2] Moo-Young M. Comprehensive biotechnology [M]. Amsterdam: Elsevier, 2019.

[3] Meyer R. Modern biotechnology and sustainable intensification: Chances and limitations [M]//HAILS R S, GARDNER S M, RAMSDEN S J. Agricultural

resilience: Perspectives from ecology and economics. Cambridge: Cambridge University Press. 2019: 159-179.

[4] Wang W, Zhu G, Li X, et al. Transgenic technology—A revolution of crop breeding methodology [J]. Hans Journal of Agricultural Sciences, 2019, 9 (12): 1113-1119.

[5] Reddy D, Reddy T, Pharmaceutical and Biotechnological Applications of Transgenic Technology [J]. International Journal of Pharmaceutical Sciences and Nanotechnology, 2018, 11 (4): 4145-4153.

[6] Niyazov R, Dranitsyna M, Vasiliev A, et al. Biosimilars: Development and investigation using achievements in modern biotechnology [J]. Diabetes Mellitus, 2021, 23 (6): 548-560.

[7] Ren J, Li N, Wei H, et al. Efficient removal of phosphorus from turbid water using chemical sedimentation by $FeCl_3$ in conjunction with a starch-based flocculant [J]. Water Research, 2020, 170: 115361.

[8] Duval E, Cravo-Laureau C, Poinel L, et al. Development of molecular driven screening for desulfurizing microorganisms targeting the dszB desulfinase gene [J]. Research in Microbiology, 2021, 172 (6): 103872.

[9] Liang J, Li Y, Si B, et al. Optimizing biochar application to improve soil physical and hydraulic properties in saline-alkali soils [J]. Science of The Total Environment, 2021, 771: 144802.

[10] Amalfitano S, Levantesi C, Copetti D, et al. Water and microbial monitoring technologies towards the near future space exploration [J]. Science of The Total Environment, 2020, 177: 115787.

[11] Choudhury P, Ray R N, Bandyopadhyay T K, et al. Process engineering for stable power recovery from dairy wastewater using microbial fuel cell [J]. International Journal of Hydrogen Energy, 2021, 46 (4): 3171-3182.

[12] Teng S Y, Yew G Y, Sukačová K, et al. Microalgae with artificial intelligence: A digitalized perspective on genetics, systems and products [J]. Biotechnology Advances, 2020, 44: 107631.

[13] Torres-Tiji Y, Fields F J, Mayfield S P. Microalgae as a future food source [J]. Biotechnology Advances, 2020, 41: 107536.

[14] Norrrahim M N F, Kasim N A M, Knight V F, et al. Nanocellulose: The next super versatile material for the military [J]. Materials Advances, 2021, 2: 1485-1506.

[15] Sayler K M. Emerging military technologies: Background and issues for congress. [R]. Congressional Research Service Washington United States,

2020.

[16] Zhang X, Liu Y, Liu L, et al. Modular pathway engineering of key carbon-precursor supply-pathways for improved N-acetylneuraminic acid production in *Bacillus subtilis* [J]. Biotechnology and Bioengineering, 2018, 115（9）: 2217-2231.

[17] Zhou L, Niu D-D, Tian K-M, et al. Genetically switched D-lactate production in *Escherichia coli* [J]. Metabolic Engineering, 2012, 14（5）: 560-568.

[18] Ma F, Fischer M, Han Y, et al. Substrate engineering enabling fluorescence droplet entrapment for IVC-FACS-based ultrahigh-throughput screening [J]. Analytical Chemistry, 2016, 88（17）: 8587-8595.

[19] Shi S, Liang Y, Zhang M M, et al. A highly efficient single-step, markerless strategy for multi-copy chromosomal integration of large biochemical pathways in *Saccharomyces cerevisiae* [J]. Metabolic Engineering, 2016, 33: 19-27.

[20] Junne S, Klingner A, Kabisch J, et al. A two-compartment bioreactor system made of commercial parts for bioprocess scale-down studies: Impact of oscillations on *Bacillus subtilis* fed-batch cultivations [J]. Biotechnology Journal, 2011, 6（8）: 1009-1017.

[21] Liu C, Pan F, Li Y. A combined approach of generalized additive model and bootstrap with small sample sets for fault diagnosis in fermentation process of glutamate [J]. Microbial Cell Factories, 2016, 15（1）: 132.

[22] 刘艳新, 刘占英, 倪慧娟, 等. 微生物发酵饲料的研究进展与前景展望 [J]. 饲料博览, 2017, （2）: 15-22.

[23] Kim S R, Skerker J M, Kong I I, et al. Metabolic engineering of a haploid strain derived from a triploid industrial yeast for producing cellulosic ethanol [J]. Metabolic Engineering, 2017, 40: 176-185.

[24] Solopova A, van Tilburg A Y, Foito A, et al. Engineering Lactococcus lactis for the production of unusual anthocyanins using tea as substrate [J]. Metabolic Engineering, 2019, 54: 160-169.

[25] Chung D, Kim S Y, Ahn J-H. Production of three phenylethanoids, tyrosol, hydroxytyrosol, and salidroside, using plant genes expressing in *Escherichia coli* [J]. Scientific Reports, 2017, 7（1）: 1-8.

[26] Gao S, Tong Y, Zhu L, et al. Iterative integration of multiple-copy pathway genes in *Yarrowia lipolytica* for heterologous β-carotene production [J]. Metabolic Engineering, 2017, 41: 192-201.

[27] Jiang J, Yin H, Wang S, et al. Metabolic engineering of *Saccharomyces*

cerevisiae for high-level production of salidroside from glucose [J]. Journal of Agricultural and Food Chemistry, 2018, 66 (17): 4431-4438.

[28] Leavell M D, Singh A H, Kaufmann-Malaga B B. High-throughput screening for improved microbial cell factories, perspective and promise [J]. Current Opinion in Biotechnology, 2020, 62: 22-28.

[29] Zeng W, Guo L, Xu S, et al. High-throughput screening technology in industrial biotechnology [J]. Trends in Biotechnology, 2020, 38 (8): 888-906.

[30] Zhang W, Cheng Y, Li Y, et al. Adaptive evolution relieves nitrogen catabolite repression and decreases urea accumulation in cultures of the Chinese rice wine yeast strain *Saccharomyces cerevisiae* XZ-11 [J]. Journal of Agricultural and Food Chemistry 2018, 66 (34): 9061-9069.

[31] Wang X, Li Q, Sun C, et al. GREACE-assisted adaptive laboratory evolution in endpoint fermentation broth enhances lysine production by *Escherichia coli* [J]. Microbial Cell Factories, 2019, 18 (1): 1-13.

[32] Qian S, Li Y, Cirino P C. Biosensor-guided improvements in salicylate production by recombinant *Escherichia coli* [J]. Microbial Cell Factories, 2019, 18 (1): 18.

[33] Han H, Zeng W, Du G, et al. Site-directed mutagenesis to improve the thermostability of tyrosine phenol-lyase [J]. Journal of Biotechnology, 2020, 310: 6-12.

[34] Cao X, Luo Z, Zeng W, et al. Enhanced avermectin production by *Streptomyces avermitilis* ATCC 31267 using high-throughput screening aided by fluorescence-activated cell sorting [J]. Applied Microbiology and Biotechnology, 2018, 102 (2): 703-712.

[35] Zhou S, Ding R, Chen J, et al. Obtaining a panel of cascade promoter-5'-UTR complexes in *Escherichia coli* [J]. ACS Synthetic Biology, 2017, 6 (6): 1065-1075.

[36] Steyer D J, Kennedy R T. High-throughput nanoelectrospray ionization-mass spectrometry analysis of microfluidic droplet samples [J]. Analytical Chemistry, 2019, 91 (10): 6645-6651.

[37] Tu R, Li L, Yuan H, et al. Biosensor-enabled droplet microfluidic system for the rapid screening of 3-dehydroshikimic acid produced in *Escherichia coli* [J]. Journal of Industrial Microbiology, 2020, 47 (12): 1155-1160.

[38] Mandenius C F, Brundin A. Bioprocess optimization using design-of-experiments methodology [J]. Biotechnology Progress, 2008, 24 (6):

1191-1203.

[39] 周景文, 高松, 刘延峰, 等. 新一代发酵工程技术: 任务与挑战 [J]. 食品与生物技术学报, 2021, 40 (1): 1-11.

[40] Tajsoleiman T, Mears L, Krühne U, et al. An industrial perspective on scale-down challenges using miniaturized bioreactors [J]. Trends in Biotechnology, 2019, 37 (7): 697-706.

[41] Dietmair S, Hodson M P, Quek L E, et al. Metabolite profiling of CHO cells with different growth characteristics [J]. Biotechnology and Bioengineering 2012, 109 (6): 1404-1414.

[42] Ferrer M, Martinez-Abarca F, Golyshin P N. Mining genomes and 'metagenomes' for novel catalysts [J]. Current Opinion in Biotechnology, 2005, 16 (6): 588-593.

[43] Hess M, Sczyrba A, Egan R, et al. Metagenomic discovery of biomass-degrading genes and genomes from cow rumen [J]. Science, 2011, 331 (6016): 463-467.

[44] Singh P, Jain K, Desai C, et al. Microbial Community Dynamics of Extremophiles/Extreme Environment [M] //DAS S, DASH H R. Microbial Diversity in the Genomic Era. Academic Press. 2019: 323-332.

[45] Yang G, Ding Y. Recent advances in biocatalyst discovery, development and applications [J]. Bioorganic & Medicinal Chemistry, 2014, 22 (20): 5604-5612.

[46] Lammle K, Zipper H, Breuer M, et al. Identification of novel enzymes with different hydrolytic activities by metagenome expression cloning [J]. Journal of Biotechnology, 2007, 127 (4): 575-592.

[47] Colin P Y, Kintses B, Gielen F, et al. Ultrahigh-throughput discovery of promiscuous enzymes by picodroplet functional metagenomics [J]. Nature Communications, 2015, 6: 10008.

[48] Madhavan A, Sindhu R, Binod P, et al. Strategies for design of improved biocatalysts for industrial applications [J]. Bioresource Technology, 2017, 245 (Pt B): 1304-1313.

[49] Leis B, Angelov A, Liebl W. Screening and expression of genes from metagenomes [J]. Advances in Applied Microbiology, 2013, 83: 1-68.

[50] 张冬寒, 曹明明, 李延清, 等. 基于序列筛选发掘宏基因组文库中的新颖卤化酶基因 [J]. 应用与环境生物学报, 2018, 24 (06): 1301-1306.

[51] Zhang C S, Zhang Z J, Li C X, et al. Efficient production of (R)-o-chloromandelic acid by deracemization of o-chloromandelonitrile with a new

nitrilase mined from *Labrenzia aggregata* [J]. Applied Microbiology and Biotechnology, 2012, 95 (1): 91-99.

[52] Santana-Pereira A L R, Sandoval-Powers M, Monsma S, et al. Discovery of novel biosynthetic gene cluster diversity from a soil metagenomic library [J]. Frontiers in Microbiology, 2020, 11: 585398.

[53] 王伟, 姚从禹, 孙晶晶, 等. 极地微生物酶资源开发研究进展 [J]. 极地研究, 2020, 32 (02): 264-275.

[54] Santiago M, Ramirez-Sarmiento C A, Zamora R A, et al. Discovery, molecular mechanisms, and industrial applications of cold-active enzymes [J]. Frontiers in Microbiology, 2016, 7: 1408.

[55] De Santi C, Altermark B, Pierechod M M, et al. Characterization of a cold-active and salt tolerant esterase identified by functional screening of Arctic metagenomic libraries [J]. BMC Biochemistry, 2016, 17: 1.

[56] Schnoes A M, Brown S D, Dodevski I, et al. Annotation error in public databases: Misannotation of molecular function in enzyme superfamilies [J]. PLoS Computational Biology, 2009, 5 (12): e1000605.

[57] Guazzaroni M E, Silva-Rocha R, Ward R J. Synthetic biology approaches to improve biocatalyst identification in metagenomic library screening [J]. Microbial Biotechnology, 2015, 8 (1): 52-64.

[58] Sillitoe I, Lewis T E, Cuff A, et al. CATH: Comprehensive structural and functional annotations for genome sequences [J]. Nucleic Acids Research, 2015, 43 (Database issue): D376-381.

[59] Rodriguez Benitez A, Narayan A R H. Frontiers in biocatalysis: Profiling function across sequence space [J]. ACS Central Science, 2019, 5 (11): 1747-1749.

[60] 张建志, 付立豪, 唐婷, 等. 基于合成生物学策略的酶蛋白元件规模化挖掘 [J]. 合成生物学, 2020, 1 (03): 319-336.

[61] Cheng F, Zhu L L, Schwaneberg U. Directed evolution 2.0: Improving and deciphering enzyme properties [J]. Chemical Communications, 2015, 51 (48): 9760-9772.

[62] Huang P S, Boyken S E, Baker D. The coming of age of de novo protein design [J]. Nature, 2016, 537 (7620): 320-327.

[63] Si T, Chao R, Min Y H, et al. Automated multiplex genome-scale engineering in yeast [J]. Nature Communications, 2017, 8: 15187.

[64] Lv Y K, Cheng X Z, Du G C, et al. Engineering of an H_2O_2 auto-scavenging *in vivo* cascade for pinoresinol production [J]. Biotechnology and

Bioengineering, 2017, 114 (9): 2066-2074.

[65] Jakociunas T, Rajkumar A S, Zhang J, et al. CasEMBLR: Cas9-facilitated multiloci genomic integration of *in vivo* assembled DNA parts in *Saccharomyces cerevisiae* [J]. ACS Synthetic Biology, 2015, 4 (11): 1226-1234.

[66] Zhou S H, Lyu Y B, Li H Z, et al. Fine-tuning the (2S)-naringenin synthetic pathway using an iterative high-throughput balancing strategy [J]. Biotechnology and Bioengineering, 2019, 116 (6): 1392-1404.

[67] Zhou S H, Alper H S. Strategies for directed and adapted evolution as part of microbial strain engineering [J]. Journal of Chemical Technology and Biotechnology, 2019, 94 (2): 366-376.

[68] Wang L Y, Huang Z L, Li G, et al. Novel mutation breeding method for *Streptomyces avermitilis* using an atmospheric pressure glow discharge plasma [J]. Journal of Applied Microbiology, 2010, 108 (3): 851-858.

[69] Zhang X, Zhang X F, Li H P, et al. Atmospheric and room temperature plasma (ARTP) as a new powerful mutagenesis tool [J]. Applied Microbiology and Biotechnology, 2014, 98 (12): 5387-5396.

[70] Zhang X, Zhang C, Zhou Q Q, et al. Quantitative evaluation of DNA damage and mutation rate by atmospheric and room-temperature plasma (ARTP) and conventional mutagenesis [J]. Applied Microbiology and Biotechnology, 2015, 99 (13): 5639-5646.

[71] Suplatov D A, Besenmatter W, vedas V K, et al. Bioinformatic analysis of *alpha/beta*-hydrolase fold enzymes reveals subfamily-specific positions responsible for discrimination of amidase and lipase activities [J]. Protein Engineering Design & Selection, 2012, 25 (11/12): 689-697.

[72] Kelly S A, Magill D J, Megaw J, et al. Characterisation of a solvent-tolerant haloarchaeal (R)-selective transaminase isolated from a Triassic period salt mine [J]. 2019, 103 (14): 5727-5737.

[73] Ebert M, Pelletier J N. Computational tools for enzyme improvement: Why everyone can - and should - use them [J]. Current Opinion in Chemical Biology, 2017, 37: 89-96.

[74] Yang H Q, Liu L, Wang M X, et al. Structure-based engineering of methionine residues in the catalytic cores of alkaline amylase from *Alkalimonas amylolytica* for improved oxidative stability [J]. Applied and Environmental Microbiology, 2012, 78 (21): 7519-7526.

[75] Padhi S K, Fujii R, Legatt G A, et al. Switching from an esterase to a hydroxynitrile lyase mechanism requires only two amino acid substitutions [J].

Chemistry & Biology,2010,17(8):863-871.

[76] 李玉 李家霖,朱宝悦,等.理性设计降低碱性蛋白酶的胶原降解活力[J]. 天津科技大学学报,2021,36(3):1-5,52.

[77] Siegel J B, Zanghellini A, Lovick H M, et al. Computational design of an enzyme catalyst for a stereoselective bimolecular diels-alder reaction[J]. Science,2010,329(5989):309-313.

[78] Martin-Diaz J, Paret C, García-Ruiz E, et al. Shuffling the neutral drift of unspecific peroxygenase in *Saccharomyces cerevisiae*[J]. Applied and Environmental Microbiology,2018,84(15):00808-00818.

[79] Xu J, Fan J, Lou Y, et al. Light-driven decarboxylative deuteration enabled by a divergently engineered photodecarboxylase[J]. Nature Communications,2021,12(1):3983.

[80] Dror A, Shemesh E, Dayan N, et al. Protein engineering by random mutagenesis and structure-guided consensus of *Geobacillus stearothermophilus* Lipase T6 for enhanced stability in methanol[J]. Applied and Environmental Microbiology,2014,80(4):1515-1527.

[81] Savile C K, Janey J M, Mundorff E C, et al. Biocatalytic asymmetric synthesis of chiral amines from ketones applied to sitagliptin manufacture[J]. Science,2010,329(5989):305-309.

[82] 樊帅,刘坤,金媛媛,等.来源于*Bacillus* sp.AR9 D-海因酶半理性设计的研究[J].生物技术进展,2021,11(3):386-392.

[83] Murphy P M, Bolduc J M, Gallaher J L, et al. Alteration of enzyme specificity by computational loop remodeling and design[J]. Proceedings of the National Academy of Sciences of the United States of America,2009,106(23):9215-9220.

[84] Abbass J, Nebel J C. Rosetta and the journey to predict proteins' structures, 20 years on[J]. Current Bioinformatics,2020,15(6):611-628.

[85] 刘晓萌,张澎湃,胡升,等.细胞色素P450 BM-3热稳定性的半理性改造[J].高校化学工程学报,2015,29(5):1138-1144.

第三章

淀粉的生物合成

自然界中，淀粉主要是由绿色植物通过光合作用固定 CO_2 合成。在玉米等农作物中，将 CO_2 转变为淀粉涉及 60 余步的代谢反应和复杂的生理调控，太阳能的理论利用率不超过 2%[1]。农作物的种植通常需要数月的周期，还需要使用大量的土地、淡水和肥料等资源，且环境、季节、自然灾害等都会对农作物的生长产生巨大影响。长期以来，科研人员始终致力于通过人工途径改进光合作用，以期提高 CO_2 的转化速率和光能的利用效率，最终实现淀粉人工生物合成的规模化生产。相比自然途径而言，人工光伏发电已经可以把太阳能的利用效率提高到 20% 左右。随着光伏器件及电催化剂的发展，在未来可以将太阳能产电与生物固碳相结合，创建高效的人工生物固碳元件和固碳途径，突破自然固碳酶的局限，大幅提升 CO_2 生物转化利用效率，为以 CO_2 为原料的淀粉人工生物合成奠定基础。

第一节 淀粉的天然合成途径

淀粉是各种植物中营养物质的主要贮藏形式，是评价淀粉质作物如水稻、小麦、玉米、马铃薯等品质的重要指标[2]。植物淀粉的天然生物合成可分为两种形式：光合组织叶绿体中瞬时淀粉的合成和非光合组织造粉体中储藏淀粉的[3]。瞬时淀粉的合成主要发生在叶绿体中，白天在叶绿体和其他光合组织中合成的淀粉大多呈现为一种游离态，贮藏时间相对较短，在光下合成，在暗中分解，夜间被分解成为蔗糖，并经过韧皮部长距离输送到其他组织；到植物生长发育后期，光合产物主要转移到籽粒、块根、块茎等器官中，形成储藏淀粉[4]。

植物淀粉的生物合成是一个高度调控的代谢过程，需要多种酶的协同作用（图 3-1）。在植物叶绿体中，瞬时淀粉的合成是利用卡尔文循环固定 CO_2 后形成的 3-磷酸甘油酸（3-phosphoglyceric acid，3-PGA）转化为磷酸丙糖（triose phosphate，TP），通过丙糖-磷酸易位体转运至细胞液中，或在叶绿体中转变成 6-磷酸果糖（fructose 6-phosphate，F-6-P），再先后转变成 6-磷酸葡萄糖（glucose 6-phosphate，G-6-P）和 1-磷酸葡萄糖（glucose 1-phosphate，G-1-P）。G-1-P 在 ADP-葡萄糖焦磷酸化酶（ADP-glucose pyrophosphorylase，AGPase）作用下形成腺苷二磷酸葡萄糖（adenosine diphosphate glucose，ADPG）之后，在可溶性淀粉合成酶（soluble starch synthase，SSS）、淀粉分支酶（starch branching enzyme，SBE）、脱支酶（debranching enzyme，DBE）和颗粒结合型淀粉合成酶（granule-bound starch synthase，GBSS）的作用下合成直链淀粉和支链淀粉[5, 6]。储藏淀粉的合成是利用叶片光合作用固定的有机物形成的蔗糖，或瞬时淀粉降解形成的蔗糖，通过韧皮部长距离运输到植物的贮藏器官而成。蔗糖在胞液蔗糖合成酶的逆反应作用下分解为果糖和尿苷二磷酸葡萄糖（uridine diphosphate glucose，UDPG），再进一步转化为 G-1-P 后进入造粉体内，同样先后经过 AGPase、SSS、SBE 和 DBE 的作用形成直链淀粉和支链淀粉[7]。

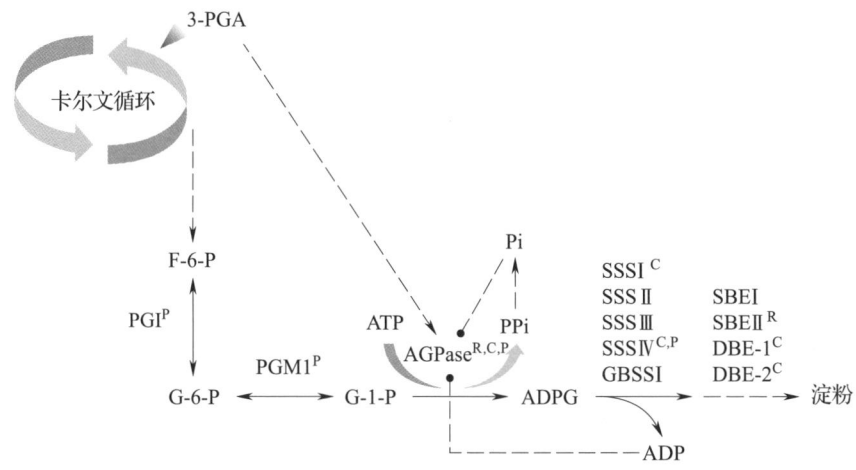

图 3-1 淀粉的生物合成途径示意图

PGI：磷酸葡萄糖异构酶　PGM1：磷酸葡萄糖变位酶 1　Pi：磷酸基团　PPi：两个磷酸基团
R：氧化还原反应剂　C：络合物生成　P：蛋白磷酸化作用

第二节　淀粉合成的分子生物学基础

一、影响淀粉生物合成的关键酶

淀粉的合成涉及多种酶与转运蛋白之间的协同合作，主要蛋白质对应的编码基因如表 3-1 所示。其中主要有五种关键酶，分别是 AGPase、SSS、SBE、DBE 和 GBSS。

表 3-1　　　　　　　　　编码淀粉生物合成蛋白的基因[8]

基因	蛋白质
Ae（amylose-extender）	淀粉分支酶（SBE）
Bt1（brittle1）	腺苷酸转运蛋白（Adenylate transporter）
Bt2（brittle2）	ADP-葡萄糖焦磷酸化酶小亚基（AGP small subunit）
Du（dull）	淀粉合成酶（starch synthase，SS）
Sh2（shrunken2）	ADP-葡萄糖焦磷酸化酶大亚基（AGP large subunit）
Su1（sugary1）	异淀粉酶（isoamylase）
Su2（sugary2）	淀粉合成酶

续表

基因	蛋白质
Wx（waxy）	颗粒结合型淀粉合成酶（GBSS）
Sbela	淀粉分支酶
Sbe2a	淀粉分支酶
Zpul	普鲁兰酶（pullulanase）

（一）AGPase

AGPase 作为淀粉生物合成途径中的第一个酶，其主要作用是催化 G-1-P 与腺嘌呤核苷三磷酸（ATP）形成焦磷酸和 ADPG，ADPG 是淀粉生物合成的最初葡萄糖基供体，是淀粉合成的底物，该底物的浓度直接影响淀粉的合成速率和效率，从而调节淀粉的合成[9]。目前，AGPase 可分为胞质型与质体型两种，在大多数植物细胞中 AGPase 以质体型存在，但在禾本植物的胚乳中，其为胞质型。从结构上看，AGPase 是一个异源四聚体，由功能不同的两个大亚基（LSU）和两个小亚基（SSU）组成，其中小亚基的分子质量在 50~55ku，大亚基的分子质量在 51~60ku，如在玉米胚乳中分别由 *shrunken2*（*Sh2*）编码大亚基和 *brittle2*（*Bt2*）编码小亚基[10]。其中，在不同品种植物的同一亚基之间，小亚基更加保守，同源性能够达到 85% 以上，而大亚基则呈现多样化趋势[11]。在功能上，大亚基是酶活性的调节中心，主要增加小亚基对激活因子的亲和性，降低小亚基对抑制因子的亲和性。而小亚基则是酶活性的催化中心，是酶别构效应的关键部位，对淀粉的合成起关键作用[12]。AGPase 是淀粉合成的限速酶，通过调控种子发育过程中 AGPase 的转录水平和酶活性可以影响淀粉的合成，抑制其活性将导致淀粉合成部分或全部终止。该酶的催化活性受变构调节，能被 3-PGA、Mg^{2+}、Mn^{2+} 刺激变构激活，并受到无机磷酸盐（Pi）的抑制[13]。

（二）SSS

SSS 可以通过 α-1,4 糖苷键将 ADPG 中的葡萄糖加到侧链的非还原端，延伸支链淀粉的分支长度，是淀粉合成过程中参与淀粉链延伸的关键酶，主要分布于基质与淀粉粒之间的质体中，可与淀粉粒结合，其活性与支链淀粉积累速率呈显著正相关[14]。其在生物体中存在多种同工酶，可分为 SSS Ⅰ、SSS Ⅱ、SSS Ⅲ 等类型。SSS Ⅰ 和 SSS Ⅱ 普遍存在于植物体中，SSS Ⅲ 只在少数植物中发现过。SSS Ⅰ 在较高盐浓度的条件下（如柠檬酸钠），不需外加引物在体外就可催化葡聚糖合成；SSS Ⅱ 则需外源引物的存在才能显示酶活性[15]。从水稻、玉米、小麦等种子的胚、胚乳中分离到的 SSS 分子质量为 60~180ku，其中 SSS Ⅰ 的分子质量介于 68~76ku；SSS Ⅱ 的分子质量为 75~95ku；SSS Ⅲ 的分子质量约135ku，显著高于SSS Ⅰ和SSS Ⅱ。这三种同工酶的功能互补，有研究表明这三种同工酶在淀粉生物合成过程中发挥着各自独特的作用，编码这三种同工酶的基因中任何一个发生突变，都会导致支链淀粉结构改变，每个同工酶在支链淀粉的合成中负责延伸不同长度的葡聚糖链，相互配合，不可替代[16]。其中，SSS Ⅰ主要负责DP≤10的短链的合成，即负责延伸A和B1链；SSS Ⅱ与中等长度的支链淀粉合成有关；SSS Ⅲ则参与DP25~35的长链淀粉的合成[17]。SSS除了对支链淀粉积累有积极作用外，也显著影响支链淀粉结构，通过突变SSS对应的编码基因，可对淀粉分支度、支链淀粉中各长度糖苷链的分布产生显著影响。

（三）SBE

SBE属于α-淀粉酶家族，是合成支链淀粉的关键酶，它可以切开连接葡聚糖的α-1,4糖苷键，并将切下的短链以α-1,6糖苷键的形式连接于受体链，从而引入分支结构，在同一条链或者不同链上创建一个新的分支，因此SBE被认为会影响植物淀粉的精细结构[18]。SBE的分子质量一般在70~114ku范围内。基于对高等植物中SBE主要氨基酸序列的分析，目前可将其分为SBE Ⅰ（也称SBEB）和SBE Ⅱ（也称SBEA）两种，有C末端多肽延伸的称为SBE Ⅱ，有N末端多肽延伸的称为SBE Ⅰ，其序列相似度可达65%。但作为同工酶，SBE Ⅰ和SBE Ⅱ仍有着各自不同的结构功能，SBE Ⅱ主要负责识别转移较短的葡聚糖链，与支链淀粉紧密结合，对直链淀粉有很强的分支能力[19]。绝大多数双子叶植物只含有SBE Ⅱ一种酶，不含有SBE Ⅰ，只有极少部分例外。在谷类作物中，存在两个密切相关的SBE Ⅱ亚型：SBE Ⅱa和SBE Ⅱb，它们由不同的基因编码，主要的区别是SBE Ⅱb的N末端还额外延伸了49个氨基酸[20]。此外，在玉米胚乳中则有三种形式的淀粉分支酶：SBE Ⅰa、SBE Ⅱa和SBE Ⅱb，分别由Sbe1a、Sbe2a和Ae编码[21]。SBE Ⅰa和两种SBE Ⅱ在玉米胚乳中均有活性，而SBE Ⅱb仅在胚乳中特异性存在。玉米、小麦和水稻中的SBE Ⅱa在淀粉颗粒形成开始和中期合成时表达，然而在研究玉米中编码SBE Ⅱa的基因突变时发现，缺少该酶对淀粉的组成或支链淀粉的结构并不起显著作用，SBE Ⅰa和SBE Ⅱa单独缺少的突变体对淀粉结构无太大影响，而SBE Ⅱb的功能缺少则会引起胚乳中支链淀粉的链长增长，但每个簇中的分支数变少。而缺失SBE Ⅰa和SBE Ⅱb则可增加每个簇的分支，但葡聚糖链的链长变短，这可能是由于SBE Ⅰa活性的丧失抑制了SBE Ⅱa的活性。

（四）DBE

DBE是淀粉生物合成中另一种关键的修饰酶，主要催化淀粉中α-1,6糖苷键的水解，通过DBE选择性切除支链淀粉前体的错误分支，支链淀粉的结构得以维持[22]。改变 DBE 活性可改变直、支链淀粉的比例，而且还可改变支链淀粉的结构，形成分支程度不一的支链淀粉，从而赋予淀粉新的理化特性。植物体内通常存在两种不同类型的 DBE：异淀粉酶（isoamylase）和普鲁兰酶（pullulanase）。两种酶均能水解 α-1，6 糖苷键，但作用于不同的特异底物。其中，异淀粉酶主要水解支链淀粉和糖原的 α-1，6 糖苷键，但不能作用于极限糊精，其在支链淀粉的合成中起主要作用。异淀粉酶在马铃薯中有三种同工酶，分别为异淀粉酶-1、异淀粉酶-2 和异淀粉酶-3。其中，异淀粉酶-1 和异淀粉酶-2 具有相似的催化活性，它们构成一个复合体，共同作用于分支结构，而异淀粉酶-3 则可能主要参与淀粉的转运。普鲁兰酶属于内切酶，主要水解极限糊精，但不能作用于糖原，在淀粉合成过程中起补偿作用，与异淀粉酶的功能并不重叠。研究表明，其可结合在较短的支链上，通过改变氧化还原作用的方向可激活普鲁兰酶，高糖浓度则抑制普鲁兰酶的活性，并且，普鲁兰酶的氨基酸序列在不同作物之间还具有较高的保守性[23]。异淀粉酶的活性降低，会导致支链淀粉合成过程受阻，说明异淀粉酶在支链淀粉合成过程中起主要作用，而普鲁兰酶的活性受异淀粉酶基因表达的影响，且普鲁兰酶的表达属于转录后调控，在淀粉合成过程中起辅助作用。但 DBE 的活性升高对直链淀粉的影响不及 SBE 活性升高对直链淀粉的影响，SBE 仍在淀粉合成过程中起主要作用。

（五）GBSS

GBSS 是决定直链淀粉合成的关键酶，与 SSS 同属于淀粉合成酶的一种。在植物细胞中 GBSS 与淀粉颗粒紧密结合，使合成的直链淀粉保持未分支状态，是与发育中的淀粉结合的唯一有活力的蛋白质，它可以通过 α-1，4 糖苷键将 ADPG 中的葡萄糖残基添加到葡聚糖的非还原端，能够延长葡聚糖的直链[24]。在植物细胞中通常存在一种或两种 GBSS（GBSS Ⅰ 和 GBSS Ⅱ）的同工酶。GBSS Ⅰ 分子质量在 30~70ku，主要在贮藏器官中表达，只能以附着颗粒的形式存在[25]；GBSS Ⅱ 蛋白质分子比 GBSS Ⅰ 大，分子质量为 70~100ku，存在一个额外的 N 末端区域，以三个连续的脯氨酸结尾，主要在营养器官中表达，其不仅可以附着在淀粉颗粒上，也可以游离形式存在。GBSS Ⅰ 作为最早被发现的 GBSS 的同工酶，在禾谷类作物中以 Waxy 蛋白的形式存在，而 GBSS Ⅰ 在非贮藏组织中几乎不参与直链淀粉的合成，但在缺失 Waxy 蛋白的水稻叶片中直链淀粉含量仍能达到 25%~30%，因此，GBSS Ⅱ 随后被发现并得以分离[26]。GBSS 主要参与直链淀粉的合成，其活性与直链淀粉的积累速率呈极显著正相关。在谷物中，GBSS Ⅰ 由 Waxy 基因编码，虽然对该区域突变后，总淀粉含量没有明显变化，但是在水稻、玉米、大麦和小麦的胚乳淀粉中，直链淀粉明显降低或完全缺失，而在高粱籽粒的淀粉颗粒中则呈现出支链淀粉含量增加的结果[27]。

二、淀粉生物合成的调节机制

淀粉合成途径的调控方式表现在多个方面，除受淀粉合成途径关键酶基因的转录水平和翻译水平、酶的别构变化等因素的影响外，参与淀粉合成的酶还可以蛋白质复合物方式进行催化。此外，环境和植物体内代谢物水平也是影响淀粉合成的重要因素，环境因子包括光质、光照强度和白昼变化等，代谢物包括糖、ATP 和苹果酸等。参与淀粉合成的不同调控方式往往交织在一起共同作用，可以说淀粉的合成是一个协同响应环境和发育信号的复杂过程。

（一）转录水平的调控

研究显示，合成植物淀粉的几大组织中负责淀粉合成的几种酶都受转录水平的调控，其中研究最多的是 AGPase，编码该蛋白质大亚基的不同基因不仅受转录水平的调节，而且还受内源碳和环境营养状态等变化的影响，糖能促进 AGPase 编码基因的表达[28]，而磷和硝酸盐则会降低其表达[29]。另外，淀粉合成途径的关键酶 AGPase、SS、BE 和 DBE 基因的表达都有不同的组织和发育阶段的特异性，包括不同的同工酶基因。近年也发现一些调控淀粉合成的转录因子，如具有亮氨酸拉链结构的转录因子 OsbZIP58 对水稻胚乳淀粉合成过程中多种酶基因的表达都具有调节作用，是水稻胚乳淀粉合成途径的关键调节因子[30]；对于拟南芥、马铃薯和大麦较全面的表达谱分析表明，参与淀粉和蔗糖之间互相转变的许多基因的表达都受多条途径调控[21]，而且源和库组织中基因表达的协同调节在很大程度上受糖状态的协调。此外，乙烯信号途径也可能参与了淀粉合成的转录调控[31]。

（二）翻译水平的调控

淀粉合成过程中关键酶的活性除了与本身的基因编码和转录水平相关外，还与蛋白质翻译后的修饰息息相关，主要包括翻译后的氧化还原和可逆的磷酸化修饰。目前研究较多的是 AGPase，该蛋白质翻译后可被硫氧还蛋白（thioredoxin，Trx）的 f 和 m 异构体还原为有活性的 AGPB-单体，还原型的 AGPase 增加了对底物的亲和力和对激活剂 3-PGA 的敏感性，并且研究表明 AGPase 的翻译后氧化还原修饰还与 NADP-依赖的硫氧还蛋白还原酶（NADP-dependent thioredoxin reductase C，NTRC）有关[34]。不过，对于 AGPase 而言，受调控的只是质体中的 AGPase，而细胞质中的 AGPase 并不受 Trx 的氧化还原调节。另外，还有研究发现，参与淀粉降解过程的多种酶也受氧化还原调节，暗示淀粉的合成和降解之间的协调受氧化还原信号的调控[2]。

蛋白质的可逆磷酸化修饰是淀粉合成过程中关键酶的另一种翻译后调控方

式,在淀粉代谢调节过程中发挥着重要作用。有研究在从大麦分离的淀粉体中发现,参与淀粉合成的几种酶(包括 SS 和 SBE)的异构体均受磷酸化调节[35]。在拟南芥叶片中,磷酸葡萄糖异构酶、磷酸葡萄糖变位酶、AGPase 的大亚基和小亚基以及 SSS Ⅲ 可能也受可逆磷酸化修饰,而且几种定位于质体中的激酶和磷酸酶也可能会作用于蛋白质的可逆磷酸化修饰[36]。

(三)代谢物的别构调节

代谢物的别构也可对参与淀粉合成途径的关键酶的活性进行调控。如 AGPase 的小亚基是酶的活性中心,可能参与催化和抑制作用,可以被 3-PGA 激活,被无机磷酸(Pi)抑制[32];其大亚基是酶的调节中心,可以调节小亚基对 3-PGA 和 Pi 的感应[33]。

(四)蛋白质复合体参与淀粉的合成

参与淀粉合成的蛋白质可能以复合物的形式存在。有研究发现,在小麦、玉米中 SS 和 SBE 的特异性异构体形成了异源复合物,而且这些蛋白质的生理作用与其磷酸化状态有关[35]。通过形成复合体共同作用于支链淀粉,协调不同 SS 和 SBE 异构体,可以进一步提高淀粉多聚体结构形成的效率。如对马铃薯 DBE 的研究显示,DBE 以多聚体形式存在于植物体中,可将分支链中的 α-1,6 糖苷键水解,由此推测 DBE 多聚体酶的结构和功能对淀粉粒的起始形成具有重要作用[37]。另外,先前认为不参与质体淀粉合成途径的酶也是以复合物形式存在,包括丙酮酸磷酸双激酶和蔗糖合成酶[38]。

(五)光信号调控

植物生物合成淀粉通常发生在白天,并在晚间将其降解。淀粉的合成和降解是对光信号的应答反应,主要是通过对 AGPase 的别构调节和氧化还原调节的协同作用来共同调控 AGPase 的活性,在光照条件下可通过一系列途径激活 AGPase 开始淀粉合成,黑暗条件下则关闭淀粉的合成[39]。一方面,AGPase 的别构调节作用与质体中 3-PGA 和 Pi 的浓度密切相关,而 3-PGA 作为光合作用卡尔文循环的首个固定物,在叶绿体基质中浓度的增加和降低则随着光照启动的固定循环而增加,随着黑暗关闭固定循环而降低,3-PGA 的积累会进一步刺激并激活 AGPase 的活性[40];另一方面,叶片中 AGPase 的翻译后氧化还原修饰还依赖光的信号,光照使得 AGPase 快速成为有活性的还原型,而黑暗条件则使得 AGPase 完全失活[41]。另外,AGPase 依赖光的还原激活机制与卡尔文循环以及与光合作用有关酶的光活化机制相似,都是依赖光合作用的电子传递引起铁氧还蛋白(ferredoxin,Fdx)的还原,产生还原当量,并通过铁氧还蛋白:硫氧还蛋白还原酶(ferredoxin : thioredoxin reductase,FTR)将还原力传递给 Trx

的 f 和 m，接着再由它们通过调节二硫键的形成来激活目标酶[42]。淀粉的合成和卡尔文循环都是被还原型的 Trxf 激活，所以推测光合作用和末端产物的合成是被协同调节的，而且都是通过相同的信号途径产生对光的应答反应[43]。

（六）糖信号调控

昼夜交替会引起植物碳平衡的急剧变化，当光合速率随着光照强度、日照时间或非生物胁迫变化，或当生长和发育碳的使用速率变化时，植物体内的可用碳都将发生巨大波动，此时植物会通过积累和重新调动淀粉作为碳库来减缓碳平衡的变化[44]。当白天糖水平增加时，糖能激活叶片中 AGPase 的活性，进而促进淀粉的合成。不仅 AGPase 的活化依赖蔗糖调节，淀粉合成途径中的其他酶和转运蛋白的表达也受糖水平状态的协调，并且这种糖信号的调控与光合作用速率和碳水化合物输往生长组织的速率密切相关。在非光合组织中，由于光暗交替、库和源的改变或发育的变化，淀粉的合成受叶片提供的蔗糖所调节[45]，更多的蔗糖意味着更多的碳源，更多可利用的碳则会激活淀粉合成的途径，使得更多的蔗糖变为淀粉。糖水平和光信号的变化往往会共同参与淀粉合成的调控，而参与淀粉代谢的相关酶的转录水平调节则可能已长期适应了淀粉代谢对碳和光周期信号的变化。当白天糖水平增加时，叶片中 AGPase 的氧化还原激活增加，而且当用于植物生长的碳被限制时，这种促进作用会进一步增强。而在黑暗条件下，当额外给叶片补充蔗糖或葡萄糖时，植物体内 3-PGA 的水平仍保持不变，但淀粉含量有所增加，说明在黑暗条件下，糖水平可以刺激 AGPase 的活性，促进淀粉的合成[41]。

关于参与糖所介导的淀粉合成调控的信号途径研究也已取得一定进展，包括信号分子的识别和可能发挥作用的信号系统。如糖信号分子海藻糖-6-磷酸（trehalose-6-phosphate，Tre-6-P）介导了蔗糖依赖的 AGPase 的氧化还原激活，并且 Tre-6-P 在应答蔗糖的响应中具有促进 AGPase 氧化还原激活的作用[46]。另有研究发现，NTRC 的敲除几乎完全阻止了黑暗条件下叶片和根中依赖糖的 AGPase 的氧化还原激活和相关淀粉合成的促进，可见 NADP-NTRC 系统对非光合组织 AGPase 氧化还原的重要性。此外，对马铃薯块茎和拟南芥叶片的研究表明，高度保守的 SNF1-相关蛋白激酶（SnFK1）也参与了 AGPase 的氧化还原调节和淀粉合成中糖信号的转导[47]。

（七）线粒体代谢物的调控

线粒体的代谢活动也参与调节淀粉的生物合成。在非光合组织中，线粒体的呼吸作用为淀粉的合成提供了能量 ATP，而可利用的 ATP 与 AGPase 和淀粉的合成之间存在着密切的关系，故通过增加 ATP 的水平可以促进 AGPase 的还原型活性状态[48]。另外，线粒体苹果酸的代谢变化可能也参与质体淀粉的合成。研究表明，苹果酸酶活性降低，会同时引起AGPase的活化和淀粉的积累，苹果酸含量的变化与淀粉的合成以及质体中AGPase氧化还原状态的变化密切相关。Centeno等的研究还显示，在果实中苹果酸浓度、NADP的还原型状态和淀粉的合成紧密相关，很可能是增加的NADP的还原型状态激活了质体NTRC，NTRC进而引起AGPase的还原型激活和淀粉的合成[49]。

（八）其他环境因子的调控

环境变化除光照、昼夜变化等可以影响淀粉的合成外，温度和生长环境中营养物的变化也是影响淀粉合成的重要因素。降低温度，特别是降低夜间温度有利于淀粉的积累[3]。

第三节 淀粉的人工生物合成技术

随着世界人口的不断增长，粮食短缺与人口压力的矛盾日益加剧，淀粉的人工生物合成成为了解决这一问题的潜在途径。2018年，美国国家航空航天局（NASA）发起"CO_2制造葡萄糖"的百年挑战计划，旨在在非地环境下生产人类必需的食物、燃料、材料等物资。随着近年来对淀粉生物合成过程中关键酶的研究的深入以及固定化酶技术的发展等，利用CO_2和H_2高效合成淀粉已逐渐成为可能，在未来的10~30年或许可以实现淀粉的车间制造。

一、合成原理

淀粉的人工合成主要分为两个步骤：第一步是CO_2的固定，利用高能量密度的电能或氢能将高浓度的CO_2化学还原为在生物体系具有高传递效率的简单化合物；第二步是设计构建更简单的生物转化途径，将C1化合物聚合为多碳的淀粉分子。整个过程可以充分发挥化学催化的简单快速以及生物催化可合成复杂分子的优势。

二、合成途径

（一）生物固碳技术

生物固碳是碳循环中的重要组成部分，目前自然界中已发现了六条生物固碳途径，分别为卡尔文循环、厌氧乙酰辅酶A途径、3-羟基丙酸双循环途径、还原性（逆向）三羧酸循环（tricarboxylic acid cycle，简称TCA循环）途径、二羧酸/4-羟基丁酸循环途径和3-羟基丙酸/4-羟基丁酸循环途径，主要通过羧化酶或还原酶进行生物固碳，但这些核心关键酶催化效率较低、反应复杂、严格厌氧，改造转化为人工固碳的难度较大。随着合成生物学的发展，新酶新途径的设计水平显著提升，路线短、耗能低、原子经济性高的新型人工固碳途径逐步发展。

卡尔文循环是自然界中最主要的生物固碳途径，其核心是核酮糖-1, 5-二磷酸羧化酶（Rubisco 羧化酶），但相比于其他羧化酶，其酶活性较低，且空气中的 O_2 会和 CO_2 发生竞争性抑制，争夺该酶的活性中心发生氧化反应。目前已有研究围绕卡尔文循环进行了优化，集中在定向进化提高 Rubisco 羧化酶的活性、碳浓缩机制的人工设计及异源表达卡尔文循环途径等[50]。还原性三羧酸循环主要存在于光合绿硫细菌和厌氧菌中[51]，主要由 2-酮戊二酸合酶和异柠檬酸脱氢酶两种羧化酶催化。3-羟基丙酸双循环存在于光合绿色非硫细菌中[52]，其 13 个核心催化酶可在有氧条件下工作，该途径也是自然固碳途径中步骤最多的途径。3-羟基丙酸/4-羟基丁酸循环途径和二羧酸/4-羟基丁酸循环都是在古菌中发现的固碳途径[53, 54]。3-羟基丙酸/4-羟基丁酸循环途径利用乙酰辅酶 A 羧化酶和丙酰辅酶 A 羧化酶来固定以 HCO_3^- 形式存在的无机碳，而二羧酸/4-羟基丁酸循环则须在严格厌氧条件下，以 CO_2 和 HCO_3^- 作为底物，通过丙酮酸合酶和磷酸烯醇丙酮酸羧化酶催化反应固碳。与卡尔文循环直接固定 CO_2 不同的是，上述四种途径中的羧化酶均可以 HCO_3^- 作为底物反应，这给人工改造固碳途径提供了可能，通过利用溶液中的 HCO_3^- 从而避免与氧气接触，提高羧化酶的催化效率，具有较高的发展潜力。厌氧乙酰辅酶 A 途径是自然界中存在的唯一基于还原酶的固碳途径[55]。首先，CO_2 被甲酸脱氢酶还原为甲酸，甲酸再被 ATP 活化后与四氢叶酸结合生成甲酰基四氢叶酸，然后发生连续多次还原反应，还原后的甲基四氢叶酸在 CO 脱氢酶/乙酰辅酶 A 合成酶复合体催化下与另外一分子 CO_2 和辅酶 A 生成乙酰辅酶 A。该途径的实质是 2 个 CO_2 分子（或者 1 个 CO_2 分子和 1 个 CO 分子）合成一个乙酰辅酶 A。该途径需要严格的缺氧条件，对金属离子（钼或钨、钴、镍、铁）要求高，并且广泛使用辅酶（四氢蝶呤和钴胺素）[56]。至今，该途径依然没有实现完全的异源表达。

人工固碳的主要途径根据关键的固碳核心酶同样可分为固碳羧化酶人工途径和固碳还原酶人工途径。固碳羧化酶常用的是二羧酸/4-羟基丁酸循环途径中的磷酸烯醇式丙酮酸羧化酶，其在自然界存在的五条羧化酶固碳途径中酶活性最高。目前已有报道以磷酸烯醇式丙酮酸羧化酶为基础构建的苹果酰辅酶 A-甘油酸途径成功实现了 1 分子磷酸烯醇丙酮酸固定 1 分子 CO_2，生成 2 分子乙酰辅酶 A。该途径与卡尔文循环途径结合后，仅需要 Rubisco 羧化酶固定 1.5 个 CO_2、5.5 个 ATP 就能够生成 1 分子乙酰辅酶 A，相比天然卡尔文循环中 1 分子乙酰辅酶A需消耗3个CO_2和7个ATP，极大提高了能量利用效率，并降低了Rubisco羧化酶的催化负担[57]。同样利用磷酸烯醇式丙酮酸羧化酶，Bouzon等实现了CO_2转化为甲醛，甲醛再与四氢叶酸结合进入中心代谢[58]。除此以外，目前也有研究采用其他羧化酶进行固碳，例如基于丁烯酰辅酶A还原羧化酶所构建的巴豆酰辅酶A/乙基丙二酰基辅酶A/羟基丁酰基辅酶A循环途径[59]。固碳还原酶则可将CO_2通过甲酸脱氢酶逐步还原为甲酸、甲醛甚至甲醇。甲酸脱氢酶主要有两类：一类是基于还原型辅酶Ⅰ（Nicotinamide adenine dinucleotide，NADH）的甲酸脱氢酶，一类是含有金属的甲酸脱氢酶。通常金属依赖型的甲酸脱氢酶其活化中心含有钼或钨，活性高于基于NADH辅酶的甲酸脱氢酶[60]。与自然还原固碳的厌氧乙酰辅酶A途径类似，还原甘氨酸途径近年来成为人们研究的热点。该途径首先将甲酸还原为甲醛，然后再进行缩合，其关键酶是甘氨酸裂解蛋白质复合物，其结果是2分子甲酸、1分子CO_2、3分子NADPH和2分子ATP合成1分子丙酮酸[61]。

除了改造优化天然生物固碳途径，全新人工设计的固碳利用途径也取得了巨大成功。有研究从头设计了羟基乙醛合酶和乙酰磷酸合酶，结合磷酸乙酰基转移酶（PTA），创建了一条从甲醛经3步反应合成乙酰辅酶A的非天然途径（synthetic acetyl-CoA pathway，SACA途径）[62]。不同于已知的自然生物途径，从原料到乙酰辅酶A往往需要经过8步以上的反应，人工设计的SACA途径只需要3步反应。该途径具有化学驱动力大、不需要能量输入、与中心代谢正交和没有碳损失等优点，是迄今为止最短的乙酰辅酶A生物合成途径。

（二）人工淀粉合成代谢途径（artificial starch anabolic pathway，ASAP）

2021年9月中国科学院天津工业生物技术研究所研究人员从头设计了11步主反应的非自然CO_2固定与人工合成淀粉新途径，在实验室中首次实现了从CO_2到淀粉分子的全合成[63]。研究团队采用了一种类似"搭积木"的方式，利用化学催化剂将高浓度CO_2在高密度氢能作用下还原成碳一（C1）化合物，然后通过设计构建碳一聚合新酶，依据化学聚糖反应原理将碳一化合物聚合成碳三（C3）化合物，最后通过生物途径优化，将碳三化合物又聚合成碳六（C6）化合物，再进一步合成直链和支链淀粉（Cn化合物）。研究团队利用甲醛酶（fls）从候选C1中间体设计和构建淀粉合成途径的酶促部分，使用组合算法从甲酸或甲醇中模拟了两条简明的淀粉合成途径。原则上，淀粉可以通过CO_2与甲酸或甲醇作为C1桥接中间体的九个核心反应来合成（图3-2，内圈）。具体可分为C1模块（用于甲醛生产）、C3模块（用于3-磷酸d-甘油醛生产）、C6模块（用于G-6-P生产）和Cn模块（用于淀粉合成）。他们构建了级联反应替代C1模块，将在热力学上最有利的C1e模块成功地与C3a模块组装在一起,并从甲醇中获得了产率显著提高的 C3 化合物。在计算途径设计的帮助下,通过组装和替换由来自 31 个生物体的 62 种酶构成的 11 个模块,建立了人工淀粉合成代谢途径,其中有 10 个以甲醇为起始的酶促反应(图 3-2,外圈)。此外,该研究团队通过定向改造三种工程酶 fls-M3、fbp-AGR 和 agp-M3,以及具有化学反应单元和酶促反应单元的化学酶促级联系统,最终将实验室水平人工合成淀粉的效率提高到约为传统农业生产淀粉的 8.5 倍。在能量充足供给的条件下,按照目前的技术参数,理论上 $1m^3$ 大小的生物反应器年产淀粉量相当于我国 5 亩玉米地的年产淀粉量。这条新路线使淀粉生产方式从传统的农业种植向工业制造转变成为可能,为利用 CO_2 合成复杂分子开辟了新的技术路线。

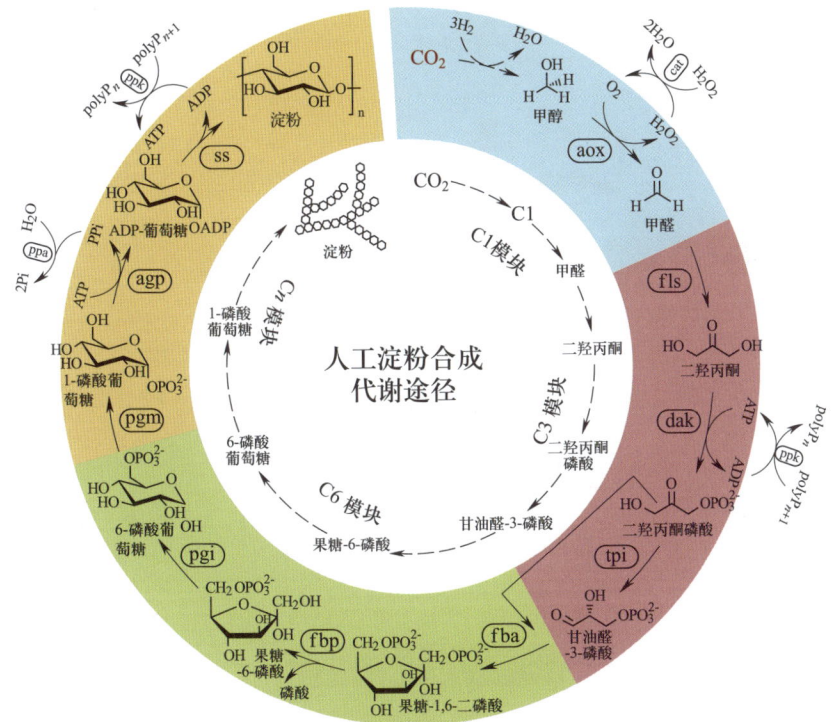

图 3-2 人工淀粉合成代谢途径的设计和模块化组装[63]

三、优势与展望

人工生物合成淀粉可以充分发挥化学催化的简单快速以及生物催化可合成复杂分子的优势,利用可再生资源,以高效的能量转化实现人工淀粉的合成。从 CO_2 到淀粉生产的工业车间制造系统的过程成本如果能够降低到与农业种植相比具有较好的经济可行性,将会节约 90% 以上的耕地和淡水资源,避免农药、化肥等对环境的负面影响，提高人类粮食安全水平，促进碳中和的生物经济发展，推动形成可持续的生物基社会。

目前限制淀粉人工生物合成的最主要因素是能源电价，由于生物固碳的效率较低，目前淀粉人工合成中 CO_2 的固定采用的是化学催化法，其能耗较高，难以与农业种植竞争，而围绕 CO_2 生物转化，则需要重点解决生物固碳速率慢、能效低的关键科技难题。创建超越自然的高效"人工固碳生物"，建立高效的碳循环核心技术，实现以 CO_2 为原料的生物合成路线（图 3-3），已成为淀粉人工合成技术在未来的主要发展方向，这不仅能为淀粉的工业车间生产提供可能，更能为实现碳达峰、碳中和提供关键科技支撑。

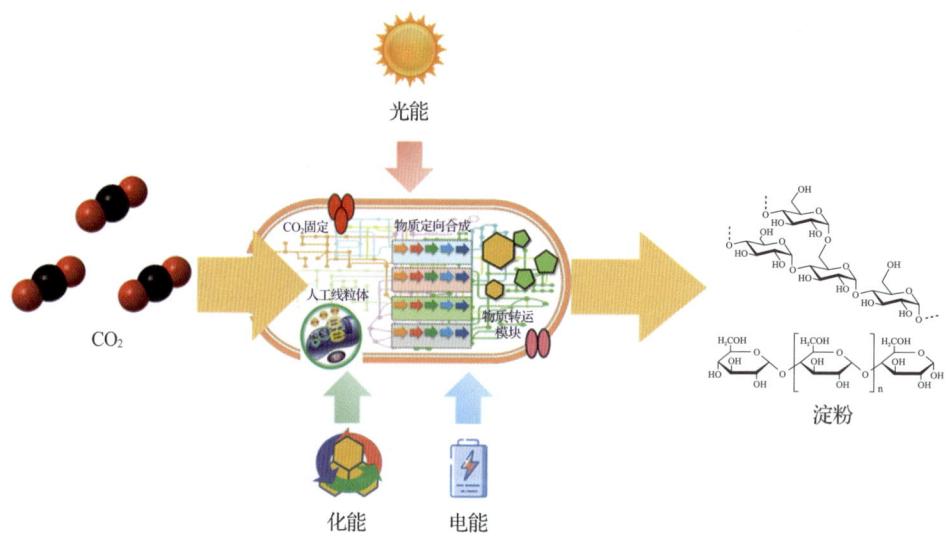

图 3-3　人工固碳生物体系的建立

参考文献

[1] Abt M R, Zeeman S C. Evolutionary innovations in starch metabolism [J]. Current Opinion in Plant Biology, 2020, 55: 109-117.

[2] Kötting O, Kossmann J, Zeeman S C, et al. Regulation of starch metabolism: The age of enlightenment? [J]. Current Opinion in Plant Biology, 2010, 13 (3): 320-328.

[3] 朱晔荣, 刘苗苗, 李亚辉, 等. 植物淀粉生物合成调节机制的研究进展 [J]. 植物生理学报, 2013, 49 (12): 1319-1325.

[4] Jenner C F, Siwek K, Hawker J S. The synthesis of [^{14}C] starch from [^{14}C]

sucrose in isolated wheat grains is dependent upon the activity of soluble starch synthase [J]. Functional Plant Biology, 1993, 20 (3): 329-335.

[5] Nelson O, Pan D. Starch synthesis in maize endosperms [J]. Annual Review of Plant Physiology and Plant Molecular Biology, 1995, 46 (1): 475-496.

[6] James M G, Denyer K, Myers A M. Starch synthesis in the cereal endosperm [J]. Current Opinion in Plant Biology, 2003, 6 (3): 215-222.

[7] Jeon J-S, Ryoo N, Hahn T-R, et al. Starch biosynthesis in cereal endosperm [J]. Plant Physiology and Biochemistry, 2010, 48 (6).

[8] 高嘉安. 淀粉与淀粉制品工艺学 [M]. 北京: 中国农业出版社, 2001.

[9] 俞梅珍. 荸荠颗粒结合型淀粉合成酶基因的克隆与表达分析 [D]. 扬州: 扬州大学, 2017.

[10] Müller-Röber B, Koßmann J. Approaches to influence starch quantity and starch quality in transgenic plants [J]. Plant Cell & Environment, 2010, 17 (5): 601-613.

[11] Preiss J, Ball K, Hutney J, et al. Regulatory mechanisms involved in the biosynthesis of starch [J]. Pure and Applied Chemistry, 1991, 63 (4): 535-544.

[12] Ballicora M A, Laughlin M J, Fu Y, et al. Adenosine 5'-diphosphate-glucose pyrophosphorylase from potato tuber (Significance of the N terminus of the small subunit for catalytic properties and heat stability) [J]. Plant Physiology, 1995, 109 (1): 245-251.

[13] Cross J M, Clancy M, Shaw J R, et al. Both subunits of ADP-glucose pyrophosphorylase are regulatory [J]. Plant Physiology, 2004, 135 (1): 137-144.

[14] 谭彩霞, 封超年, 陈静, 等. 作物淀粉合成关键酶及其基因表达的研究进展 [J]. 麦类作物学报, 2008, (05): 912-919.

[15] 高振宇, 黄大年, 钱前. 植物支链淀粉生物合成研究进展 [J]. 植物生理与分子生物学学报, 2004, (05): 489-495.

[16] Harn C, Knight M, Ramakrishnan A, et al. Isolation and characterization of the zSSIIa and zSSIIb starch synthase cDNA clones from maize endosperm [J]. Plant Molecular Biology, 1998, 37 (4): 639-649.

[17] Wang Y J, White P, Pollak L, et al. Characterization of starch structures of 17 maize endosperm mutant genotypes with Oh43 inbred line background [J]. Cereal Chemistry, 1993, 70 (2): 171-179.

[18] Yamanouchi, Hiroaki, Nakamura, et al. Organ specificity of isoforms of starch branching enzyme (Q-enzyme) in rice [J]. Plant & Cell Physiology,

1992, 33（7）：985-991.

[19] Hikaru S, Aiko N, Kazuhiro Y, et al. Starch-branching enzyme I-deficient mutation specifically affects the structure and properties of starch in rice endosperm [J]. Plant Physiology, 2003, 133（3）：1111-1121.

[20] Rahman, S. Comparison of starch-branching enzyme genes reveals evolutionary relationships among isoforms. Characterization of a gene for starch-branching enzyme IIa from the wheat genome donor *Aegilops tauschii* [J]. Plant Physiology, 2001, 125（3）：1314-1324.

[21] Kloosterman B, Koeyer D D, Griffiths R, et al. Genes driving potato tuber initiation and growth: Identification based on transcriptional changes using the POCI array [J]. Functional and Integrative Genomics, 2008, 8（4）：329-340.

[22] Akiko K, Naoko F, Kyuya H, et al. The starch-debranching enzymes isoamylase and pullulanase are both involved in amylopectin biosynthesis in rice endosperm [J]. Plant Physiology, 1999, 121（2）：399-410.

[23] Wu C, Colleoni C, Myers A M, et al. Enzymatic properties and regulation of ZPU1, the maize pullulanase-type starch debranching enzyme [J]. Archives of Biochemistry and Biophysics, 2002, 406（1）：21-32.

[24] Krishnan H B, Chen M H. Identification of an abundant 56 kDa protein implicated in food allergy as granule-bound starch synthase [J]. Journal of Agricultural and Food Chemistry, 2013, 61（22）：5404-5409.

[25] Wang X, Feng B, Xu Z, et al. Identification and characterization of granule bound starch synthase I (*GBSSI*) gene of tartary buckwheat (*Fagopyrum tataricum* Gaertn.) [J]. Gene, 2014, 534（2）：229-235.

[26] Igaue I. Studies on Q-Enzyme of rice plant: Part X. Purification and physico-chemical properties of Q-Enzyme [J]. Agricultural and Biological Chemistry, 1962, 26（7）：424-433.

[27] Funnell-Harris D L, Sattler S E, O'neill P M, et al. Effect of waxy (low amylose) on fungal infection of sorghum grain [J]. Phytopathology, 2015, 105（6）：786-796.

[28] Sokolov L N, Déjardin A, Kleczkowski L A. Sugars and light/dark exposure trigger differential regulation of ADP-glucose pyrophosphorylase genes in *Arabidopsis thaliana* (thale cress) [J]. Biochemical Journal, 1998, 336（3）：681-687.

[29] Nielsen T H, Krapp A, Röper-Schwarz U, et al. The sugar-mediated regulation of genes encoding the small subunit of Rubisco and the regulatory

subunit of ADP glucose pyrophosphorylase is modified by phosphate and nitrogen [J]. Plant, Cell & Environment, 1998, 21 (5): 443-454.

[30] Jiechen W, Heng X, Ying Z, et al. OsbZIP58, a basic leucine zipper transcription factor, regulates starch biosynthesis in rice endosperm [J]. Journal of Experimental Botany, 2013, 64 (11): 3453-3466.

[31] Chuanxin S, Sara P, Helena O, et al. A novel WRKY transcription factor, SUSIBA2, participates in sugar signaling in barley by binding to the sugar-responsive elements of the *iso1* promoter [J]. Plant Cell, 2003, 15 (9): 2076-2092.

[32] Sikka V K, Choi S B, Kavakli I H, et al. Subcellular compartmentation and allosteric regulation of the rice endosperm ADPglucose pyrophosphorylase [J]. Plant Science, 2001, 161 (3): 461-468.

[33] Smith-White B J, Preiss J. Comparison of proteins of ADP-glucose pyrophosphorylase from diverse sources [J]. Journal of Molecular Evolution, 1992, 34 (5): 449-464.

[34] Axel T, M. H J H, Mark S, et al. Starch synthesis in potato tubers is regulated by post-translational redox modification of ADP-glucose pyrophosphorylase: A novel regulatory mechanism linking starch synthesis to the sucrose supply [J]. Plant Cell, 2002, 14 (9): 2191-2213.

[35] Tetlow I J, Beisel K G, Cameron S, et al. Analysis of protein complexes in wheat amyloplasts reveals functional interactions among starch biosynthetic enzymes [J]. Plant Physiology, 2008, 146 (4): 1878-1891.

[36] Baginsky S, Gruissem W. The chloroplast kinase network: New insights from large-scale phosphoproteome profiling [J]. Molecular Plant, 2009, 2 (6): 1141-1153.

[37] Bustos R, Fahy B, Hylton C M, et al. Starch granule initiation is controlled by a heteromultimeric isoamylase in potato tubers [J]. Proceedings of the National Academy of Sciences of the United States of America, 2004, 101 (7): 2215-2220.

[38] Hennen-Bierwagen T A, Lin Q, Grimaud F, et al. Proteins from multiple metabolic pathways associate with starch biosynthetic enzymes in high molecular weight complexes: A model for regulation of carbon allocation in maize amyloplasts [J]. Plant Physiology, 2009, 149 (3): 1541-1559.

[39] Renate S. Redox-modulation of chloroplast enzymes a common principle for individual control [J]. Plant Physiology, 1991, 96 (1): 1-3.

[40] Gerhardt R, Heldt H W. Measurement of subcellular metabolite levels in

leaves by fractionation of freeze-stopped material in nonaqueous media [J]. Plant Physiology, 1984, 75 (3): 542-547.

[41] Hendriks J, Kolbe A, Gibon Y, et al. ADP-glucose pyrophosphorylase is activated by posttranslational redox-modification in response to light and to sugars in leaves of arabidopsis and other plant species [J]. Plant Physiology, 2003, 133 (2): 838-849.

[42] Schürmann P, Buchanan B B. The ferredoxin/thioredoxin system of oxygenic photosynthesis [J]. Antioxidants & Redox Signaling, 2008, 10 (7): 1235-1274.

[43] Geigenberger P. Regulation of starch biosynthesis in response to a fluctuating environment [J]. Plant Physiology, 2011, 155 (4): 1566-1577.

[44] Yves G, Eva-Theresa P, Ronan S, et al. Adjustment of growth, starch turnover, protein content and central metabolism to a decrease of the carbon supply when *Arabidopsis* is grown in very short photoperiods [J]. Plant, Cell & Environment, 2009, 32 (7): 859-874.

[45] Geigenberger P, Stitt M. Diurnal changes in sucrose, nucleotides, starch synthesis and *AGPS* transcript in growing potato tubers that are suppressed by decreased expression of sucrose phosphate synthase [J]. Plant Journal, 2000, 23 (6): 795-806.

[46] Lunn J E, Feil R, Hendriks J, et al. Sugar-induced increases in trehalose 6-phosphate are correlated with redox activation of ADP-glucose pyrophosphorylase and higher rates of starch synthesis in *Arabidopsis thaliana* [J]. Biochemical Journal, 2006, 397 (1): 139-148.

[47] Mathieu J, Jean-Pierre B, Patrice M, et al. SnRK1 (SNF1-related kinase 1) has a central role in sugar and ABA signalling in *Arabidopsis thaliana* [J]. Plant Journal, 2009, 59 (2): 316-328.

[48] Oliver S N, Tiessen A, Fernie A R, et al. Decreased expression of plastidial adenylate kinase in potato tubers results in an enhanced rate of respiration and a stimulation of starch synthesis that is attributable to post-translational redox-activation of ADP-glucose pyrophosphorylase [J]. Journal of Experimental Botany, 2008, 59 (2): 315-325.

[49] Centeno D C, Osorio S, Nunes-Nesi A, et al. Malate plays a crucial role in starch metabolism, ripening, and soluble solid content of tomato fruit and affects postharvest softening [J]. Plant Cell, 2011, 23 (1): 162-184.

[50] Caemmerer S, Evans J R, Hudson G S, et al. The kinetics of ribulose-1,

5-bisphosphate carboxylase/oxygenase in vivo inferred from measurements of photosynthesis in leaves of transgenic tobacco [J]. Planta, 1994, 195 (1): 88-97.

[51] Evans M C W, Buchanan B B, Arnon D I. A new ferredoxin-dependent carbon reduction cycle in a photosynthetic bacterium [J]. Proceedings of the National Academy of Sciences of the United States of America, 1966, 55(4): 928.

[52] Herter S, Farfsing J, Gad'On N, et al. Autotrophic CO_2 fixation by Chloroflexus aurantiacus: Study of glyoxylate formation and assimilation via the 3-hydroxypropionate cycle[J]. Journal of Bacteriology, 2001, 183(14): 4305-4316.

[53] Berg I A, Kockelkorn D, Buckel W, et al. A 3-hydroxypropionate/4-hydroxybutyrate autotrophic carbon dioxide assimilation pathway in Archaea [J]. Science, 2007, 318 (5857): 1782-1786.

[54] Huber H, Gallenberger M, Jahn U, et al. A dicarboxylate/4-hydroxybutyrate autotrophic carbon assimilation cycle in the hyperthermophilic Archaeum Ignicoccus hospitalis [J]. Proceedings of the National Academy of Sciences of the United States of America, 2008, 105 (22): 7851-7856.

[55] Ragsdale S W. The eastern and western branches of the Wood/Ljungdahl pathway: How the east and west were won [J]. Biofactors, 1997, 6 (1): 3-11.

[56] Stupperich E, Kräutler B. Pseudo vitamin B12 or 5-hydroxybenzimidazolyl-cobamide are the corrinoids found in methanogenic bacteria [J]. Archives of Microbiology, 1988, 149 (3): 268-271.

[57] Hong Y, Li X, Fabienne D, et al. Augmenting the Calvin-Benson-Bassham cycle by a synthetic malyl-CoA-glycerate carbon fixation pathway [J]. Nature Communications, 2018, 9 (1): 1-10.

[58] Madeleine B, Alain P, Olivier L, et al. A synthetic alternative to canonical one-carbon metabolism [J]. ACS Synthetic Biology, 2017, 6 (8): 1520-1533.

[59] Schwander T, Von Borzyskowski L S, Burgener S, et al. A synthetic pathway for the fixation of carbon dioxide in vitro [J]. Science, 2016, 354 (6314): 900-904.

[60] 江会锋, 刘玉万, 杨巧玉. 生物固碳途径研究进展 [J]. 微生物学杂志, 2020, 40 (02): 1-9.

[61] Yohei T, Shinichi H, M M M, et al. Electrical-biological hybrid system for

CO$_2$ reduction [J]. Metabolic Engineering, 2018, 47: 211-218.

[62] Lu X, Liu Y, Yang Y, et al. Constructing a synthetic pathway for acetyl-coenzyme A from one-carbon through enzyme design [J]. Nature Communications, 2019, 10 (147): 1-10.

[63] Cai T, Sun H, Qiao J, et al. Cell-free chemoenzymatic starch synthesis from carbon dioxide [J]. Science, 2021, 373 (6562): 1523-1527.

第四章
淀粉发酵技术

"发酵"是指通过微生物的生长繁殖和代谢活动,产生和积累人们所需产品的生物反应过程。淀粉质原料在发酵技术的发展进程中始终扮演着不可或缺的重要角色,这主要是因为淀粉符合发酵原料选择的原则:价格低廉;资源丰富,适宜就地取材;易收集及贮藏,对人体无害;影响发酵过程的杂质含量极低;符合发酵微生物的营养需求以及原料特性满足通气、搅拌、精制、废弃物处理的工艺要求。目前全球规模内排名前两位的发酵产品——酒精和柠檬酸,均主要以淀粉质原料生产。本章将以两种淀粉发酵产品作为代表,对淀粉发酵技术进行介绍。

第一节 概 述

一、淀粉发酵原理

淀粉不仅可作为人类食物的主要来源,也是微生物生长所需的能源与营养物质。自然界中的微生物,包括细菌、放线菌、酵母菌、霉菌等,均可以直接或间接利用淀粉作为碳源,为自身提供养分和产生代谢产物。值得注意的是,由于天然淀粉的分子质量极大,微生物无法将淀粉分子转运至细胞内加以利用。因此,直接利用是指微生物可以分泌淀粉水解酶至细胞外,将淀粉水解为葡萄糖或其他低聚糖后,再转运至细胞内利用;而间接利用是指微生物自身无法分泌淀粉水解酶,需要依赖其他微生物或催化剂水解淀粉,再对葡萄糖等小分子水解产物加以吸收利用。图4-1展示了淀粉在微生物发酵过程中的主要作用。

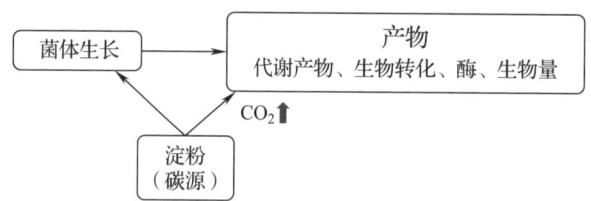

图4-1 淀粉在发酵过程中的作用示意图

(一)糖酵解途径

糖酵解(Embden-Meyerhof-Parnas,EMP)途径是微生物从以葡萄糖为代表的碳源中获得能量的最主要途径。EMP途径包括10个独立而又相互连续的反应,分别由特定的酶催化作用。EMP的基本过程大致可分为三个阶段:① 葡萄糖首先被磷酸化成6-磷酸葡萄糖,经异构化成6-磷酸果糖,然后进一步磷酸化成 1,6- 二磷酸果糖;② 1,6- 二磷酸果糖裂解成两个可相互转换的三碳糖——磷酸甘油醛和磷酸二羟丙酮,即一分子葡萄糖分解成两个三碳糖;③ 3- 磷酸甘油醛经过一系列异构化、脱氢、变位、脱水和能量转移等反应,最后生成丙酮酸。经过 EMP 途径后,1 个葡萄糖分子被降解为 2 个丙酮酸分子。如果整个系统处于有氧条件,则丙酮酸随即进入三羧酸循环,被彻底氧化成 CO_2 和 H_2O,并产生大量能量;如果整个系统无氧,根据微生物和生产条件的不同,丙酮酸将进一步转化为乙醇、乳酸或丙酮 - 丁醇等代谢产物。这些发酵产物都是工业上的重要原料,所以,EMP 途径在淀粉发酵工业上有着重要的意义。

(二) TCA 循环

TCA 循环又名柠檬酸循环,因循环中有柠檬酸等几个含有三个羧基的有机酸而得名。三羧酸循环是葡萄糖有氧分解的一种方式,是葡萄糖酵解过程的继续。由酵解得到的丙酮酸,在有氧条件下进入三羧酸循环后,产生乙酰辅酶 A(CoA),并与草酰乙酸缩合而成柠檬酸,接着又经过脱氢、脱羧等一系列反应,最终使葡萄糖完全氧化分解为 CO_2 和 H_2O,详见图 4-2。三羧酸循环提供的能量远比糖酵解时提供的大得多,为后者的 4.5 ~ 5 倍。三羧酸循环不仅是糖有氧降解的主要途径,而且也是脂肪、蛋白质、氨基酸等最终氧化时的共同途径;另外,微生物细胞内许多物质的合成代谢,也往往通过三羧酸循环互相联系。所以,三羧酸循环是各类有机物相互转变的枢纽,也是生物体代谢过程的基本途径,通过三羧酸循环,使糖类、脂肪和蛋白质等的代谢彼此联系在一起。和糖酵解一样,三羧酸循环的各种中间代谢产物也都是非常有工业价值的化学品。然而迄今为止,除柠檬酸、α- 酮戊二酸等少数有机酸外,大多数中间代谢产物还无法实现发酵生产,仍然需要通过存在一定环境隐患的化学法合成。因此,研究三羧酸循环,对于淀粉发酵技术的发展也具有积极的意义。

(三) 氨基酸合成途径

氨基酸生物合成途径的初始底物主要是糖酵解或三羧酸循环代谢途径的中间产物。全部 20 种氨基酸是由有限的几种代谢物形成的,根据合成途径的前体物质可以将这些氨基酸分成不同的家族。如三羧酸循环中的 α- 酮戊二酸是全部谷氨酸的前体,这一族氨基酸还包括 L- 谷氨酰胺、L- 脯氨酸和 L- 精氨酸。此外,α- 酮戊二酸也为 L- 赖氨酸的生物合成提供起点,赖氨酸所含 6 个碳原子中的 4 个碳原子均由其补充,这一机制出现在真菌和眼虫藻中。草酰乙酸也是三羧酸循环中一个重要的氨基酸生物合成前体物质,它作为起点可形成 L- 天冬氨酸和天冬氨酸族的其他氨基酸,如 L- 天冬酰胺、L- 赖氨酸(除真菌外,出现在细菌和所有植物中)、L- 甲硫氨酸、L- 苏氨酸和 L- 异亮氨酸。应该指出,由于三羧酸循环流失大量草酰乙酸，就要求回补途径必须发挥功能，以补充循环中失去的草酰乙酸。糖酵解途径的中间物 3-磷酸甘油酸是形成 L-丝氨酸及其衍生氨基酸即 L-半胱氨酸和甘氨酸的中间产物。丙酮酸可用于合成 L-丙氨酸的碳骨架、亮氨酸所含 6 个碳原子中的 4 个碳原子，以及与苏氨酸共同缩合产生异亮氨酸的碳骨架。在天冬氨酸转变为赖氨酸的生物合成途径里，丙酮酸平均提供了赖氨酸 6 个碳原子中的 2.5 个碳原子。因此，异亮氨酸和赖氨酸都可认为是丙酮酸和天冬氨酸两个家族的成员。三种芳香族氨基酸是由戊糖循环和糖酵解这两条途径中的关键中间产物——4-磷酸赤藓糖和磷酸烯醇式丙酮酸（phosphoenolpyruvate，PEP）分别衍生出来。除此之外，L-色氨酸需要磷酸己糖途径产生的碱酸核糖焦磷酸（phosphoribosyl pyrophosphate，PRPP）。色氨酸生物合成也需要丝氨酸，但在这个途径中，磷酸丙糖分子返回糖酵解途径，因此丝氨酸的碳原子可被有效地代替。最后，L-组氨酸的生物合成通过一条与其他氨基酸无关的途径，包括把 N—C 基从 ATP 转移到 PRPP 的核糖基上，因而组氨酸途径也被认为是嘌呤核苷酸途径的一个分支。

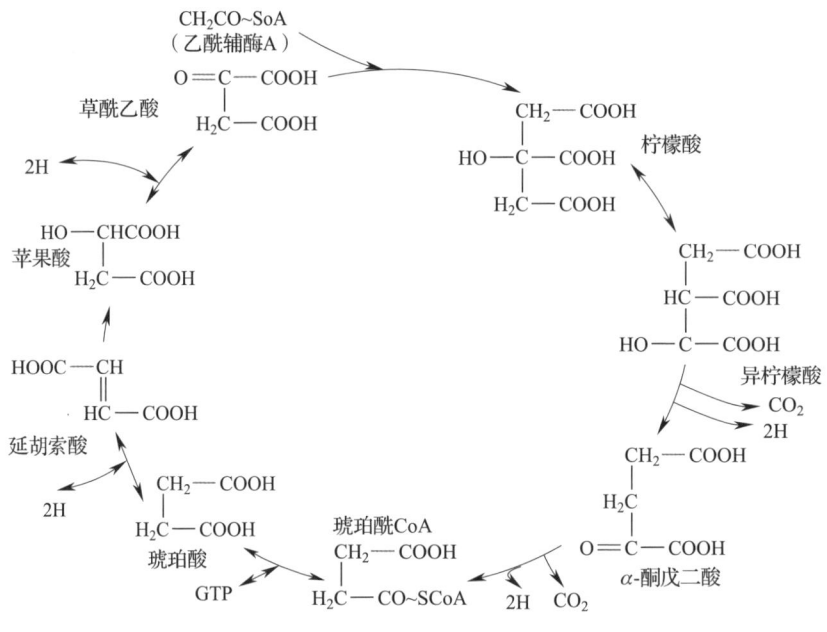

图 4-2　微生物发酵的三羧酸循环

传统的淀粉发酵技术主要基于微生物的天然代谢途径，所使用的微生物菌株主要通过自然筛选获得并通过诱变育种改进。然而，这些过程效率极低，并且在很大程度上不受控制及不可预测。尤其是由于微生物天然代谢途径的局限，许多产物无法通过自然筛选和诱变育种获得。利用新兴的合成生物学技术平台，用于淀粉发酵的微生物的开发及生产性能的提升越来越依赖于理性的遗传改造。

例如，通过基因工程修饰酿酒酵母菌的细胞表面，以锚定表达的方式将淀粉酶进行表面展示，使得原本无法直接利用淀粉质原料的酿酒酵母菌摆脱对淀粉水解酶制剂的依赖。又例如，在细胞膜表达了纤维二糖转运蛋白，并在细胞内集成了纤维二糖水解酶的微生物可以促进粗原料中的纤维素转化为可发酵糖，进一步提高了原料的利用率，降低了发酵成本[1]。除提升对底物的利用能力以外，微生物的理性遗传改造还可以为发酵菌株提供更高的产量和更好的环境耐受性，包括高浓度产物对细胞的潜在毒性和不利的发酵条件。例如，通过在细胞内从酶量和酶活性层面调节代谢途径中的关键酶，可以人工协调淀粉来源的碳代谢流的分布，增强产物代谢途径，减弱竞争代谢途径。借助来源于不同微生物的天然途径，人工构建出全新的生物合成途径，更有可能开发出性能远超天然微生物的合成生物学人工菌株。总之，相对于传统诱变育种而言，以合成生物学为代表的理性遗传改造可以实现对淀粉发酵微生物的精细进化，并且最大化地避免负突变的积累。这一革命性的新型生物技术，将从根本上改写传统的淀粉发酵原理，并将在相当长的时期内引领淀粉发酵技术的发展。

二、淀粉发酵工艺流程

淀粉发酵工艺流程主要包括原料预处理、微生物发酵以及产物提取三大部分，以目前全球最大的淀粉发酵产品——燃料乙醇为例，其基本工艺流程如图4-3所示。

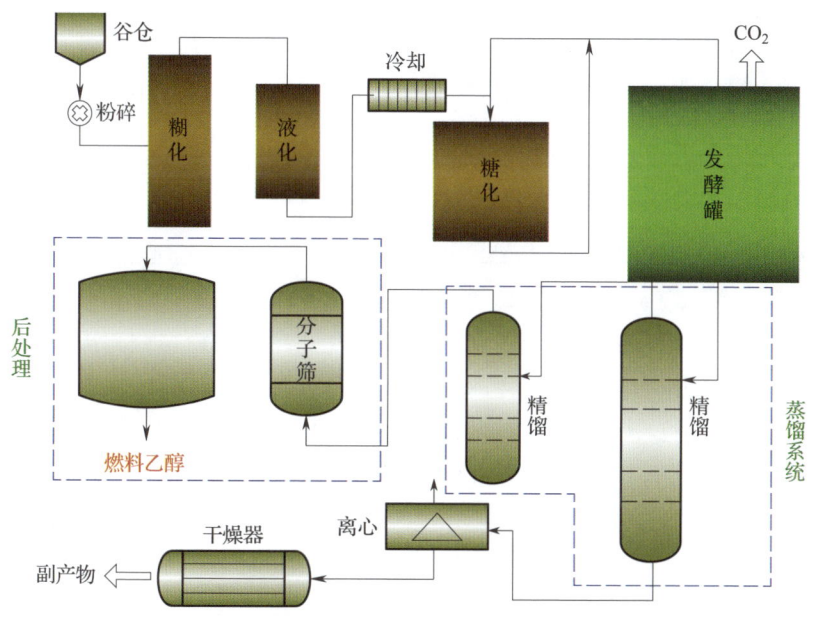

图4-3　淀粉发酵工艺流程（以燃料乙醇为例）

淀粉发酵多以粗原料的形式出发，而非提取精制的淀粉。目前所涉及的来源主要有两类：一是谷物类，如玉米、小麦、大米、高粱和其他麦类；另一类是薯类，主要是木薯和甘薯。这些原料除淀粉（占干物质60%~80%）外，还含有纤维素、蛋白质等成分。又由于绝大多数微生物不能直接利用和发酵淀粉，决定了淀粉发酵的工艺流程有以下特点：① 需要对原料进行粉碎处理，以破坏植物细胞组织，便于淀粉从原料细胞中游离出来；② 采用水、热或酶处理，使淀粉糊化、液化，并破坏细胞，形成均一的醪液，使其能更好地接受酶的作用并转化为可发酵性糖；③ 糊化或液化的淀粉，只有在催化剂作用下才能转化成葡萄糖，进而被微生物利用并转化为各种发酵产物。

在淀粉发酵工艺流程中，淀粉质原料的预处理工艺与发酵工艺对发酵产品的产率，尤其是生产的成本具有重要影响。下文将重点对这部分进行探讨。

第二节　淀粉预处理

第一章介绍过，植物中的天然淀粉颗粒由许多针状小晶体聚合而成，而小晶体是由一束淀粉分子链组成，淀粉分子链之间是靠氢键的作用联结成束的。淀粉颗粒常含在粗原料细胞中，与纤维素或木质素交织在一起而被保护，不易受到淀粉酶的作用。另外，不溶解状态的淀粉被常规糖化酶糖化的速度非常缓慢，水解程度极低。所以，淀粉原料在进行发酵之前首先要进行水热处理，指将淀粉质原料与水一起在高温高压或低温低压的条件下进行处理的过程，主要包括糊化、液化和糖化。水热处理的主要目的是使淀粉从细胞中游离出来，并转化为溶解状态，以便淀粉酶系统进行糖化作用。

一、糊化

淀粉水热处理的第一步是糊化，生产中也称作蒸煮。淀粉是一种亲水胶体，遇水加热后，水分子渗入淀粉颗粒的内部，使淀粉分子的体积和质量增加，这种现象称为膨胀。而糊化就是在水中随着温度升高，淀粉颗粒无限膨胀最终形成均一的黏稠液体的现象。糊化的主要目的是破坏淀粉颗粒的保护层，使淀粉从细胞中游离出来，并转化为溶解状态，以便淀粉酶系统进行液化、糖化作用。这一加热过程同时可以达到部分杀菌的目的，降低发酵染菌的风险。

在糊化过程中，随着温度的升高，淀粉颗粒的形态和结构不断地发生变化。淀粉颗粒中直链淀粉和支链淀粉形成的复杂结构类似一种渗透系统，其中支链淀粉起着半渗透膜的作用，而渗透压的大小及膨胀程度则随着温度的升高而增加。这一结构使得淀粉颗粒从40℃开始吸水膨胀的速度明显加快，而当温度升高到 60~80℃时，淀粉颗粒的体积可膨胀到原体积的 50~100 倍。淀粉分子间的结合削弱，引起淀粉颗粒的部分解体，形成均一的黏稠液体，一般认为此刻即完成了淀粉的糊化。根据这一过程的原理我们容易得出，淀粉颗粒大小对其糊化的难易有明显影响。一般来说，颗粒较大的薯类淀粉较易糊化，颗粒较小的谷物淀粉较难糊化。糊化温度主要与淀粉的本质、淀粉颗粒大小、水中盐分含量等有关。由于任何原料的淀粉颗粒大小都不均一，所以糊化温度不是一个确切的数值，而是一个温度范围。此外，对于各种粉碎的粗原料来说，其糊化温度较相应品种提取后的淀粉高一些，这是由于原料中存在的糖类、含氮物、电解质等物质会降低水的渗透作用，使糊化作用速度变慢。

（一）淀粉质原料在糊化过程中的变化

1. 淀粉的变化

淀粉在糊化过程中会发生部分水解。主要原因是：首先，淀粉质原料的细胞内均含有淀粉酶，当温度升到 50~60℃时，这些内源的淀粉酶系统达到适宜的催化条件，将淀粉水解为糖和糊精，这种现象被称为"自糖化"；其次，目前的糊化工艺均在微酸性条件下实施，会有部分淀粉在酸的作用下被水解。当温度在 70℃以下时，水解产物主要是低聚糖；当温度达到 75~80℃时，水解产物主要是糊精。

2. 糖的变化

淀粉质原料本就含有各种糖类。在糊化过程中，原料中的糖会发生许多变化，如己糖（葡萄糖、果糖）会生成 5-羟甲基糠醛，而戊糖生成糠醛。还原糖和氨基酸之间还会产生呈色反应，即氨基糖反应或者美拉德反应。氨基糖反应及其产物对某些发酵产品，如啤酒、酱油或其他食品起呈色、呈味的作用。但对于酒精、柠檬酸等发酵产品，氨基糖反应及其产物是十分有害的，不仅直接造成可发酵性物质即还原糖的损失，而且对淀粉酶和发酵菌株的活力都有抑制作用。

（二）糊化过程中可发酵性物质的损失

对于酒精和柠檬酸等大宗发酵产品，淀粉原料对产物的转化率是最重要的生产技术指标，其高低代表着所选择的生产工艺以及技术操作和管理水平。而糊化过程中可发酵性物质的损失对原料对产物的转化率具有重要影响。因此，淀粉糊化的工艺控制十分重要，既要保证糊化的程度较为彻底，又要最大化避免可发酵性物质的损失。

（三）糊化工艺

随着酶制剂工业和技术水平的不断提高，糊化工艺由早期的高温高压蒸煮变革为淀粉酶配合下的低温或者中温蒸煮，产生了良好的经济效益和社会效益。

1. 低温蒸煮

低温蒸煮工艺是指在使用中温 α-淀粉酶的同时完成淀粉的糊化和液化，该酶的最适催化温度为 80~85℃。在此温度下进行糊化和液化，与高温蒸煮相比可以达到节能、增产、降低成本的目的。在我国，江南大学最早和企业合作，将低温蒸煮工艺应用于实际生产。以下为以薯干原料为例的低温蒸煮工艺流程。

工艺流程：原料经粉碎，通过直径为 φ1.5~1.8mm 的筛孔→配料（料水比 1:3.4），加中温 α-淀粉酶，搅拌均匀→加热器升温到 80℃→保温一定时间完成糊化和液化。

在蒸煮过程中，蒸煮醪经汽液分离器连续地以切线方向进入真空冷却器，由于器内真空，醪液进入后压力骤降，产生闪蒸，其温度在瞬间降到与器内真空度相应的沸点温度，蒸煮醪冷却并连续进入糖化锅进行糖化。为确保连续生产和进出料平衡，汽液分离器内必须保持一定的液位和压力，当压力低于 0.02MPa 时，醪液不能正常输送，此时可向分离器内通蒸汽，增加其压力，使醪液畅通。高温蒸煮的目的之一是杀灭原料中的各类杂菌，以保障发酵的顺利进行。而采用低温蒸煮时，虽然在蒸煮过程中绝大部分细菌已被杀死，但是还有少量耐热细菌和芽孢残留。为了避免发酵过程中的杂菌污染，需要加大接种量使生产菌种占据优势，或者可在发酵罐内添加抑菌剂来控制杂菌生长。

低温蒸煮工艺技术可行性高，经济效益明显，适合中、小型工厂，对原设备无须变动就可以使用，与高温蒸煮相比，综合节约能耗 30% 以上。同时这项新工艺有利于提高淀粉发酵的底物浓度，从而减少生产过程中的三废排放量。需要注意的是，该工艺由于原料未能在高温下灭菌，因而在夏季温度较高时生产会存在染菌的风险。如果能够进一步提高低温蒸煮的温度，既有利于原料的糊化，又有利于灭菌，就能使这一工艺得以改善和提高。因此，耐高温淀粉酶的出现对淀粉发酵行业具有重要意义。

2. 中温蒸煮

酶制剂工业的飞速发展，为淀粉发酵工业的技术改造提供了条件。中温淀粉酶出现后，首先在酒精发酵生产中出现了低温蒸煮工艺。随后的 20 世纪 90 年代，随着来自于地衣芽孢杆菌（*Bacillus licheniformis*）的耐高温 α-淀粉酶被成功实现工业化制造，研究者又将这种酶应用于酒精和氨基酸等淀粉发酵行业并迅速推广，开创了中温蒸煮新技术。中温蒸煮工艺是在以下基础上实现的：首先，淀粉质原料的粉碎技术水平大幅提升，原料精细化粉碎后大部分植物细胞被破坏，其糊化、吸水膨胀的条件和情况与传统的整粒原料完全不同，已不需很高的温度；其次，酶制剂的质量已有很大提高，具体表现在酶系较纯，酶单位活力高，稳定性好，水解效果好；再次，中温蒸煮时，在 95℃ 以上的温度下，一般需要保温 90~100min 甚至更长时间，这对淀粉质原料的灭菌是重要保证。

中温蒸煮工艺具有以下特点：① 从能耗角度比较，中温蒸煮的压力和温度比高温蒸煮都低，可节约很大一部分蒸汽；② 中温蒸煮采用100℃温度对原料进行充分糊化和液化，提高杀菌力度，有利于控制发酵时的酸度，稳定和提高淀粉原料的转化率；③ "中温蒸煮"工艺由于添加了耐高温α-淀粉酶，因而大大降低了发酵液的黏度，有利于废醪固液分离，特别是对于以玉米为原料的废醪，便于分离后生产蛋白颗粒饲料［玉米干酒糟及其可溶物（distillers dried grains with solubles，DDGS）］；④ 解决了浓醪发酵时蒸煮醪和糖化醪发黏的问题，提高了发酵罐入罐糖度，增加了发酵终止时单位体积发酵醪的产物含量，解决了部分淀粉质原料（如木薯等）发酵时产生泡沫的问题，提高了设备利用率，有利于下游的分离提取；⑤ 设备简单，可利用原有设备，且所用设备不属受压容器，仍可以采用锅式、柱式、管道连续蒸煮。

中温蒸煮条件下，更有利于淀粉糊化和酶促液化的协同作用。前文介绍过，淀粉开始糊化的温度一般在60～70℃，此时颗粒表面层吸水膨胀。吸水膨胀后的淀粉分子链互相疏松，连接的氢键断开，若有液化酶存在，则马上就将这部分糊化的淀粉切割液化，成为短链糊精或更小分子的糖类。淀粉颗粒最外一层液化后分散入溶液中，更内层的淀粉芯开始吸水膨胀，进一步糊化，接着又被淀粉酶切割，如此反复，达到蒸煮的目的，这是正常情况下的淀粉糊化、液化过程。然而在低温蒸煮时，蒸煮温度在80～85℃，所加的中温淀粉酶的最适作用温度为60～70℃，随着蒸煮温度的升高，反应速度加快，酶失活也加快，这就导致了一开始的液化效果虽然很好，但后来由于淀粉酶的作用变弱，液化的速度降低，加上现有粉碎设备粉碎粒度的局限，只能一层层、一步步糊化、液化，使得最后总有部分淀粉糊化后未液化，甚至未被糊化，进而造成物料管道出口处易堵塞。与之相比，中温蒸煮过程中蒸煮温度为100～105℃，保温时间内温度为95℃以上，而耐高温α-淀粉酶的最适作用温度为95～97℃，瞬间温度可达120℃以上，所以其液化作用好，促使淀粉颗粒内的未吸水部分能在暴露后与水充分接触，加热器中100～105℃的温度又能使淀粉颗粒膨化，更容易吸水，进行糊化、酶促液化协同作用，使蒸煮过程趋于完全。而液化好的淀粉必然会给糖化和发酵打下良好的基础，促使淀粉利用率提高。这就是中温蒸煮的优越性。

中温蒸煮技术关键是采用耐高温α-淀粉酶。在配料时，待料和水混合均匀后，一般不需要调pH。如果原料发生霉变或用废水配料，pH过低（<5.5）时，可加碱液调节或者采用耐酸型高效高温α-淀粉酶。加碱液将pH调至5.5～5.8，按原料量加入一定比例的耐高温淀粉酶，上下搅拌均匀后即可进料到加热器，直接加温到105℃左右，进行连续蒸煮。以粉碎的玉米原料为例，中温蒸煮的技术参数为：料水比1:（2.5～3.5）；蒸煮温度95～150℃，时间

5min左右；90~100℃继续维持100min左右。使用目前主流的商品化耐高温淀粉酶时，添加量为0.4~0.6kg/t干淀粉原料。

二、液化

淀粉液化是指使糊化后的淀粉发生部分水解，暴露出更多可被糖化酶作用的非还原性末端的过程。在实际生产中，液化可以大幅度降低淀粉的分子质量，通过形成糊精和低聚糖来降低醪液黏度，提高物料流动性，以便于输送和发酵。

（一）液化机制

液化使用的 α-淀粉酶可以水解淀粉及其水解产物分子中的 α-1,4糖苷键，使大分子分解为更小的分子，黏度降低。前文介绍过，淀粉分子中既有 α-1,4糖苷键，又有 α-1,6糖苷键。α-淀粉酶是内切酶，水解从淀粉分子内部进行，虽然不能水解支链淀粉的 α-1,6糖苷键，但可以绕过其继续水解 α-1,4糖苷键。如果使用过量的 α-淀粉酶对淀粉进行水解，α-1,4糖苷键几乎完全被切断，但是淀粉链分支点处的 α-1,6糖苷键仍然被保留在水解产物中，得到异麦芽糖和含有 α-1,6糖苷键且DP为3~4的低聚糖和糊精[2]。

（二）液化工艺

1. 传统液化工艺

液化的传统工艺是首先在糊化罐糊化淀粉，然后将淀粉浆输送至液化罐，在合适温度、pH条件下加入耐高温 α-淀粉酶，使淀粉浆分解为糊精，为下一步糖化或发酵做准备。在这一工艺中，糊化和液化过程是割裂的，操作方式也只能采用间歇模式，具有较大的局限性。

2. 喷射液化

传统液化工艺由于是间歇操作，存在着料液受热不均匀、用汽不均衡、蒸汽耗量大、液化不均匀、糖化或发酵不彻底的缺点。研究人员随即对其进行了大量改进，开发了喷射液化这种连续操作的模式。喷射液化法将淀粉糊化和液化融为一个过程，利用液化喷射器将蒸汽直接喷射入淀粉浆薄层，瞬间达到淀粉液化所要求的温度（一步完成淀粉的糊化、液化）。由于喷射液化过程中料液与蒸汽的混合是通过喷射器在微湍流的状态下完成的，所以比起其他形式混合效果更完全、均匀。在耐高温 α-淀粉酶出现以前采用中温淀粉酶的中温喷射液化法，虽然升温快，但因糊化温度受酶的最高耐受温度限制，液化液中仍有难溶性淀粉颗粒存在。除淀粉中固有部分外，难溶性淀粉颗粒还包括在液化过程中直链淀粉与脂肪酸生成的络合物,其组织紧密,在糖化过程中不能被糖化酶水解,影响水解液性能。耐高温 α-淀粉酶出现之后,产生了高温喷射液化法,使用高温 α-淀粉酶液化淀粉,酶的热稳定性好,在 105～110℃ 温度下仍有较高的活力,它提高了液化的过程温度,在喷射过程中形成的较大剪切力使淀粉颗粒充分分散并全部接受酶的作用,加之高剪切力产生的稀化作用,淀粉乳黏度下降而完成液化过程。喷射式液化与耐高温淀粉酶的结合使用,使淀粉的液化技术达到一个全新的水平。喷射液化工艺是目前淀粉发酵行业主流的预处理工艺,并衍生形成了高压喷射液化、低压喷射液化两种工艺。

液化喷射器是喷射液化的关键设备,主要由料液进口、蒸汽进口、扩散管、气液混合室和缓冲管构成。液化喷射器的结构有助于使液化淀粉液在喷射器中停留一定时间,提高了淀粉液化程度;同时喷射孔大小、缓冲管距离长短都可精确调整,以适应不同特性的原料。在工作状态下,喷射器主要通过两股不同压力的蒸汽和料浆流体,在喷射器内呈射流状相互混合,并进行快速能量交换,形成一股居中压力的混合液体。

3. 喷射液化工艺实例

以玉米为原料生产酒精的工艺流程如图 4-4 所示。玉米粉经电子秤称量后进入 1# 粉浆罐,同时耐高温 α-淀粉酶经暂存罐、碱液经碱罐加入 1# 粉浆罐,作用一段时间后,混合液进入 2# 粉浆罐,在 2# 粉浆罐用蒸汽加热至适宜温度,再经粉浆泵送至液化喷射器,在蒸汽的作用下喷射液化,进入层流罐,再流经 1# 液化罐、2# 液化罐,最终经液化泵输送至糖化工段。其主要工艺控制指标如表 4-1 所示。

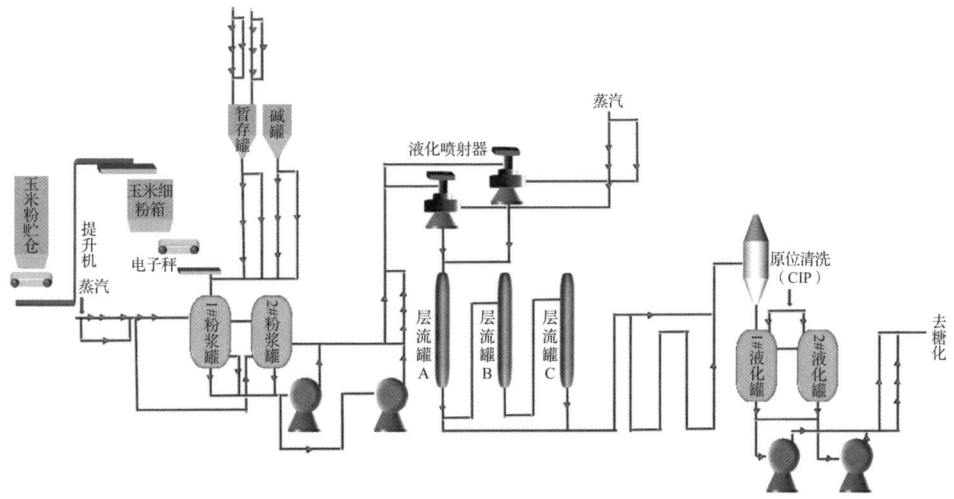

图 4-4 以玉米为原料生产酒精喷射液化工艺流程

表 4-1　　　　　　　　玉米原料喷射液化工艺主要控制指标

工艺控制指标	控制范围	工艺控制指标	控制范围
玉米粉投入量	依据发酵底物浓度	热水罐液位	80%
热水罐温度	63~70℃	液化罐液位	80%~90%
淀粉酶加量	依据酶学性质	加水比	（1:2.5）~（1:2.6）
粉浆 pH	依据酶学性质	清液回配百分比	50%
粉浆罐温度	85~87℃	糊化率	90%
液化罐温度	94~96℃	—	—

在粉浆罐内，料水比为 1:（2.16~3.0），用 NaOH 调 pH 至 5.16~6.12，进入 2# 粉浆罐。在此罐内加入耐高温 α-淀粉酶，料液搅拌均匀后，用蒸汽将料液加热至 64~66℃，然后用泵把粉浆打入喷射液化器，在喷射器中粉浆和蒸汽直接相遇，控制出料温度在 102~105℃。从喷射器中出来的料液，进入层流罐，保温 35~40min，然后冷却，温度冷却至 97~99℃后进入液化罐，加入耐高温 α-淀粉酶，液化 2~2.15h，液化结束。

三、糖化

薯类和谷类等淀粉质原料经过糊化和液化后，从外表来看转变为溶解状态，从微观来看转变为小分子的糊精，但是仍然难以直接被微生物吸收并转化成生长代谢的能量和发酵产物。因此，在发酵前还需要加入一定量的糖化剂，使溶解状态的淀粉变为微生物能够直接利用的可发酵性糖类，这个由淀粉转变为糖的过程，称为糖化。

淀粉水解生成葡萄糖的公式如下：

$$(C_6H_{10}O_5)_n + nH_2O = nC_6H_{10}O_6$$
$$162 \quad\quad 18 \quad\quad 180$$

根据分子质量计算，葡萄糖在淀粉水解时的理论得率是淀粉量的 111.11%。糖化酶作为一种快速高效的生物糖化剂，目前已在淀粉的糖化工艺中得到广泛使用，它先从链状糊精分子的非还原端开始，连续水解 α-1,4 糖苷键，从而释放单葡萄糖分子，链长越短，该过程进行得越快。糖化酶也水解 α-1,6 糖苷键，但速度比较慢。糖化酶发挥作用的程度和糊精链的长度直接相关，链长越短，糖化酶就越容易发挥作用。

糖化工段的主要内容是：将糊化和液化后的醪液冷却至糖化温度，与糖化剂混合进行糖化，然后进一步将糖化醪冷却到发酵温度。根据操作模式，现有生产中的糖化工艺可分为间歇糖化工艺和连续糖化工艺。

在淀粉发酵工业发展历程中，从间歇糖化改为连续糖化的工艺革新很重要。随着工业规模的不断增长，间歇糖化已被连续糖化取代，并采用仪表集中控制。连续糖化工艺中，加水、调温、加酶、糖化等工序分别在相应的设备中进行，实现了生产的连续化。根据使用的生产设备不同，连续糖化法又可分为混合前冷却和真空前冷却两种。

混合前冷却连续糖化工艺主要是将前冷却和糖化两个工序仍放在糖化锅内进行，而将后冷却的任务交给新增加的喷淋冷却或套管冷却设备去完成。具体操作为：首先将温度60℃左右的糖化醪充满糖化锅体积的三分之二左右，然后将液化醪加入，开动搅拌使其充分混匀，随后加入一定量的酶粉或酶液，按糖化温度进行糖化，待糖化完成后，将糖化醪输送至喷淋冷却器，冷却至所需的发酵温度后送往发酵车间。只要单位时间内由液化醪带入的多余热量和冷却水带走的热量相同，糖化锅内的醪液温度就可以维持在60℃左右。

真空前冷却连续糖化工艺的特点是，液化醪在进入糖化锅前，先在真空蒸发器内瞬时冷却至60℃。随后，冷却好的醪液从真空罐沿卸料管不断地进入糖化锅，糖化剂则由贮槽供给器连续地进入糖化锅，糖化锅内事先装有搅拌器与冷却管。为保证糖化温度，糖化锅内的温度始终维持在58~60℃，糖化时间为30min左右。糖化完的醪液在糖化锅底经泵送至喷淋冷却器，冷却至28℃后，被送往发酵车间。

淀粉发酵技术中的糖化工艺与以制糖为目的的糖化工艺略有不同，考虑到发酵底物的浓度和染菌等因素的影响，主要控制参数如下。

1. 糖化温度

糖化酶的最适催化温度为60℃。如果温度进一步升高，虽然糖化速度会加快，但酶的失活率也较高。因此，生产中常将温度控制在58~60℃，既能有效控制杂菌，又能保持合适的糖化速率。

2. 糖化时间

一般来说，糖化30min时糖化率已经达到50%左右，醪液中所含的糖已经够大多数发酵微生物初期繁殖和发酵所需。若糖化时间继续延长，不仅糖含量增加较慢，而且糖化酶失活量也会增加，这就造成了发酵过程中边发酵边糖化（后糖化）作用的削弱，综合效果反而不好。同时，糖化时间过长也会降低糖化设备的利用率。

3. 糖化酶用量

糖化酶对酒精发酵有缩短发酵周期和提高发酵产物得率的作用。一般来说，糖化酶用量为100~150U/g原料。

第三节　淀粉的同步糖化发酵

在以淀粉质为原料的发酵生产中，高产量有利于产物的后提取，高产率则有利于降低原料成本，在保证一定产量和产率的基础上加速底物消耗，可以缩短发酵时间，降低能耗。而以上两个目标都需要在高底物浓度下才有可能实现，因此，高底物浓度下的高强度发酵是目前淀粉质原料发酵行业研究的热点。现在一般认为，葡萄糖浓度是影响高强度发酵的重要因素。在主要的淀粉发酵产品如酒精和柠檬酸的生产工艺中，淀粉质原料都不能直接作为碳源，而需要经历糊化、液化以及糖化等工艺过程，转化成可发酵性糖后才能被微生物利用。然而，一方面，糖化后期糖化酶的活性会受到产物葡萄糖的竞争性抑制；另一方面，原料如果彻底糖化，在发酵初期过高的葡萄糖浓度会严重抑制微生物的生长。反之，糖化程度过低时，发酵液中营养物质被耗用而不足，使微生物处于饥饿状态，也会造成发酵强度降低。因此，控制合理的糖化程度十分重要。由于糖化和发酵在不同容器内单独进行，传统的分步糖化发酵工艺设备投资高，整体生产周期长。针对这一问题，研究者提出了糖化过程与发酵过程集成一体化的发酵工艺，即同步糖化发酵，已成功应用于酒精、柠檬酸和乳酸的工业生产中[3]。

在同步糖化发酵工艺中，葡萄糖一经生成就被细胞代谢，较分步糖化有以下优点：避免底物及产物抑制，降低能耗，缩短总体发酵时间，增加反应器利用效率，增加反应速度，增加生产强度，避免营养过于丰富带来的染菌风险。同步糖化的可行性主要取决于糖化和发酵的条件能否达到协同，对原料和发酵菌种均有较高的要求。糖化和发酵条件的主要矛盾在于温度，因为糖化酶的最适作用温度在60℃左右，而大多数微生物发酵的温度在37℃或更低。针对这一问题，在乙醇和乳酸的生产中通过筛选嗜热菌株以提高发酵温度。例如，采用过表达 *Prb1* 基因的重组酿酒酵母菌株，在41℃下进行乙醇发酵，可在31h内消耗全部的葡萄糖；利用地衣芽孢杆菌 TY7 在50℃及pH 6.0条件下发酵预糖化的厨房垃圾生产乳酸，72h后产物浓度可达40g/L，该过程在不进行灭菌处理的开放条件下进行。提高发酵温度可提高生产强度、缩短生产周期、减少冷却用水、降低染菌率，并解决同步糖化发酵过程中糖化温度与发酵温度不统一的难题。

虽然利用耐高温微生物发酵具有诸多优势，然而目前这一类工业微生物资源仍然十分缺乏。提高淀粉同步糖化发酵效果更直接的途径就是在发酵过程中添加糖化酶，由此衍生了基于阶段补加糖化酶策略的同步糖化发酵工艺。以柠檬酸的发酵为例，由于生产菌种黑曲霉（*Aspergillus niger*）自身能分泌一定量的糖化酶，糖化步骤几乎可以省去。然而，在柠檬酸发酵过程中，伴随着柠檬酸的积累与发酵 pH 的显著下降，特别是当 pH 降至2.0以下时，显著破坏了糖化酶活性。糖化酶活力的损失会影响葡萄糖供应，降低柠檬酸合成速率，进而导致发酵结束时残糖含量偏高。高发酵残糖问题明显降低了底物与产物之间的转化比例，同时会进一步造成产物分离与纯化步骤困难，需要大量投资膜分离与柱层析等复杂设备用于解决高发酵残糖引起的分离提取问题。然而，目前常用的通过添加钙盐法调节发酵液 pH、改善糖化酶活力的方式，由于具有产生的柠檬酸钙盐不能与菌丝体实现有效分离的缺陷，无法满足工业化的实际需求。相比之下，为降低发酵残糖浓度，改善淀粉同步糖化发酵效率，采用阶段调控策略提高发酵液糖化酶活力是一种更为有效的方法。阶段控制策略如 pH 控制、转速与溶氧控制等方式，能够更好地适应菌种生物学特性与目标产物合成特点，进而有效提升发酵产率，已经被广泛应用于氨基酸与有机酸的发酵生产中。

淀粉同步糖化发酵的工艺流程如图 4-5 所示。

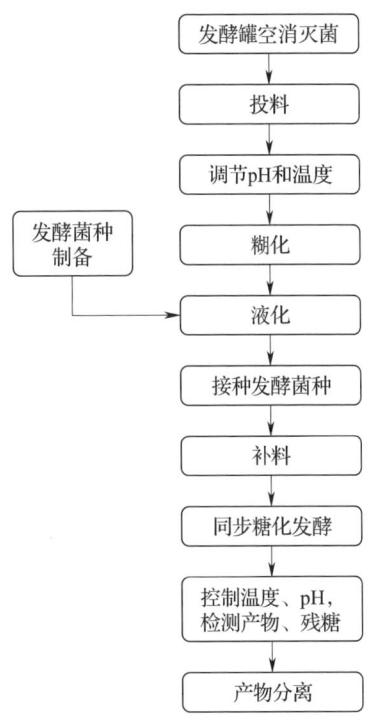

图 4-5 同步糖化发酵的工艺流程

第四节 淀粉发酵代表产品——酒精

一、概述

酒精是全球生产量最大的生物发酵产品，2020 年酒精的产量已超过 9000 万 t，其中超过 80% 为淀粉质原料发酵制备，这主要源于人类文明的发展正处于从化石能源向可再生清洁能源转化的历史趋势[4]。酒精易挥发，易溶于水，化学式为 C_2H_5OH，主要是以玉米、谷物、糖蜜、薯类或甘蔗等为原料，经酿酒酵母菌发酵后再蒸馏而制成，在化工、食品、医疗等行业均具有广泛的应用价值。其更引人注目的特性是燃烧时只产生 CO_2 和 H_2O，并释放大量热能，因此可作为新型的清洁能源替代汽油。

二、生产原理

谷物和薯类等淀粉质原料的可发酵性物质主要是淀粉，然而酵母菌是不能直接利用和发酵淀粉为酒精的,这决定了以淀粉质为原料进行酒精生产的过程具有以下几个特点:需要进行原料粉碎,以破坏植物细胞组织,便于淀粉从原料细胞中游离出来;采用水热处理,使淀粉同步糊化、液化,并破坏细胞,形成均一的醪液,使其能更好地接受酶的作用并转化为可发酵性糖。早期采用高温、高压的水-热处理方法,即高压蒸煮;随着喷射液化器、高温淀粉酶的出现,低温蒸煮液化法得以广泛推广和应用;糊化或液化的淀粉,只有在催化剂作用下才能转化成葡萄糖,随着技术进步,糖化酶等酶制剂早已取代无机酸作为催化剂。

酒精发酵与糖代谢有关,葡萄糖经 EMP 途径生成丙酮酸,在无氧条件下,丙酮酸降解生成乙醇。

根据酵母菌细胞的生长和酒精的合成代谢,酒精发酵过程主要包括前发酵期、主发酵期和后发酵期三个阶段。

(一)前发酵期

前发酵期醪液中含有少量的溶解氧和充足的营养物质,酵母菌能迅速繁殖,使发酵醪中酵母菌细胞繁殖到一定数量。在这一时期,醪液中的糊精继续被糖化酶作用,生成糖分,但由于温度较低,糖作用较为缓慢。前发酵阶段时间的长短,主要与酵母菌接种量有关,接种量大,前发酵期短,反之则长。

(二)主发酵期

主发酵期,酵母菌细胞已大量形成,醪液中每毫升酵母菌细胞数可达 1 亿个以上。由于发酵醪中的氧气均消耗完毕,酵母菌基本已停止繁殖,主要进行酒精发酵作用。主发酵时间的长短,取决于醪液的营养状况,如果发酵醪中糖分含量高,主发酵时间长,反之则短。

(三)后发酵期

后发酵期,醪液中的糖分大部分已被酵母菌消耗掉,醪液中尚残存部分糊精继续被水解生成葡萄糖。由于这一作用进行得极为缓慢,生成的糖分很少,发酵作用十分缓慢。这一阶段的发酵醪中产生的酒精和 CO_2 也少。

上述三个阶段只是大体的划分,实际生产过程中并不能将此三个阶段截然分开。整个发酵过程的时间长短除受糖化剂的种类、酵母菌的性能、酵母菌接种量等因素的影响外,还与接种、发酵方式和发酵温度的控制有关。一般来讲,接种量和发酵温度高,发酵时间短,反之则长。

三、生产工艺

酒精的生产工艺依据原料的不同可分为:玉米原料发酵工艺、木薯原料发酵工艺、糖质原料发酵工艺和纤维素原料发酵工艺。其中属于淀粉质原料的玉米和木薯的发酵工艺流程如图4-6所示。

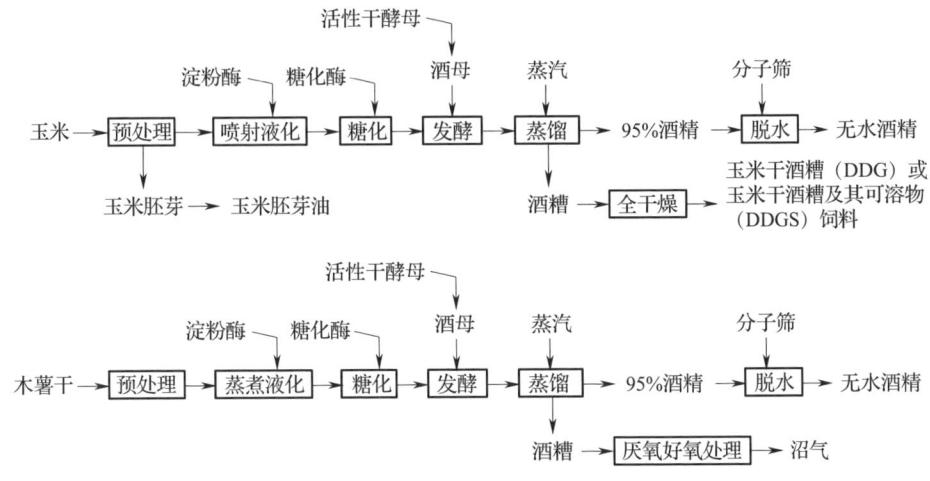

图4-6 以淀粉质为原料的酒精发酵工艺流程

玉米或木薯等淀粉质原料在发酵前首先需进行预处理。其中玉米经脱胚后再进行粉碎，玉米胚芽回收后可用于提取玉米胚芽油，是营养价值极高的食用油料。木薯干直接经粉碎机粉碎，细度为0.3~1.2mm。为了在提高底物浓度的同时保证料液的流动性，以45~55℃温度的热水边搅拌边加入细粉，同时加入1~5U/g原料的中温 α-淀粉酶，加水比最高可达1:2.5。玉米原料通常采用喷射液化，淀粉酶和料液混合后，以高温蒸汽直接喷射进行加热，再经过一段时间一定温度的维持，完成糊化和液化。木薯淀粉由于黏度较低，可以采用更简便的蒸煮糊化液化。将酶液泵入蒸煮锅进行蒸煮，蒸煮温度为86~90℃，蒸煮30~60min后冷却至糖化温度。将醪液泵入糖化锅进行糖化，糖化时加入150~300U/g原料的黑曲霉糖化酶，搅拌均匀后进行间歇或连续糖化，温度为25~58℃，糖化时间为0~28min，然后冷却至发酵温度，再加入酵母菌发酵。所加入的酵母菌从活性干酵母出发，通过扩大培养获得。发酵时以糖化醪液作为培养基，再添加0.5~1.5g/L尿素，或添加0.5~1.5g/L硫酸铵等无机氮源，以及0.01~1.5g/L磷酸二氢钾和0.001%~0.15%硫酸镁等无机盐，在温度为28~40℃下发酵36~60h，发酵结束后进行蒸馏即为成品酒精。

蒸馏是利用液体混合物中各组分挥发性能的不同，将各组分分离的方法。酒精的蒸馏是将发酵成熟醪液中的酒精与其他组分分离，从而得到酒精含量较高、杂质及水分含量较少的产品。现代酒精企业普遍采用多塔多效蒸馏系统和计算机控制系统，生产酒精的能耗大幅度降低，酒精的质量也明显提高。在蒸馏塔中，原料从塔中部适当位置进入，进料层上段为精馏段，下段为提馏段。

从精馏塔塔顶蒸出的气体在冷凝器中冷凝,冷凝液进入塔顶提供回流,从精馏塔底部通入直接蒸汽,或通过再沸器通入间接蒸汽,从而为精馏塔提供热量。在精馏段,气相上升的过程中,轻组分得到精制,随着气相不断地增浓,在塔顶获得轻组分产品。在提馏段,液相在下降过程中,轻组分不断地被提馏出来,使重组分在液相中不断地浓缩,在塔底获得重组分产品。精馏塔有板式塔和填料塔两种形式,酒精精馏绝大多数使用的是板式塔。

四、酒精发酵技术发展趋势

(一)淀粉水热处理和发酵过程新型酶制剂的应用

1. 液化酶

淀粉质原料要被酒精发酵的微生物所利用,首先要转化成可发酵糖,主要是葡萄糖,这一过程就是液化 - 糖化过程。原料的液化、糖化和发酵,可分开进行,也可同时进行。其中液化的目的是为糖化酶的作用提供条件。糖化酶对底物分子的大小有一定要求,聚合度偏大或偏小的分子都不易与酶结合,而 DP 10~20 的糊精最易与酶结合。

目前主要利用芽孢杆菌来源的高温 α - 液化酶对淀粉质原料进行液化。虽然传统的液化考察指标主要是 DE,然而实际上,液化的关键控制不在于 DE 具体确定为多少,关键要看系统的黏度,黏度大会影响料液的混合传质和传热及酶反应的速率,影响这些表观指标的本质仍然是糊精的分子质量分布。另一方面,液化酶的性能不断提高,也使液化温度可以降低,有利于大大节省能源、改善发酵残渣制备饲料的颜色、减少淀粉和游离糖的损失,提高酒精产率。液化酶的发展也显现出了复合添加的趋势,例如:高热稳定性的植酸酶和蛋白酶等的添加,可增加淀粉的溶解度、缩短液化时间、减少淀粉和糖的损失,从而提高酒精产率[5]。

2. 糖化酶

传统的黑曲霉糖化酶具有较好的糖化性质,可用于同步糖化发酵,但问题是生产成本相对较高。在过去十年间,由于全世界生物酒精的发展,特别是美国燃料酒精的发展,使得工业酶制剂生产商在研发上投入了很多,也推出了很多新产品,进而也使得酒精生产的过程简化、操作成本降低及淀粉转化率高。其中主要的新型糖化酶包括来自里氏木霉(*Trichoderma reesei*)、埃默森篮状菌(*Talaromyces emersonii*)和瓣环栓菌(*Tramates cingulata*)的糖化酶等。这些酶有些是单独使用,但大部分是与黑曲霉糖化酶混用,或与其他酸性淀粉酶混用。新型酶制剂的使用使得液化工艺更容易,残糖含量更低,发酵效率更高。

3. 蛋白酶

玉米的淀粉颗粒大多被蛋白质包裹。传统玉米湿磨过程中要加入大量化学试剂 SO_2 来打开蛋白质的结构，使淀粉可以从包裹中释放出来。蛋白酶的作用与 SO_2 相似，可打断蛋白质的长链，使淀粉释放出来，成为液化或糖化酶的底物，从而转化成可发酵糖以供发酵利用。除了玉米，其他含蛋白质的谷物淀粉与蛋白质的相互缠绕情况也类似。蛋白酶在酒精生产中的作用主要有两个方面，除了释放包裹的淀粉外，还会产生游离氨基酸，给发酵微生物提供氮源。对于淀粉的释放作用，蛋白酶可在过程前期使用，如调浆、预处理、拌料，这种情况下，通常要求使用热稳定性好的蛋白酶；若在发酵中使用，可与糖化酶同时添加。这一类新型酶制剂还包括复合糖化酶，其中包含真菌蛋白酶。如里氏木霉来源的蛋白酶是一种能在低 pH 条件下水解蛋白质的酸性蛋白酶，它对底物的广泛有效性使其能容易且有效地以随机方式水解绝大多数蛋白质。该酶作用的 pH 为 3.0～4.5，该 pH 范围与酒精、柠檬酸或部分有机酸的发酵过程 pH 范围契合。在实际生产中的应用表明，在酒精和柠檬酸发酵中添加该真菌来源的酸性蛋白酶可加快发酵速度，提高产物的产率。

4. 非淀粉类多糖水解酶

非淀粉类多糖水解酶多为半纤维素酶和纤维素酶的混合物，主要用于水解谷物类底物中含有的较多的非淀粉类多糖，如 β-葡聚糖、木聚糖等，以避免其给体系带来较大的黏度问题。

表 4-2 呈现了常见谷物中水溶性 β-葡聚糖和阿拉伯聚糖的含量。这些非淀粉类多糖对以麦类为原料的发酵影响很大，小麦、大麦和黑麦皆含有大量纤维素或半纤维素（β-葡聚糖、戊聚糖和木聚糖等），这些纤维素或半纤维素具有很强的吸水能力，除了对系统造成黏度问题外，还会对系统的清液蒸发和脱水造成很大的困难。具体造成以下单元操作的效率下降：换热器的操作，离心机的固液分离，清液的蒸发和浓缩，发酵中的传质。

表 4-2　常见谷物中水溶性 β-葡聚糖和阿拉伯聚糖含量

谷物	β-葡聚糖含量（%，以干基计）	阿拉伯木聚糖含量（%，以干基计）	合计含量（%，以干基计）
大麦	3.3	1.1	4.4
小麦	0.5	1.6	2.1
黑麦	0.7	3.0	3.7
燕麦	2.4	0.6	3.0
玉米	0.1	0.7	0.8

因而，这些纤维素、半纤维素不仅限制了醪液的浓度及系统的产量，同时也影响了系统的能量平衡，造成系统中产物浓度降低，而水的含量增加。另外，

残余的半纤维素糖由于溶解性较差，会造成换热器和蒸馏设备结垢。通常将纤维素酶或半纤维素酶添加到拌料槽中，当然也可以加入发酵罐中。对于玉米，以前很少研究此类酶的使用，最近研究者们考察了此类酶对于 DDGS 的脱水作用。发现在发酵罐中添加后，可以节省 10% DDGS 干燥所需能源（仅次于蒸馏的能源消耗），并且用水量也有 14% 的减少。

此外，每种谷物都含有少量植酸，这是植物自然储存磷的方式，植酸中主要含有肌醇环和 6 个对称分布的磷原子。其具有很强的螯合能力，可以与蛋白质及金属离子结合（图4-7），这两者都会影响 α-淀粉酶的活力和性能。这是因为：一方面，α-淀粉酶的催化活性中心在高温下需要结合 Ca^{2+} 才能保持稳定；另一方面，植酸直接与酶蛋白的结合又对酶形成了竞争性抑制作用。这些负面影响在生产中表现为液化酶的需求量增加，液化体系的黏度增大。使用含有植酸酶的液化酶，可减少对钙和淀粉酶的结合，极大提升液化效率。此外，植酸水解产生的少量肌醇也对酵母菌的发酵有一定益处。植酸酶在酒精生产过程中的应用并不广泛，只有少数专利和研究报告才会提及在液化和糖化中应用植酸酶，其主要原因是效果不明显，或酶的性质不够稳定而难以大规模推广。虽然新出现的经过基因工程技术改造的植酸酶在热稳定性方面得到了明显提高，但植酸酶一般不单独使用，商业化的产品都是将其混合在淀粉酶中[6]。

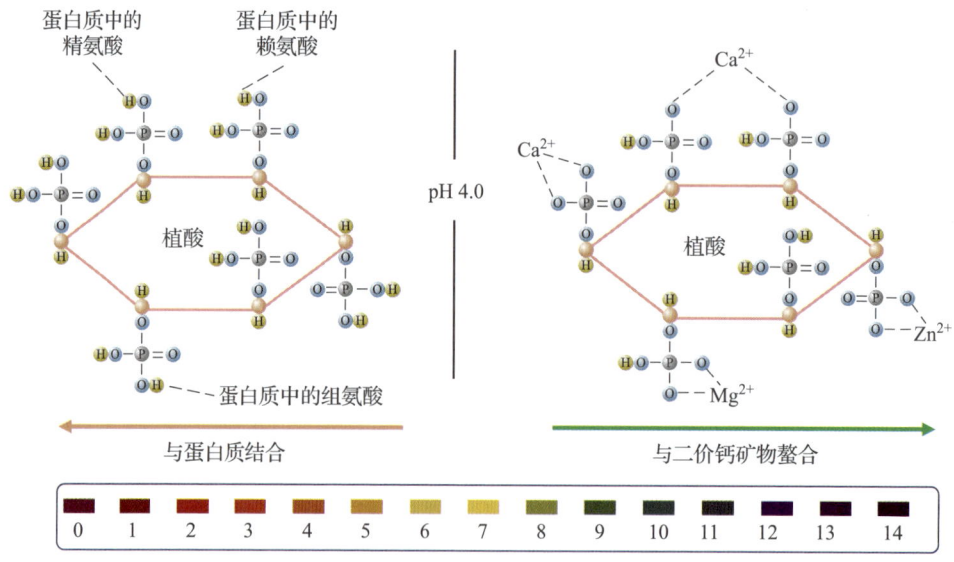

图 4-7　植酸在不同 pH 下可以与蛋白质或金属离子结合

5. 淀粉脱支酶

不同淀粉酶的作用方式如图 4-8 所示。将淀粉原料转化为还原糖（麦芽糖和葡萄糖）是发酵酒精生产过程的第一步。淀粉酶在淀粉加工工业中发挥着十分重要的作用。对于淀粉酶这一大类目前工业上应用最广泛的酶，过去的研究主要集中于 α-淀粉酶、β-淀粉酶和葡萄糖淀粉酶，然而它们的应用却受到淀粉原料中支链组分的严重制约。不同植物合成的淀粉中直链淀粉和支链淀粉的比例视植物种类、品种、生长时期的不同而异。工业上使用的谷物淀粉中支链淀粉的含量为 70%~95%，如玉米为 74%，马铃薯为 76%，小麦为 75%，稻谷为 81%，糯米更是接近 100%。直链淀粉和支链淀粉结构的差异造成了其被淀粉酶水解后产物的不同。α-淀粉酶、β-淀粉酶和葡萄糖淀粉酶作用于淀粉质原料时，经过液化（95~105℃，pH 5.5~6.2）和糖化（57~63℃，pH 4.0~4.5），直链淀粉可被水解为麦芽糖；而支链淀粉只有外围的分支能够被水解为麦芽糖，支链的存在阻碍了淀粉的分解，影响到淀粉的利用率和产品的质量。在发酵酒精工业中，原料成本占总成本的比例超过 79%，因此，提高支链淀粉的利用率意味着原料成本的降低，可为企业带来巨大的经济价值，这就引发了对淀粉脱支酶研究的兴趣。

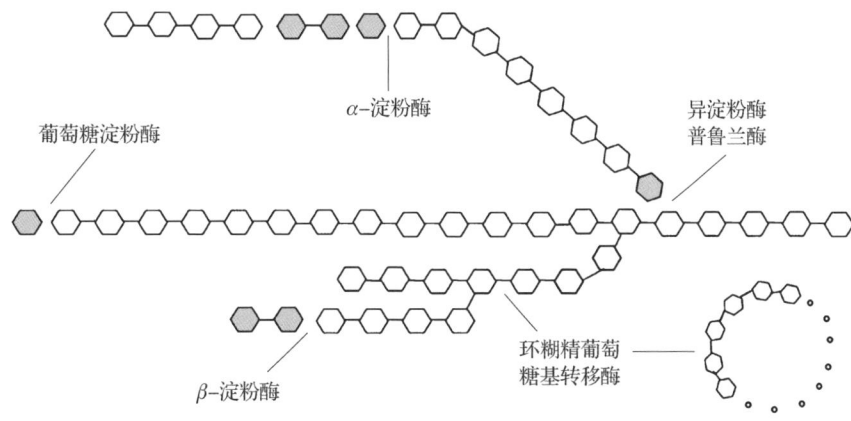

图 4-8　不同淀粉酶的作用方式

（二）新型发酵菌种的开发

目前，酒精发酵的菌种主要是酵母菌。通过糖酵解途径，酵母菌将葡萄糖高效转化为乙醇和二氧化碳。酒精酵母菌属于酵母科，为单细胞，呈卵圆形或球形，具细胞壁、细胞质膜、细胞核（极微小，常不易见到）、液泡、线粒体及各种贮藏物质，如油滴、肝糖等。繁殖方式有出芽繁殖、裂殖、孢子繁殖和接合繁殖四种。出芽繁殖，出芽时，由母细胞生出小突起，为芽体（芽孢子），经核分裂后，一个子核移入芽体中，芽体长大后与母细胞分离，单独成为新个体。繁殖旺盛时，芽体未离开母体又生新芽，常有许多芽细胞联成一串，称为假菌丝。裂殖是少数酵母菌进行的无性繁殖方式，类似于细菌的裂殖。孢子繁殖，在不利的环境下，细胞变成子囊，内生 4 个孢子，子囊破裂后，散出孢子。

接合繁殖，有时每两个子囊孢子或由它产生的两个芽体双双结合成合子，合子不会立即形成子囊，而是产生若干代二倍体细胞，然后在适宜的环境下进行减数分裂，形成子囊，再产生孢子。酵母菌的种类很多，包括孢子酵母菌、产冬孢子的类酵母菌、掷孢酵母菌和无孢子酵母菌等，涵盖60个属500多个种。工业上大多采用酿酒酵母菌（Saccharomyces cerevisiae）进行发酵，卡尔斯伯酵母菌（Saccharomyces carlsbergensis）、清酒酵母菌（Saccharomyces sake）及其变种也有较广泛的应用，其他菌种如粟酒裂殖酵母菌（Shizosaccharomyces pombe）、脆壁克鲁维酵母菌（Kluyveromyces fregilis）、树干毕赤酵母菌（Pichia stipitis）、克劳森酒香酵母菌（Brettanomyxes claussenii）、热带假丝酵母菌（Candida tropicalis）和管囊酵母菌（Pachysolen tannpilus）等也有一定的应用。

1. 扩大酵母菌底物谱

野生型酵母菌不具备水解淀粉质底物的酶系，无法利用淀粉。Pretorius等分别将来源于细菌的编码α-淀粉酶的基因（Amy1）、来自酵母菌的编码葡萄糖淀粉酶的基因（Sta2）以及来自细菌的编码普鲁兰酶的基因（Pula）在酿酒酵母菌中表达，发酵结果显示重组酵母菌几乎可完全利用培养基中的淀粉[7]（99%）。将分别编码葡萄糖淀粉酶和α-淀粉酶的Gam1和Amy1基因引入重组酿酒酵母菌，能够实现以淀粉为底物时的发酵产酒精水平与传统的利用酶解淀粉为底物时的酵母菌产酒精水平相当。

酒精发酵的糟液中的蜜二糖和纤维二糖无法被酵母菌利用。在纤维质原料酒精发酵时，纤维二糖是纤维素酶水解纤维素的反馈抑制物和纤维素酶系的主要产物，纤维素的有效酶水解需要高葡萄糖苷酶活性的纤维素酶。在浓醪酒精发酵过程中和纤维素酶水解过程中分别添加α-半乳糖苷酶和α-葡萄糖苷酶，能够达到消耗蜜二糖和纤维二糖的目的，并解除纤维二糖对纤维素酶的反馈抑制。在酵母菌甘油途径关键节点处分别插入α-半乳糖苷酶和α-葡萄糖苷酶基因，能够实现在酒精发酵过程中有效利用蜜二糖和纤维二糖的目的，从而减少副产物生成、提高酒精发酵效率。同时，在纤维素酒精发酵过程中部分解除纤维二糖对纤维素酶的反馈抑制作用，可以提高纤维素的利用率。

纤维素占木质纤维素总量的35%~50%，主要由葡萄糖通过β-1,4糖苷键连接而成；半纤维素占木质纤维素总量的20%~35%，水解产物主要是木糖，另外还含有甘露糖、葡萄糖、半乳糖、L-阿拉伯糖和糖酸等多种成分。传统的工业微生物如酿酒酵母菌能够很好地代谢葡萄糖，但不能利用木糖、L-阿拉伯糖等五碳糖，因此五碳糖的利用成为纤维质原料转变成可利用性资源的关键问题，而选育高效木糖发酵菌株对开发可再生纤维质资源具有重大意义。Kuyper等第一次使重组的酿酒酵母菌株利用Xi基因成功发酵木糖产生乙醇。通过把厌氧瘤胃真菌（Piromyces sp.）中的Xi基因克隆于多拷贝质粒并转化酵母菌细胞，由磷酸丙糖异构酶（TPI）启动子驱动，从而获得了高水平的酶活性（0.3~1.1U/mg 蛋白）[8]。将表达了 XylA 基因的重组酿酒酵母菌株置于葡萄糖和木糖混合培养基中进行筛选，并对此菌株进行详细表征，结果显示，与对照相比，木糖和葡萄糖的酶促反应最大速度（V_{max}）提高了两倍，同时木糖的米氏常数（K_m）显著降低。所以，该菌中编码相应已糖转运子的基因可能由于点突变，而使其对应的两种糖的 V_{max} 和 K_m 受到影响，从而改善了木糖吸收动力学。因此，对重组木糖代谢酿酒酵母菌中的木糖代谢相关基因使用组成型的强启动子驱动表达，并且异源表达木糖特异性的转运子，对于发展高效的可应用于工业生产的葡萄糖-木糖共发酵菌株具有重要的作用和深远的前景。

2. 提高底物转化率，降低副产物生成

甘油是厌氧条件下酿酒酵母菌生产乙醇过程中最主要的副产物。厌氧条件下生成的甘油一般是用来氧化细胞合成反应中产生的 NADH，其中最主要的是有机酸如琥珀酸、乙酸和丙酮酸等的合成反应。另一方面，有氧条件下也可以生产甘油，但是一般比厌氧条件下的产量低得多。然而，也存在例外，当使用高渗透压的培养基时，会产生一定量的甘油来调节渗透压。因此，甘油的主要作用是细胞内氧化还原平衡的调控和调节细胞的渗透压。江南大学石贵阳在敲除工业酒精酵母菌甘油合成途径关键基因 Gpd1 的同时表达来源于蜡状芽孢杆菌的以 $NADP^+$ 为辅酶的非磷酸化 3-磷酸甘油醛脱氢酶，随后应用 Cre/loxp 重组酶系统剔除了构建重组菌时引入的抗性标记基因，接着通过 rDNA 位点同源重组在该重组菌中过量表达了海藻糖合成酶及海藻糖磷酸化酶，实现了工业酒精酵母菌的多基因改造[9]。在葡萄糖浓度为 250g/L 的底物发酵中，重组菌的甘油得率下降了 76.0%，酒精产量从 113.3g/L 提高到 123.4g/L，糖醇转化率提高了 8.9%。更为重要的是重组菌的最大比生长速率和葡萄糖消耗速率与原始工业酒精酵母菌相比基本不变，且该重组菌表现出了更好的耐高糖、耐酒精能力。

3. 提高过程效率

为了提高生物产品工业化放大生产的效率，反应器的不断改进和发酵过程的进一步优化显得十分重要。其中，提升菌株自身的生产性能有时可以产生事半功倍的效果。在此方面的一个典型成功案例就是对酿酒酵母菌絮凝特性的代谢改造。

酵母菌絮凝是指细胞彼此黏附形成毫米级颗粒而沉降。它可作为细胞自固定化的方法，降低菌体采收的成本。固定化细胞技术可以提高罐体中的细胞浓度，提高发酵效率和生产强度。但基于吸附或包埋来固定细胞的方法由于成本、物质传递效率、设备要求等原因并不适用于低附加值的大宗化学品燃料乙醇的生产；而利用酵母菌自絮凝的特性则可实现细胞固定化的要求，即依靠发酵终点时菌体的自由沉降来分离菌体和产物，可以免除离心等操作，从而降低分离成本，又不会带来包埋材料所具有的副作用。选取诱导型启动子达到絮凝的诱导表达这一策略最早由 Verstrepen 提出，主要是应用 HSP30 启动子调控 *Flo1* 表达。在此基础上，Govender[10]利用 ADH2 和 HSP30 调控 *Flo1*、*Flo5* 和 *Flo11* 的表达，最终实现了在发酵末期葡萄糖耗尽时两个启动子激活，从而赋予酵母菌絮凝特性。

4. 提高酵母菌的逆境耐受性

在酒精酵母菌的工业生产过程中，酒精酵母菌难免受到高渗、高酒精浓度、pH 变化、高（低）温、染菌污染等的胁迫，菌株对胁迫条件的耐受能力直接影响到工艺过程、发酵程度、产物成分等，进而影响经济效益，比如高糖浓度会形成高渗胁迫，抑制酵母菌的生长，导致发酵时间延长。在发酵过程中，酵母菌对酒精的耐受能力直接影响发酵强度、产量等关键指标，提高酵母菌对酒精的耐受能力是节能减排的有效措施。利用进化工程（evolution engineering）手段，经过 486 次传代后从菌群中筛选到能够耐受 20%（体积分数）初始酒精浓度的酵母菌；系统生物学研究发现这种变化主要与细胞内线粒体数目的增加、糖酵解途径的增强、NADH 氧化能力的提升等代谢产能途径的增强有关。Mansure 等[11]研究发现高浓度的酒精会引起细胞内电解质类物质的渗漏，对细胞造成严重的损害，但海藻糖与细胞膜中的脂类物质协同作用可以阻止这种情况的发生，从而增加细胞的酒精耐性。

（三）发酵过程的优化控制

现今，许多科学家和科学工作者开始致力于应用生物技术对酒精发酵进行新菌种、新工艺的开创性研究。而高强度酒精发酵现已成为当前酒精行业研究的热门课题。因此，国内外就高强度酒精发酵进行了广泛的研究，并取得了显著的成绩。研究者多从分析限制高效率（高强度）酒精发酵的因素着手，创造各种条件，以实现高效率酒精发酵。酒精发酵强度的高低一方面取决于酵母菌本身的生长繁殖力、发酵力以及对发酵环境的耐受能力，另一方面也取决于工艺对影响酵母菌发酵因素的控制上，具有了优良的生产菌种，工艺条件的控制就显得非常重要。现在一般认为，影响高效率酒精发酵的因素有葡萄糖浓度、酵母菌细胞密度及溶解氧浓度等方面。葡萄糖是酵母菌进行酒精发酵的主要基质，主要是供给酵母菌生长繁殖及生成酒精之用，所以葡萄糖浓度控制适量与否直接影响酵母菌的生长繁殖、发酵速度、发酵强度和发酵时间。糖浓度过高时，由于发酵液中渗透压大，不利于酵母菌细胞膜的半渗透作用，不利于营养物质的选择和吸收，不利于酵母菌的生长繁殖，同时也不利于酵母菌细胞内的酒化酶将糖分发酵为酒精。糖浓度过低时，发酵液中营养物质被耗用而不足，使酵母菌处于饥饿状态，酒化酶活力低、发酵率低、酒精度低。因此，控制合理的糖浓度十分重要。

目前酒精厂在生产过程中对通风量问题有不同的工艺要求，很多酒精厂只是在酵母菌培养阶段通风,在发酵期都不通风,以免发生有氧代谢。然而,巴斯德效应(因氧气存在,酵母菌从发酵转变为呼吸)主要发生在低糖度时(<3g/L),而当糖度在 3~100g/L 时,即使有一定的氧气存在,酵母菌也能进行酒精发酵。通风既能满足酵母菌生长能量的需求,又能培养出发酵能力强的酵母菌。因此,一些酒精厂在酒精的发酵过程中定期通入一定量的空气,可以取得较好的效果。然而在实际的生产中,大多本着够用的原则,根据经验通入一定量的空气,目前还没有合适的溶氧控制策略以指导酒精发酵。

1. 高密度发酵

发酵效率通常与细胞密度有关,因此发酵过程的首要任务通常是研究如何尽可能达到高的细胞密度,以便提高生产率、简化下游加工、减少废水排放量、降低培养容积、生产成本及设备投资,使目的产物产生良好的成本效益。高密度培养技术(high cell density culture)也称高密度发酵,是指在培养过程中通过流加补料,也就是不断补充营养,使菌体在较长时间内保持较高的生长速率,从而提高菌体的浓度,最终提高目的产物的生产强度(单位体积、单位时间内产物的产量)。不仅可减少培养体积、强化下游分离提取,还可以缩短生产周期、减少设备投资从而降低生产成本,极大地提高产品在市场上的竞争力[12]。

高密度培养从发酵工艺上主要依靠补料实现,包括非反馈补料和反馈补料。非反馈补料主要有恒速流加、变速流加、指数流加等方法。恒速流加法是指补充的营养按预先设定的速率流加,培养过程中细菌的比生长速率逐渐下降,菌体总量呈线性增加。变速流加法是指在菌体密度较高时营养物的流加速率不断增加,以满足细胞生长的营养需求。指数流加法是指营养物的流加速率呈指数增加,菌体总量可在恒定的比生长速率下呈指数增加,该法简便易行,前提是要预先设定比生长速率等过程参数。反馈补料的反馈指标主要有基质浓度、pH、溶解氧浓度(dissolved oxygen, DO)、比生长速率等。

反馈补料的优点是控制准确,操作重复性好,技术要求较低,但所需在线测量设备较多,控制复杂。反馈补料主要有残糖浓度反馈法、pH 恒定(pH-stat)法、溶氧恒定(DO-stat)法、补氨关联补糖法等方法。残糖浓度反馈法利用葡萄糖浓度的离线或在线数据,维持培养基中较低的残糖浓度。但化学法、酶法分析葡萄糖耗时过长,葡萄糖电极技术也尚未成熟,对流加的控制较为滞后,菌体密度不够理想。pH-stat 法依据培养过程中当葡萄糖耗尽时,培养基的 pH 会升高,因此在 pH 上升时反馈流加一定量葡萄糖,利用葡萄糖代谢产生的有机酸代替通常调节 pH 的酸液,使培养基 pH 保持恒定。该方法的缺点是 pH 变化并不完全是葡萄糖代谢的结果,容易造成补料错误。DO-stat 法是根据培养过程中当葡萄糖浓度降低到一定程度时,菌体代谢强度下降,消耗氧能力降低,反映为培养基中溶解氧浓度急剧上升,因此在溶氧上升时反馈流加葡萄糖。补氨关联补糖法依据菌体每消耗 1g 氨氮的同时需要消耗 15g 葡萄糖的数量关系，可在培养过程中用氨水控制 pH，根据补氨量反馈确定补糖量。

由于微生物生长代谢的复杂性，非反馈补料方式很难达到需要的控制精度。而反馈补料方式中，无疑是残糖浓度反馈法的控制精度和效果最好，但是由于葡萄糖电极难以承受高温灭菌，且价格昂贵，所以很少用于工业化生产中。目前在工业化生产中应用的最多是 pH-stat 和 DO-stat 法。虽然这两种控制方法能很好地控制发酵罐中的营养物质不过量，但是其使得发酵罐中的营养物质长期处于一种匮乏状态。所以这两种流加方式是以牺牲微生物的生长速率来控制代谢副产物的积累，也就是说这两种流加方式并不能使发酵罐中的营养物质处于克勒勃屈利效应（Crabtree 效应）[①]的临界值，而是远远低于这个临界值，使用这两种补料方式会使微生物长期处于基质匮乏状态，且由于溶解氧浓度和 pH 的较大波动，导致这两种流加方式也不能达到较高的菌体浓度。

2. 发酵过程的建模

发酵过程的参数可以分为三类：物理参数、化学参数和生物参数。发酵过程中主要的物理参数有发酵温度、发酵罐压力、空气流量、发酵液体积、冷却水流量、冷却水进出口温度、搅拌转速、泡沫高度等，这些参数都有成熟的传感器可以直接实现在线测量。发酵过程中的化学参数有 pH、溶解氧浓度，它们对于发酵过程非常重要，生化反应都需要有合适的酸碱环境才能朝着期望的方向进行，而溶氧浓度则是限制菌体生长的关键性因素之一，溶解氧浓度低于临界值会使发酵过程急剧恶化。近年来，已有成熟的 pH、溶氧电极可以应用。发酵过程的生物参数包括微生物呼吸代谢参数、生物质浓度、代谢产物浓度、底物浓度以及微生物比增长速率、底物消耗速率和产物合成速率。现在国内外几乎还没有可以在线测量生物参数的仪器，这也是发酵过程控制比一般工业生产过程控制难度更大的原因。

发酵过程模型建立的传统方法是基于能量和物料平衡方程建立机制模型。这种机制模型需要对过程的动态特性、传输特性及生化反应特性有深入的了解。另外，机制模型的预测能力十分有限，这是因为发酵过程本身是高度非线性和时变的，其动态特性常常是部分未知的或完全未知的。因此，要求所使用的估计算法能反映真实工业过程非线性结构的特性，即本身具有非线性的特性，或用自适应线性模型来实现近似非线性。

3. 发酵过程的软测量

酒精发酵过程作为一种复杂的生化反应，比一般的非线性系统更加复杂，主要表现在：发酵过程中有复杂的物理、化学反应过程，发酵过程的参数众多，

---

① 克勒勃屈利效应（Crabtree 效应）是指在高浓度葡萄糖培养基和有氧条件下，酵母菌细胞生长受到抑制且生成乙醇。

并且没有合适的测量这些参数的仪器,这使得发酵过程的建模和控制很困难,所以迄今为止,对发酵过程的控制还没有很好的方法。由于缺少对过程参数测量、监测和控制的实时系统,使得发酵酒精的成本高、操作费用高。降低酒精发酵过程的能耗、降低成本和提高产品的产率是发酵过程控制的一个目标,而实现这个目标最重要的一环,就是能够在不增加实际仪表的基础上实时地获得过程参数。软测量技术是解决发酵过程中普遍存在的一类"变量难以在线测量"问题的有效方法。它克服了人工分析及使用在线分析仪表的诸多不足,是实现在线测量控制及先进控制优化控制的前提和基础。在软测量技术中一般采用人工神经网络[①]、最小二乘法[②]、模糊数学网[③]等多种方法进行发酵过程控制的建模。

第五节 淀粉发酵代表产品——柠檬酸

一、概述

柠檬酸(citric acid)又称枸橼酸,化学名称2-羟基丙烷-1,2,3-三羧酸($C_6H_8O_7$),相对分子质量192.13,化学结构式如图4-9所示。柠檬酸常带有一分子结晶水($C_6H_8O_7 \cdot H_2O$),相对分子质量为210.12,是自然界中广泛存在的三羧酸类化合物。它含有三个电离平衡常数,分别为3.13、4.76、6.40,是一种酸性较强的有机酸,也具有较宽的pH缓冲范围(2.5~6.5)。柠檬酸是动植物体内一种生理代谢中间产物,是无色透明或半透明的晶体或(微)粒状粉末,无臭,具有强烈酸味,是食品、医药、化工等领域应用最广泛的有机酸之一[13]。柠檬酸同时具有羟基和羧基,极易溶于水,溶解度随温度升高而增大;微溶于乙醚,不溶于四氯化碳、苯、甲苯等其他有机溶剂。

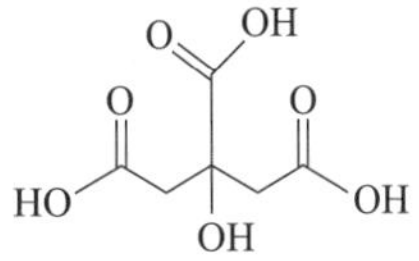

图4-9 柠檬酸分子的化学结构式

二、生产原理

目前,世界上99%的柠檬酸生产由发酵法获得,其中80%依赖于黑曲霉

---

① 人工神经网络指从信息处理角度对人脑神经元网络进行抽象,建立某种简单模型,按不同的连接方式组成不同的网络。
② 最小二乘法指通过最小化误差的平方寻找数据的最佳函数匹配。
③ 模糊数学网指用精确的数学手段对发酵过程中存在的模糊概念和模糊现象进行描述、建模,以达到对其进行恰当处理的目的。

进行深层有氧发酵。柠檬酸主要通过细胞质的糖酵解途径和随后线粒体的 C4 和 C2 聚合生成。糖酵解将葡萄糖分解为 2 分子丙酮酸，一个进入线粒体并释放 1mol CO_2 转化成乙酰辅酶 A，另一个通过固定 1mol CO_2 转化成草酰乙酸。草酰乙酸随后被还原为苹果酸并通过苹果酸-柠檬酸逆向转运蛋白被运输到线粒体，线粒体的苹果酸进入 TCA 循环而形成柠檬酸。因此，柠檬酸的理论转化率为 1mol/mol 葡萄糖。每产生一分子柠檬酸，释放一分子 ATP 和 3 分子 NADH，过剩的 NADH 通过侧呼吸链被还原[14]。

淀粉必须经过水解才能作为柠檬酸发酵的碳源，因此，以淀粉为原料合成柠檬酸的通路从胞外就已经开始。淀粉水解产生葡萄糖后，初始底物的增加会导致柠檬酸产生速度增加；同时，葡萄糖转运速度的增加又减少了 NH_4^+ 摄入和柠檬酸生产的迟滞期。发酵初期，代谢流主要流向磷酸戊糖途径；菌体生长期，TCA 循环中关键酶的活性都很高，碳源主要用于菌体的生长，随后开始生成柠檬酸。己糖的磷酸化由己糖激酶和葡萄糖激酶共同作用。葡萄糖激酶对不同效应因子的抑制有抵抗作用，但容易被低 pH 破坏。另外糖浓度低时，果糖和葡萄糖都是己糖激酶磷酸化的底物，也没有明显的偏好性。6-磷酸海藻糖是己糖激酶的抑制剂，但只存在于发酵初期，蛋白激酶 A（protein kinase A，PKA）能够对其磷酸化，使之被中性海藻糖酶识别而被水解，水解后，己糖激酶不再受到抑制，行使催化果糖和葡萄糖磷酸化的功能，促使磷酸戊糖途径转向糖酵解途径[15]。糖酵解途径的第二个关键酶是磷酸果糖激酶（phosphofructokinase，PFK），负责催化糖酵解途径的第一步不可逆反应。正常生理浓度的柠檬酸（1~5mmol/L）会抑制磷酸果糖激酶活性。但是在发酵条件下，细胞内存在许多正向效应因子（NH_4^+、AMP 和 2,6-二磷酸果糖），能够中和柠檬酸对酶活的抑制作用。提高碳源的浓度也可能利于减轻对磷酸果糖激酶的抑制，原因是在高浓度蔗糖或者葡萄糖环境中，黑曲霉细胞内磷酸果糖激酶的激活因子 2,6-二磷酸果糖浓度会升高。

三、生产工艺

采用柠檬酸产生菌黑曲霉进行深层液体发酵是目前柠檬酸生产的主流技术[16]。所使用的高产柠檬酸生产菌株具有诸多优良特性：① 能利用薯干粉、玉米粉、大米粉、小麦粉、马铃薯、糖蜜、淀粉、葡萄糖母液等多种原料发酵生产柠檬酸；② 能耐高浓度的柠檬酸，又不利用柠檬酸；③ 耐高浓度葡萄糖，能产生和分泌大量酸性 α-淀粉酶和酸性糖化酶，在较低 pH 环境下仍然保持较高的活力；④ 能抗微量金属离子，尤其能抗高浓度的 Mn^{2+}、Zn^{2+}、Cu^{2+}，使得配制发酵培养基无须使用去离子水；⑤ 在深层液体通风培养时，能形成大量的细小菌球体，降低发酵醪黏度；⑥ 在以葡萄糖为唯一碳源的合成培养基上，孢子形成能力弱，减弱了葡萄糖通过戊糖循环途径降解的代谢流；⑦ 在生长、繁殖期，细胞内 NH_4^+ 水平高，而蛋白质、核酸水平低；⑧ 其他可以进一步选育和改造的特性。

柠檬酸生产的工艺流程如图 4-10 所示。柠檬酸中和工段产生的废糖水和色谱分离过程产生的残液可替代自来水用于玉米粉调浆，添加氢氧化钙调节 pH，加酶喷射液化；液化后的料液过滤去渣，进行发酵投料、实消；经种子罐废糖水适应性培养得到的菌种，根据移种标准进行转种，转至发酵罐内，500L 发酵罐的发酵条件为培养温度 37℃，罐压 0.08MPa，风量 300L/min，转速与溶解氧偶联将溶解氧控制在 50% 左右；发酵结束后，发酵液经过固液分离得到清液，通过钙盐或色谱分离工序得到废糖水或色谱残液，并继续用于液化调浆，如此实现废水的循环利用。

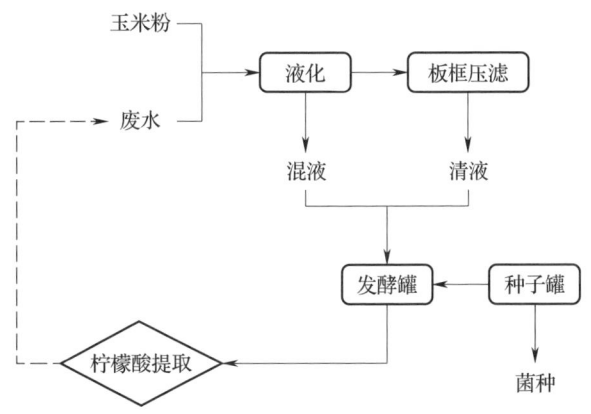

图 4-10　废水全回流的柠檬酸生产工艺流程

四、柠檬酸发酵技术发展趋势

（一）生产菌种的筛选和改造

多种类型的微生物可以用于生产柠檬酸，如曲霉类的黑曲霉、泡盛曲霉、青霉菌（*Penicillium janthinellum*），酵母类的解脂耶氏酵母菌（*Yarrowia lipolytica*）、热带假丝酵母菌、嗜油假丝酵母菌（*Candida oleophila*），细菌类的地衣芽孢杆菌（*Bacillus licheniformis*）、石蜡节杆菌（*Arthrobacter paraffinens*）、棒状杆菌属（*Corynebacterium* sp.）[17]。酵母类可以利用不同类型碳源生产柠檬酸，其中解脂耶氏酵母菌已经被广泛用于生产柠檬酸，Rymowicz 利用解脂假丝酵母菌（*Candida lipolytica*）发酵烷烃类底物，获得大量柠檬酸[18]。然而，柠檬酸是能量代谢产物，仅在代谢不平衡条件下才能大量积累，虽然文献报道多种类型的微生物可以生产柠檬酸，可用于工业化生产的仅曲霉类与酵母类。酵母类发酵会产生大量的副产物异柠檬酸，降低柠檬酸产量。因此，筛选低顺乌头酸酶活性的突变株或许有助于提高柠檬酸产量。

黑曲霉易操作，底物广泛，产量高，副产物少，是柠檬酸工业化生产的最佳选择。Currie 等最初研究发现，黑曲霉在初始 pH 为 2.5~3.5、含有高浓度糖与矿物盐的培养基上能够大量繁殖并积累柠檬酸，此发现为黑曲霉工业化生产柠檬酸奠定了基础[19]。研究专家对黑曲霉发酵底物优化拓展，并将传统诱变技术应用于菌株筛选，进一步提升了柠檬酸产量。Kutya-Olesiuk 等采用黑曲霉发酵蔗糖生产柠檬酸[20]；孟佼采用黑曲霉以玉米秸秆为原料发酵生产柠檬酸，发酵 216h，柠檬酸产量为 98.27g/L[21]；Adeoye 等采用黑曲霉发酵木薯皮生产柠檬酸[22]。Wei 等组合碳离子束（$^{12}C^{6+}$）与 X 射线对黑曲霉诱变处理，显著提高了柠檬酸产量，产量达到 187.5g/L，产率为 3.13g/（L·h）[23]；王德培采用氮离子注射与微波辐射复合诱变，柠檬酸产量提高 60%[24]。现代诱变技术的应用也取得了良好的效果。Jongh 等将来源于根霉的延胡索酸酶基因（*FumRs*）与酵母菌的富马酸还原酶（*Frds1*）在黑曲霉中过量表达，可以有效改善黑曲霉在锰离子培养基中的耐受力，提高柠檬酸产量，产率为 0.025g/g 菌体[25]；Hjort 等构建了不产草酸的黑曲霉菌株，减少发酵过程中副产物的产生，提高了柠檬酸产量[26]。传统诱变与现代诱变技术的应用在一定程度上都可以提高柠檬酸产量，降低副产物形成；未来黑曲霉高产菌种的筛选可以组合传统诱变技术与代谢工程技术，进一步提高柠檬酸生产效率。

与单细胞发酵（细菌类与酵母类）相比，黑曲霉因其独特的形态学特征，在搅拌条件下更易受到复杂环境影响进而产生非均相体系，影响发酵过程传质、溶氧。黑曲霉具有复杂的菌丝体形态——从致密的菌丝球到各种形态的菌丝，会直接影响其发酵产酸。Papagianni 等采用数字图像技术分析黑曲霉菌丝体形态学特征，通过人工神经网络模型将菌丝体形态分为球形、椭圆形、团块状和游离菌丝[27]；研究发现，改变孢子接种量可以有效调节菌丝聚集形态。随后还发现，Papagianni 等在发酵初期剧烈搅拌会导致菌丝高度分支化，产生大量菌丝碎片，菌丝平均长度降低，菌丝球直径减小；而发酵后期菌丝逐渐衰老，菌丝高度空泡化，菌丝增生较少[28]。究竟菌丝球还是游离菌丝更适宜生产柠檬酸，Paul 等研究发现分散菌丝比生长速率、比产酸速率与比耗糖速率等指标明显高于大菌丝球[29]，同时 Ujcova 和 Seichert 研究表明菌丝体形态为游离丝状产酸更高[30-31]；而 Gomez 与 Kisser 等研究表明，菌丝体形态为菌丝球的产酸更高。虽然何种菌丝体形态更适合柠檬酸发酵一直存在争议，但存在一定共识：产酸较高的黑曲霉菌丝一般具有短、膨大、分支菌丝尖端多的特征[32,33]。因此，控制发酵过程中菌丝体的特定形态有助于提高柠檬酸产量。

现代工业化生产的黑曲霉种子仍然沿用传统二级培养方式，即首先一级培养得到黑曲霉孢子，经二级培养获得成熟的菌丝球，然后用于接种发酵。工业化生产中，一批成熟的孢子需要经过平板筛选、斜面培养、茄子瓶培养，最后麸曲桶培养等逐级扩大培养，孢子制备流程烦琐，制备周期需要30d以上，如图4-11所示；二级种子培养周期也较长，仅孢子萌发就需要12h以上。因此，菌丝替代孢子接种方式，缩短孢子制备和萌发时间，是改善传统种子培养方式的重要方向。江南大学陈坚院士团队开发了菌丝体适度分散技术和装备，直接用菌丝体进行种子培养，控制菌丝球直径在160μm以内，成功减少了30d的孢子传统烦琐制备周期，同时传质与溶氧效率显著提升[34]。

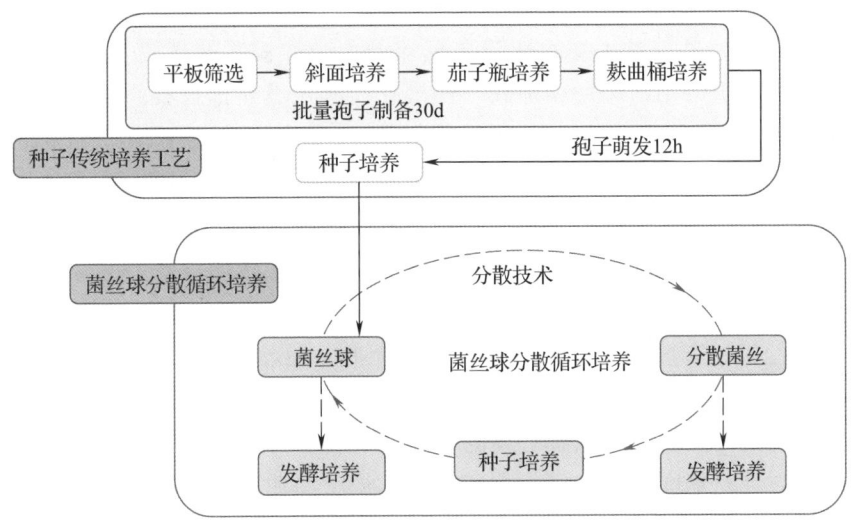

图4-11　菌丝替代孢子的柠檬酸发酵接种方式

高质量的生物产品及发酵稳定性与菌种细胞的活力密切相关，目前黑曲霉细胞缺乏有效的活力评价方法。Sigler和Gabriel建立了基于酸化力法快速评价酵母菌活力的方法[35-36]，Prashant基于亚甲基蓝褪色速度反映酵母菌细胞活力，对于评价黑曲霉细胞活力具有良好的借鉴意义[37]。种子培养过程中种子活力波动会造成发酵过程不稳定，因而建立一种快速有效的黑曲霉细胞活力评价方法对于指导种子培养与移种均具有重要意义。

（二）高效的原料预处理工艺

黑曲霉是发酵生产柠檬酸的主要菌种，它不仅能够利用廉价原料，产量还能达到理论值的70%以上。产柠檬酸培养基主要成分为淀粉质或含葡萄糖、蔗糖的原料，随着全球柠檬酸需求量增加，低成本原料逐渐成为柠檬酸生产竞逐的对象，一些工农业加工废料及副产物应用于柠檬酸生产，同时缓解了环境压力。Yasser利用过期的糖浆生产柠檬酸，经磷酸钙处理除去金属离子，产量比未处理对照组提高38.87%[38]。Dhillon以苹果渣超滤后的污泥为底物发酵144h，柠檬酸产量达到44.9g/L[39]。Barrington发酵泥煤苔生产柠檬酸，发酵120h，产量为354.8g/kg底物[40]。Khosravi-Darani采用尿素处理甘蔗渣生产柠檬酸，柠檬酸产量、产率分别为82.38g/kg（以干基计），26.45g/(kg·d)[41]。各种低廉、废弃原料的应用拓宽了柠檬酸原料范围，同时对缓解环境压力、降低原料成本等做出了巨大贡献。但由于各种废弃原料的成分复杂，增加了生产后期柠檬酸的提取难度，纵观柠檬酸整个生产过程，生产成本不减反增，生产效率降低。因此，淀粉质原料仍然是柠檬酸工业化生产的主要原料。

黑曲霉对碳源的代谢是影响柠檬酸发酵水平最重要的因素，Maddox等研究表明，淀粉质原料需首先被水解为单糖才能用于柠檬酸的高效合成[42]。柠檬酸工业化生产中采用淀粉质粗原料，经液化后利用黑曲霉自身的糖化能力进行同步糖化发酵。基于同步发酵的工艺特点，在发酵过程中任何时间葡萄糖的生成速度与消耗速度不匹配均会降低发酵效率。葡萄糖的消耗速度可通过控制溶氧和发酵温度等参数精确调控；而葡萄糖的生成速度则以液化效果为主因，常常成为发酵产酸的瓶颈所在。以上都体现出液化糖化阶段对整个柠檬酸发酵过程的重要性。由于黑曲霉自身液化型淀粉酶系作用效率有限，降解淀粉的速率无法满足柠檬酸合成过程中的代谢需求，因此，淀粉质原料在发酵前需经α-淀粉酶水解液化，将大分子切割成短链，形成糊精和少量低聚糖，降低淀粉黏度，为糖化酶的作用创造条件。同时，黑曲霉自身分泌的糖化酶是一种外切型淀粉酶，它针对不同结构的底物作用效率不同，黑曲霉糖化酶作用于长链的活性更大；Hiromi研究发现，黑曲霉糖化酶对低聚糖（DP≤7）的K_m随着聚合度的增加而降低，对麦芽糖K_m为0.18~1.4mmol/L，而对麦芽低聚糖的K_m为0.02~0.14mmol/L[43]；Douglas研究发现，不同聚合度的底物与黑曲霉糖化酶活性中心竞争性结合能力不同[44]；Meagher也发现黑曲霉糖化酶对不同底物的水解速率和亲和力不同[45]。传统淀粉质粗料发酵模式的液化工艺缺乏精细化调控，液化组分中的多糖分子质量分布不均，导致后期发酵过程不稳定，是长期制约柠檬酸发酵行业提升的关键技术难题。因此，精细化调控淀粉液化过程，改善液化组分中多糖分子质量分布规律，有利于提高黑曲霉糖化速率，进而改善发酵效率。江南大学基于色谱技术深入分析了液化过程中糊精组分的动态变化、糊精相对分子质量及分布，揭示了糖化酶与不同结构糊精亲和力的变化规律，建立了黑曲霉糖化酶与底物糊精的构效关系模型，发现液化组分重均分子质量集中在1.4~1.9ku范围内糖化效率最高。以糊精结构作为液化控制指标，系统优化了淀粉质原料液化工艺，应用于规模化生产，发酵残总糖由23g/L下降到18g/L（降低21.7%），柠檬酸平均发酵强度由2.85g/(L·h)提升至3.05g/(L·h)，平均糖酸转化率由 97% 提高至 102%[46]。

（三）连续化的发酵方式

柠檬酸发酵方式包括浅盘发酵法（surface fermentation）、固态发酵法（solid fermentation）、液态深层发酵法（submerged fermentation）三种形式。浅盘发酵又称表面发酵，是最传统的柠檬酸发酵形式；固态发酵方式能够利用工农业加工废料，降低生产成本，同时减少环境污染，是一种非常具有潜力的发酵模式，但因废料成分复杂，对发酵后期产物提取影响较大，有待于进一步研究；液态深层发酵方式具有产率高、自动化程度高、不易污染、发酵周期短等优势，是柠檬酸工业化生产的主要方式，约有 80% 的柠檬酸产量是通过液态深层分批发酵方式得到的。

传统分批发酵模式严重制约了柠檬酸的快速增长，对于工业化生产，连续发酵方式更具有优势，因其具有消耗较少的劳动力就能获得较高的发酵效率的特点，学者始终未停止对柠檬酸连续发酵工艺的探索。然而柠檬酸合成是部分生长偶联型，且黑曲霉菌丝体结构复杂，这使得实现黑曲霉连续发酵生产柠檬酸比较困难。

酵母菌作为单细胞生物，操作简便，易于实现连续发酵，解脂假丝酵母菌连续发酵生产柠檬酸已经取得一定进展。Moeller 等使用解脂假丝酵母菌反复分批发酵，连续发酵 3d，柠檬酸产量为 100g/L，柠檬酸产量提高了 32%[47]；随后 Moeller 等采用解脂假丝酵母菌 H222 重复补料发酵 10 批次，发酵时间 553h，产率由 1.4g/（L·h）降至 1.1g/（L·h）[48]。Rywiska 等采用解脂假丝酵母菌反复分批发酵甘油 16 批次，仍保持较高活性，柠檬酸产量为 0.78g/g，产率 1.05g/（L·h）[49]。Arzumanov 等采用解脂假丝酵母菌反复分批发酵乙醇生产柠檬酸，发酵 700h，柠檬酸产量为 105g/L[50]。解脂假丝酵母菌虽然在连续生产柠檬酸方面取得一定进展，但酵母类发酵方式存在的缺陷使其工业化生产受阻。其最大的缺点是副产物异柠檬酸产量较高（5%~10%），提取过程困难；酶系单一，原料转化率低；同时解脂假丝酵母菌作为产油脂酵母菌的菌种来源，细胞中还易累积较多油脂，这些副产物的产生降低了柠檬酸产量。

黑曲霉由于酶系丰富、发酵效率高、副产物少等优势，仍然是实现柠檬酸连续发酵的主要选择。通过引入菌丝球分割技术，组合发酵过程控制策略改善黑曲霉菌丝体形态，可以实现黑曲霉的连续培养，进而提高柠檬酸的生产效率。在这一方面，江南大学在深入阐明柠檬酸发酵动力学机制的基础上，将发酵过程中部分处于对数中后期的高活力细胞转移至装有新鲜培养基的发酵罐，以 10 罐为一组进行循环，建立了分割循环发酵工艺，实现了生产过程的连续化，并将其应用于规模化生产，过程稳定且末批次柠檬酸产量高于首批次，年单罐发酵批次由 100 次提升至 128 次，生产设备利用效率显著提高。

（四）环境友好的废水处理工艺

柠檬酸生产主要采用液体深层发酵，发酵液经固液分离钙盐法或色谱提取、蒸发、结晶等工艺获得柠檬酸成品。提取过程中会产生大量废水，其中含有有机酸、糖、蛋白质胶体、矿物质等物质，化学需氧量（chemical oxygen demand，COD）高达350kg/t柠檬酸，浓度高达10000~15000mg/L。柠檬酸废水处理主要采用生物处理法、Fenton试剂法、光合细菌法、乳化液膜法等，其中生物处理法的应用最为广泛，单独采用厌氧生物法或者好氧生物法处理高浓度柠檬酸废水往往不能达到国家排放标准，需结合其他处理技术进行深度处理。

国内外学者对柠檬酸废水进行深度处理进而资源化利用，取得了较好的效果。Wieczorek等将发酵液经过液液萃取系统，连续运行55天，发酵结果正常，但部分萃取剂会溶解到水相中，需要活性炭进一步吸附处理[51]。Huseyin利用Fenton氧化法处理废水，作为序批式反应器（sequencing batch reactor，SBR）生物处理的预处理，组合工艺的COD去除率达98%[52]。此处理方法过程比较复杂，成本高，单一处理方法不能达到污水排放标准，不符合资源化利用技术的要求。Xu构建了柠檬酸-沼气双发酵耦联生态体系，产生的柠檬酸废水经厌氧发酵产生沼气，厌氧出水经过进一步预处理用于柠檬酸发酵体系，柠檬酸废水循环利用10批次，柠檬酸发酵过程比较稳定[53]。

现有的柠檬酸废水回用方法一般需要前期预处理，流程较长，可操作性与稳定性较差，有些可能造成二次污染。基于菌种适应性进化技术，提高菌种废水耐受性，减少废水复杂前处理过程，降低生产成本，是实现柠檬酸废水资源化利用的重要手段。在这一研究领域，江南大学通过一系列技术创新，建立了发酵原料精细化处理、代谢机制解析与调控、系统发酵过程优化、变温连续色谱分离纯化和废物资源化利用等多项技术，研制出了低成本、高质量、低污染的柠檬酸发酵法生产技术，并在国内某大型柠檬酸生产企业年产20万t柠檬酸生产线进行了工业化应用，平均生产周期缩短至59h（行业平均水平65h），平均产酸水平提升至185g/L（行业平均水平165g/L），最高产酸水平达210g/L。相比传统工艺，吨产品粮耗减少8.5%，节电31.6%，节水50.7%，节约蒸汽56%，综合能耗降低30%，并率先实现了全部生产废水的资源化利用，整体技术水平达到国际领先，为中国由柠檬酸发酵大国转变为柠檬酸发酵强国做出了重要贡献。

参考文献

[1] 郭忠鹏. 代谢工程改善工业酒精酵母发酵性能[D]. 无锡：江南大学，

2011.

[2] 刘文静, 李兆丰, 顾正彪, 等. 微波预处理对玉米淀粉液化的影响[J]. 食品与发酵工业, 2013, 39(01): 21-25.

[3] 何向飞. 酒精发酵过程控制的研究[D]. 无锡: 江南大学, 2008.

[4] 石贵阳. 酒精工艺学[M]. 北京: 中国轻工业出版社, 2020.

[5] 段钢. 酶制剂发展应用及相关问题[J]. 生物产业技术, 2019, (03): 1.

[6] 彭丹丹, 顾正彪, 李兆丰, 等. 复合酶对高浓度淀粉乳液化的影响[J]. 食品与发酵工业, 2015, 41(01): 23-28.

[7] 张梁. 基质利用和酒精发酵性能改善的重组酿酒酵母[D]. 无锡: 江南大学, 2005.

[8] Kuyper M, Harhangi H R, Stave A K, et al. High-level functional expression of a fungal xylose isomerase: The key to efficient ethanolic fermentation of xylose by *Saccharomyces cerevisiae*?[J]. FEMS Yeast Research, 2003, 4(1): 69-78.

[9] Guo Z, Zhang L, Ding Z, et al. Minimization of glycerol synthesis in industrial ethanol yeast without influencing its fermentation performance[J]. Metabolic Engineering, 2011, 13(1): 49-59.

[10] Govender P, Domingo J L, Bester M C, et al. Controlled expression of the dominant flocculation genes *FLO1*, *FLO5*, and *FLO11* in *Saccharomyces cerevisiae*[J]. Applied and Environmental Microbiology, 2008, 74(19): 6041-6052.

[11] Bandara A, Fraser S, Chambers P J, et al. Trehalose promotes the survival of *Saccharomyces cerevisiae* during lethal ethanol stress, but does not influence growth under sublethal ethanol stress[J]. FEMS yeast research, 2009, 9(8): 1208-1216.

[12] 堵国成, 刘立明, 李寅, 等. 以高产量、高产率、高生产强度为目标的发酵过程优化技术[J]. 化工进展, 2006, (10): 1128-1133.

[13] 王宝石. 黑曲霉发酵生产柠檬酸的关键节点解析及对策[D]. 无锡: 江南大学, 2017.

[14] Yin X, Li J, Shin H, et al. Metabolic engineering in the biotechnological production of organic acids in the tricarboxylic acid cycle of microorganisms: advances and prospects[J]. Biotechnology Advances, 2015, 33(6): 830-841.

[15] 殷娴. 黑曲霉高产柠檬酸机制及代谢调控研究[D]. 无锡: 江南大学, 2017.

[16] 刘龙, 陈坚, 石贵阳, 等. 新一代柠檬酸发酵技术[M]. 北京: 化学工业

出版社，2020.

[17] Soccol C R, Vandenberghe L P S, Rodrigues C, et al. New perspectives for citric acid production and application[J]. Food Technology and Biotechnology, 2006, 44(2): 141-149.

[18] Rywińska A, Rymowicz W. High-yield production of citric acid by *Yarrowia lipolytica* on glycerol in repeated-batch bioreactors[J]. Journal of Industrial Microbiology and Biotechnology, 2010, 37(5): 431-435.

[19] Currie J N. The citric acid fermentation of *Aspergillus niger*[J]. Journal of Biological Chemistry, 1917, 31(1): 15-37.

[20] Kutyła-Olesiuk A, Wawrzyniak U E, Ciosek P, et al. Electrochemical monitoring of citric acid production by *Aspergillus niger*[J]. Analytica Chimica Acta, 2014, 823: 25-31.

[21] 孟佼. 玉米秸秆原料的黑曲霉发酵生产柠檬酸[D]. 上海：华东理工大学，2014.

[22] Adeoye A O, Lateef A, Gueguim-Kana E B. Optimization of citric acid production using a mutant strain of *Aspergillus niger* on cassava peel substrate [J]. Biocatalysis and Agricultural Biotechnology, 2015, 4(4): 568-574.

[23] Hu W, Liu J, Chen J, et al. A mutation of *Aspergillus niger* for hyper-production of citric acid from corn meal hydrolysate in a bioreactor[J]. Journal of Zhejiang University Science B, 2014, 15(11): 1006-1010.

[24] 王德培，周婷，张灵燕，等. 氮离子注入和微波复合诱变选育高产柠檬酸的黑曲霉研究[J]. 中国酿造，2012，31(5): 123-127.

[25] De Jongh W A, Nielsen J. Enhanced citrate production through gene insertion in *Aspergillus niger*[J]. Metabolic Engineering, 2008, 10(2): 87-96.

[26] Pedersen H, Christensen B, Hjort C, et al. Construction and characterization of an oxalic acid nonproducing strain of *Aspergillus niger*[J]. Metabolic Engineering, 2000, 2(1): 34-41.

[27] Papagianni M, Mattey M. Morphological development of *Aspergillus niger* in submerged citric acid fermentation as a function of the spore inoculum level. Application of neural network and cluster analysis for characterization of mycelial morphology[J]. Microbial Cell Factories, 2006, 5(1): 1-12.

[28] Papagianni M, Mattey M, Kristiansen B. The influence of glucose concentration on citric acid production and morphology of *Aspergillus niger* in batch and culture[J]. Enzyme and Microbial Technology, 1999, 25(8-9): 710-717.

[29] Paul G C, Priede M A, Thomas C R. Relationship between morphology and

citric acid production in submerged *Aspergillus niger* fermentations [J]. Biochemical Engineering Journal, 1999, 3(2): 121-129.

[30] Ujcova E, Fencl Z, Musilkova M, et al. Dependence of release of nucleotides from fungi on fermentor turbine speed [J]. Biotechnology and Bioengineering, 1980, 22(1): 237-241.

[31] Seichert L, Ujcova E, Musilkova M, et al. Effect of aeration and agitation on the biosynthetic activity of diffusely growing *Aspergillus niger* [J]. Folia Microbiologica, 1982, 27(5): 333-334.

[32] Gómez R, Schnabel I, Garrido J. Pellet growth and citric acid yield of *Aspergillus niger* 110 [J]. Enzyme and microbial technology, 1988, 10(3): 188-191.

[33] Kisser M, Kubicek C P, Röhr M. Influence of manganese on morphology and cell wall composition of *Aspergillus niger* during citric acid fermentation [J]. Archives of Microbiology, 1980, 128(1): 26-33.

[34] Jin S, Sun F, Hu Z, et al. Improving *Aspergillus niger* seed preparation and citric acid production by morphology controlling-based semicontinuous cultivation [J]. Biochemical Engineering Journal, 2021, 174: 108102.

[35] Sigler K, Mikyška A, Kosař K, et al. Factors affecting the outcome of the acidification power test of yeast quality: Critical reappraisal [J]. Folia Microbiologica, 2006, 51(6): 525-534.

[36] Gabriel P, Dienstbier M, Sladký P, et al. A new method of optical detection of yeast acidification power [J]. Folia Microbiologica, 2008, 53(6): 527-533.

[37] Bapat P, Nandy S K, Wangikar P, et al. Quantification of metabolically active biomass using methylene blue dye reduction test (MBRT): Measurement of CFU in about 200 s [J]. Journal of Microbiological Methods, 2006, 65(1): 107-116.

[38] Mostafa Y S, Alamri S A. Optimization of date syrup for enhancement of the production of citric acid using immobilized cells of *Aspergillus niger* [J]. Saudi Journal of Biological Sciences, 2012, 19(2): 241-246.

[39] Dhillon G S, Brar S K, Verma M, et al. Apple pomace ultrafiltration sludge-A novel substrate for fungal bioproduction of citric acid: Optimisation studies [J]. Food Chemistry, 2011, 128(4): 864-871.

[40] Barrington S, Kim J W. Response surface optimization of medium components for citric acid production by *Aspergillus niger* NRRL 567 grown in peat moss [J]. Bioresource Technology, 2008, 99(2): 368-377.

[41] Khosravi-Darani K, Zoghi A. Comparison of pretreatment strategies of sugarcane baggase: Experimental design for citric acid production [J]. Bioresource Technology, 2008, 99 (15): 6986-6993.

[42] Hossain M, Brooks J D, Maddox I S. The effect of the sugar source on citric acid production by *Aspergillus niger* [J]. Applied microbiology and biotechnology, 1984, 19 (6): 393-397.

[43] Hiromi K, Ohnishi M, Tanaka A. Subsite structure and ligand binding mechanism of glucoamylase [J]. Molecular and Cellular Biochemistry, 1983, 51 (1): 79-95.

[44] Lee D D, Lee G K, Reilly P J, et al. Effect of pore diffusion limitation on dextrin hydrolysis by immobilized glucoamylase [J]. Biotechnology and Bioengineering, 1980, 22 (1): 1-17.

[45] Meagher M M, Nikolov Z L, Reilly P J. Subsite mapping of *Aspergillus niger* glucoamylases I and II with malto-and isomaltooligosaccharides [J]. Biotechnology and Bioengineering, 1989, 34 (5): 681-688.

[46] Wang B, Chen J, Li H, et al. Efficient production of citric acid in segmented fermentation using *Aspergillus niger* based on recycling of a pellet-dispersion strategy [J]. RSC advances, 2016, 6 (107): 105003-105009.

[47] Moeller L, Grünberg M, Zehnsdorf A, et al. Biosensor online control of citric acid production from glucose by *Yarrowia lipolytica* using semicontinuous fermentation [J]. Engineering in Life Sciences, 2010, 10 (4): 311-320.

[48] Moeller L, Grünberg M, Zehnsdorf A, et al. Repeated fed-batch fermentation using biosensor online control for citric acid production by *Yarrowia lipolytica* [J]. Journal of Biotechnology, 2011, 153 (34): 133-137.

[49] Rywińska A, Rymowicz W. High-yield production of citric acid by *Yarrowia lipolytica* on glycerol in repeated-batch bioreactors [J]. Journal of Industrial Microbiology and Biotechnology, 2010, 37 (5): 431-435.

[50] Arzumanov T E, Shishkanova N V, Finogenova T V. Biosynthesis of citric acid by *Yarrowia lipolytica* repeat-batch culture on ethanol [J]. Applied Microbiology and Biotechnology, 2000, 53 (5): 525-529.

[51] Wieczorek S, Brauer H. Continuous production of citric acid with recirculation of the fermentation broth after product recovery [J]. Bioprocess Engineering, 1997, 18 (1): 1-5.

[52] Huseyin T, Okan B, Selale S, et al. Use of Fenton oxidation to improve the biodegrability of a pharmaceutical wastewater [J]. Jounrnal of Hazardous Materials, 2006, 136 (2): 258-265.

[53] Xu J, Su X F, Bao J W, et al. Cleaner production of citric acid by recycling its extraction wastewater treated with anaerobic digestion and electrodialysis in an integrated citric acid-methane production process [J]. Bioresource Technology, 2015, 189: 186-194.

第五章

传统淀粉糖的酶法生产

淀粉糖是以淀粉或含淀粉的谷物、薯类等粮食为原料，经酸法、酶法或酸酶法制备的糖类制品。传统的淀粉糖主要包括麦芽糊精、麦芽糖浆、葡萄糖、果葡糖浆等。自 1960 年日本开始采用双酶法（即 α-淀粉酶和葡萄糖淀粉酶）生产结晶葡萄糖以来，酶法生产淀粉糖的技术迅速发展，并逐步代替酸法技术。与酸法、酸酶法相比，双酶法制备淀粉糖的得率高，甜味纯正，工艺简单，生产成本低。我国已成为全球淀粉糖市场中最大的供应商之一，多种大宗产品在全球居于领先地位，产品出口量逐年增长。

第一节 麦 芽 糊 精

麦芽糊精是以淀粉或淀粉质为原料，经酶法低度水解、精制、喷雾干燥制成的不含游离淀粉的淀粉衍生物。它是国内近年来市场前景较好、具有广泛用途且生产规模发展较快的淀粉深加工产品。由于麦芽糊精是淀粉的水解产物，其水解程度一般用葡萄糖当量（dextrose equivalent，DE）值表示。DE 值是淀粉水解产物中还原糖（以葡萄糖计）占总固形物的百分比，天然淀粉的 DE 接近 0，而完全水解成葡萄糖时 DE 值接近 100。根据 DE 的大小，一般将麦芽糊精分为 3 类：MD10、MD15 和 MD20[1]。

一、生产原理

目前麦芽糊精的工业化生产主要是以玉米淀粉为原料，经酶法工艺控制水解程度转化而成。α-淀粉酶是麦芽糊精生产中最为常用的一种酶，它能随机切断淀粉中的 α-1，4 糖苷键，同时能够跨过分支点切断淀粉分子内部的 α-1，4 糖苷键。但由于 α-1，6 糖苷键的存在增加了空间位阻，会降低 α-淀粉酶的催化速率。因此 α-淀粉酶在水解支链淀粉时，最初阶段速度很快，随着水解程度增加，麦芽糊精的分子质量越来越小，水解速度逐渐降低。

二、生产用酶

α-淀粉酶（α-amylase，EC 3.2.1.1）属于 GH13 家族，能够随机水解淀粉及其衍生物，生成低聚糖、糊精和少量葡萄糖。α-淀粉酶在自然界中分布广泛，存在于植物、动物以及微生物中，目前用于工业生产的 α-淀粉酶多来源于微生物[2]。淀粉经 α-淀粉酶酶解后黏度快速降低，液化为流动性强的流体。α-淀粉酶的液化作用能有效提升淀粉糖的生产效率，因而被广泛应用于制糖、酿造、发酵等行业[3]。根据热稳定性的不同，α-淀粉酶可分为低温、中温和高温三类。其中，中温和高温α-淀粉酶因其稳定性高、易于构建表达的特点而被广泛应用[4]。

（一）催化机制

α-淀粉酶是典型的糖苷水解型淀粉酶，催化机制为保留型机制。具体来说，保留型催化机制是指在催化过程中保留底物的异头碳结构（α-构象）不变，使位于活性中心的亲核试剂参与反应。在α-淀粉酶与底物结合的过程中，糖残基首先与该酶的活性中心-1亚位点结合，其氧原子会被其上的酸性氨基酸（Glu230）质子化。进而糖残基的异头碳C1受到-1亚位点上亲核氨基酸的攻击，导致C1—OR键被切断，形成一种鎓盐转换状态。紧接着在第二个替换过程中，由蛋白质的亲质子酸性基团对糖的异头物（anomers）中心进行攻击，形成β-糖基和酶复合的一种临时状态。最终底物的糖基配基离开活性位点，水解完成后酶活性中心结构恢复原状。

α-淀粉酶能够随机水解包含三个及以上α-D-葡萄糖单元的葡聚糖中的α-1,4糖苷键[5]，同时保留小分子糖的α-异头构型，得到小分子糖类和极限糊精。α-淀粉酶能够越过α-1,6糖苷键水解淀粉内部的α-1,4糖苷键，但不能作用于α-1,6糖苷键和位于分子末端的α-1,4糖苷键[7]。α-淀粉酶水解淀粉的反应可分为两个阶段：第一个阶段是将淀粉快速降解，生成小分子链段，使底物黏度迅速降低，此时产物与碘的呈色反应显著降低；第二阶段，α-淀粉酶将第一阶段生成的小分子链段继续缓慢地水解，得到低聚糖和无法继续被水解的α-极限糊精。

（二）结构特征

α-淀粉酶包含A、B、C三个结构域并存在Ca^{2+}依赖性[6]，符合GH13家族的结构特征，其三维结构如图5-1所示。A结构域是α-淀粉酶的催化结构域，存在于所有α-淀粉酶家族的酶中[7]，包含8个α-螺旋和8条平行的β-折叠，呈典型的$(\beta/\alpha)_8$桶状催化域。α-淀粉酶共有四个保守结构，均存在于该催化域中，其中三个分别位于$(\beta/\alpha)_8$桶状结构的第3、4和5个β-折叠处，另一个位于第7个β-折叠和α-螺旋的连接处。B结构域负责α-淀粉酶的底物特异性和稳定性，位于A域第3个α-螺旋和β-折叠之间的延伸区域，并通过二硫键与A域相连，多呈β-片状构型。该区域的部分氨基酸显著影响酶的pH稳定性和热稳定性[9]。大多数情况下，Ca^{2+}结合位点在A结构域和B结构域之间的表面区域，能够维持α-淀粉酶的构象保持不变。虽然不参与酶和底物的结合过程，但Ca^{2+}是保持α-淀粉酶活力的必要组成部分。C结构域位于酶的C末端部分，离α-淀粉酶的活性中心较远，与B结构域相对称，包含被称为"希腊钥匙"的基序。

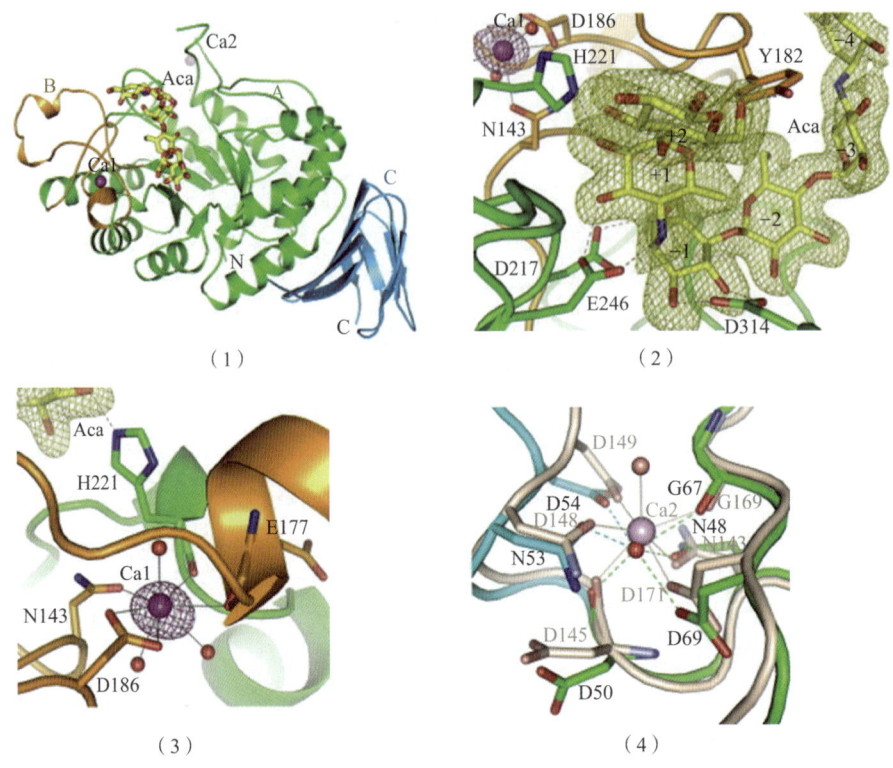

图 5-1 来源于嗜热地杆菌（*Geobacillus thermoleovorans*）的 α-淀粉酶结构示意图[6]

（1）催化结构域，该结构结合了阿卡波糖衍生的假六糖（Aca）和两个 Ca^{2+} 离子（Ca1 和 Ca2）

（2）Aca 和 Ca1 与结构域 A 和 B 中 -4 到 +2 亚位点结合示意图

（3）Ca1 与结构域 A、结构域 B 和三个水分子配位示意图

（4）基于 TVA Ⅱ 结构预测的 Ca2 结合位点模型

（三）酶学性质

α-淀粉酶是一种单体多域蛋白质，分子质量通常在 50~70ku。热稳定性是淀粉酶酶学特性的一个重要指标，决定了 α-淀粉酶的应用领域[4,8]。α-淀粉酶一般具有较高的热稳定性，且绝大部分都具有 Ca^{2+} 依赖性[12]。根据热稳定性不同，可将 α-淀粉酶分为低温、中温和耐高温三类。其中，低温 α-淀粉酶在室温条件下就能发挥催化作用，最适反应温度一般比中温 α-淀粉酶低 20~30℃，但由于稳定性和表达水平的影响，该酶的应用受到局限[8]。中温 α-淀粉酶的最适作用温度在 50~70℃，且在较高温度下仍保留一定的活性，相较于低温淀粉酶应用更多[9]。由于淀粉液化工艺是在高温下进行的，需要 α-淀粉酶具有良好的热稳定性，因此耐高温 α-淀粉酶在淀粉液化工艺中起着重要的作用。它能够快速液化淀粉，降低淀粉由糊化引起的过高黏度，有利于进一步

的酶解糖化，极大程度地提高了生产效率[9]。例如，由芽孢杆菌和地衣芽孢杆菌生产的耐高温 α-淀粉酶制剂已广泛应用于食品加工。

三、生产工艺

本节以玉米淀粉作原料为例进行麦芽糊精生产工艺的说明。麦芽糊精系列产品的生产根据酶法工艺要求可分为：原料预处理、液化、过滤、脱色、浓缩、干燥和包装，其工艺流程如图 5-2 所示。

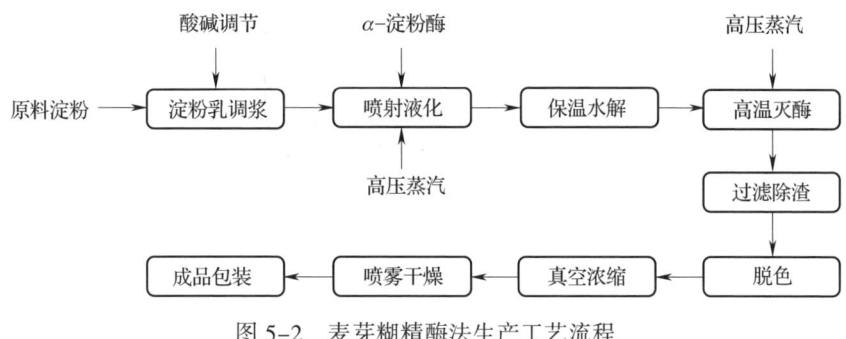

图 5-2 麦芽糊精酶法生产工艺流程

（一）原料预处理

预处理包括计量投料、热水调浆等。计量投料可提高投料比的准确性，保证酶解程度达到目标要求。热水调浆使水分充分渗透到内部组织，促使淀粉颗粒组织膨胀软化，提高粉浆的流动性能，使淀粉易于糊化，并为酶与淀粉颗粒的充分接触创造良好条件。在麦芽糊精的传统生产工艺中，淀粉乳的初始浓度一般为 30%~33%（质量分数），所得的产物浓度较低，后续需要蒸发浓缩处理，能耗较大。为了降低淀粉糖的生产成本，减少蒸发浓缩的能耗，实现降本增效，其中最有效的途径就是提高淀粉乳的初始浓度。然而随着浓度的提高，加热糊化后的淀粉乳黏度会大大增加，导致液化和糖化过程存在困难。为克服体系黏度过高的难题，国内科研单位与生产企业共同合作，对此展开了深入研究。目前，笔者所在的团队已突破高浓度淀粉酶解的技术瓶颈，可将淀粉糖生产的初始投料浓度提升至 45%（质量分数）以上（图 5-3），部分技术已经在产业化生产中被成功应用，显著降低了麦芽糊精及其他淀粉糖的生产成本。提高麦芽糊精生产初始浓度的策略主要包括：梯度升温、复合酶辅助与物理场预处理等技术。

1. 梯度升温策略

通过优化反应温度参数，包括初始调浆温度、升温速率与反应温度，可使糖化的初始浓度提升至 45%（质量分数）以上。初始调浆温度的适当增加，有利于减弱淀粉分子之间在水中的氢键作用力。有研究表明，在温度低于 60℃时，随着温度的升高，高浓度玉米淀粉乳的黏度逐渐下降[10]。另外，减小升温速率，可显著降低淀粉乳在液化过程中的峰值黏度。如升温速率由 6℃/min 降低到 1℃/min 时，玉米淀粉乳液化过程中的峰值黏度由 1830mPa·s 减小至 345mPa·s，降低程度为 81%[10]。通过温度控制，可经济高效地解决升温糊化及液化过程中淀粉乳黏度过高这一技术瓶颈。

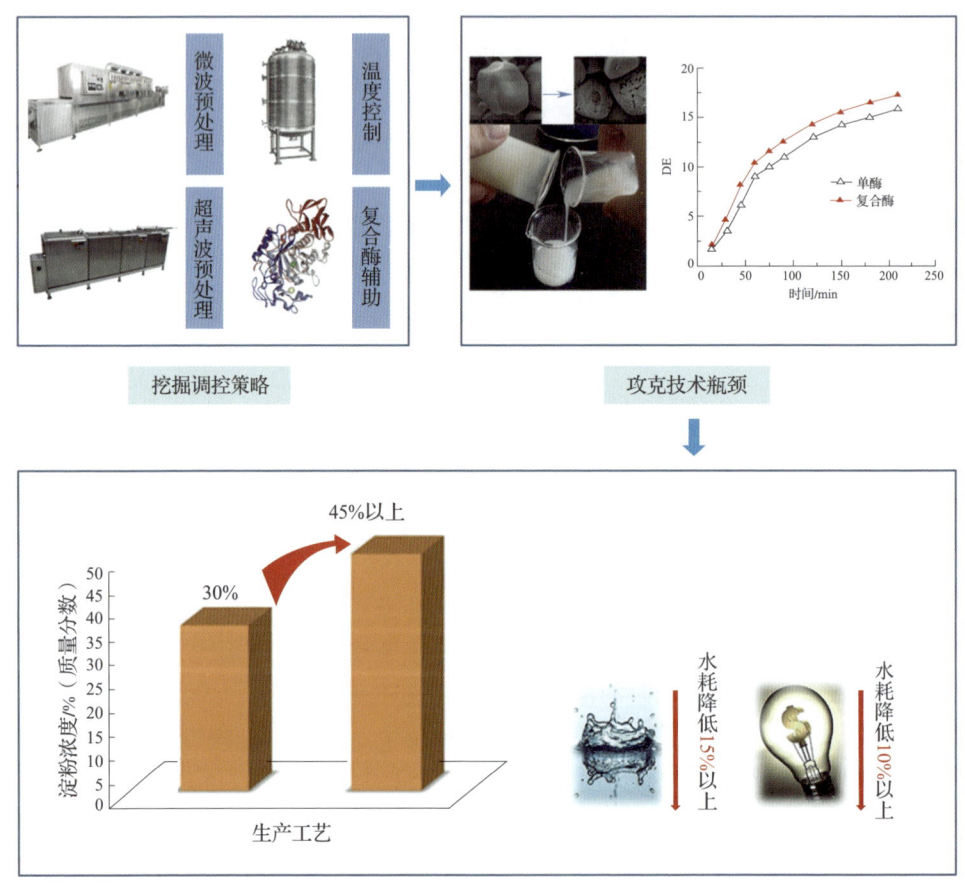

图 5-3　高浓度玉米淀粉生物酶法液化调控策略示意图

2. 复合酶辅助策略

通过复合酶预处理也能显著降低淀粉乳的黏度，进而提高生产麦芽糊精的淀粉乳的初始浓度。例如，将中温 α- 淀粉酶和耐高温 α- 淀粉酶复合提高麦芽糊精的生产效率已有较为广泛的报道。赵骏倢研究了中温-高温淀粉酶复合酶解玉米淀粉乳制备糊精，通过优化酶解工艺参数，可显著降低糊化、液化过程中高浓度玉米淀粉乳的黏度，提高淀粉糖浆中淀粉糖产量[11]。隋祎等利用中温 α- 淀粉酶和耐高温 α- 淀粉酶复合液化醪液，大大降低了液化过程黏度，取得了较好的实验结果[12]。但液化过程中中温 α-淀粉酶的添加量在 2U/g 以上，加酶量相对较大，增加了生产成本。彭丹丹在此基础上进一步对反应体系优化，优化后复合酶体系中中温 α-淀粉酶加入量只需 0.075U/g，且复合酶有效降低了 45% 淀粉乳的液化黏度，提高了其在液化过程中的还原糖含量，同时对液化产物的影响不大[13]。

3. 物理场预处理策略

高浓度玉米淀粉乳在升温糊化、液化过程中的黏度较高，不能满足加工的要求。为了降低液化过程中淀粉糊的黏度，近年来有越来越多的物理手段用于处理淀粉颗粒，改善原淀粉的反应活性，常用方法有机械活化、微波预处理、超声波预处理等。刘文静等的研究表明，经微波预处理后，高浓度玉米淀粉在糊化、液化过程中的黏度明显低于对照，而 DE 值明显高于对照，为高浓度玉米淀粉的液化创造了更好的条件[14]。微波预处理使玉米淀粉颗粒表面变得粗糙，增加了颗粒的比表面积，同时颗粒结构变得疏松，降低了天然淀粉颗粒对酶的抵抗力，导致在升温糊化、液化过程中酶对淀粉颗粒的降解作用更加明显。与微波预处理相似，经超声波预处理后，高浓度玉米淀粉在糊化、液化过程中的黏度同样低于对照，且 DE 值明显高于对照。如 Li 等的研究结果表明，经超声波预处理后，高浓度玉米淀粉在糊化、液化过程中的黏度明显低于对照，而 DE 值明显高于对照，有效提升了高浓度玉米淀粉的液化效率[15]。

（二）液化

液化主要是利用 α-淀粉酶的水解作用将淀粉分解为糊精，常见的液化方法包括升温液化法、间歇液化法、连续液化法和喷射液化法。其中升温液化法由于易使料液受热不均，容易形成不溶性的淀粉粒，并引起后续过滤困难，在工业化生产中使用已经较少。间歇液化法是指在液化罐中加一部分水，由底部喷入蒸汽加热到 90℃，再在搅拌下连续注入已添加 α-淀粉酶和 $CaCl_2$ 的粉浆。当粉浆注满后停止进料，保温至碘反应呈红色时，加热到 100℃终止反应。此法操作简便，是工厂应用较多的方法之一。而连续液化法开始时与间歇法相同，当粉浆注满液化桶后，90℃下保温 20min，再从底部喷蒸汽升温到 97℃以上。在持续搅拌和加热下，分别从顶部进料、底部出料，保持液面高度不变。在反应过程中液化罐内物料上部与下部的温度不同，上部 90~92℃，下部 98~100℃。采用此方法液化，粉浆在液化罐中滞留时间约 2min，可对料液进行充分的糊化和液化。

目前工业上最为常用的是喷射液化法，主要是利用喷射器进行粉浆的糊化与液化。喷射器的结构是利用文丘里管原理进行设计，当高压蒸汽（0.8~1MPa）通过喷嘴时，在喷射器内腔便形成真空，吸入已加有 α-淀粉酶的粉浆，内腔蒸汽同粉浆瞬间混合，温度骤升至 100~120℃，迅速完成糊化与液化过程。料液喷出后落入层流罐中，90℃保持 1h，使液化完全，蛋白质易于凝聚，方便过滤。采用喷射液化法，已切断的淀粉链不易重新聚合，设备的体积小，操作可以连续化，故在淀粉糖行业中已普遍采用。在喷射液化法中最适合使用耐高温 α-淀粉酶。

（三）过滤

经过淀粉酶作用完成液化操作后，淀粉水解成可溶性糊精，其他杂质成分如蛋白质、脂肪、灰分等未被分解，成为不溶性物质，必须过滤除去。常用的过滤设备有板框式压滤机和真空转鼓过滤机，目前我国多采用板框式压滤机，采用硅藻土作为助滤剂。

（四）脱色

液化过程中由于加热发生美拉德反应，使糖液色泽变深，呈黄色或深红色，不利于将麦芽糊精加工成浅色产品，通常采用活性炭对滤液进行脱色。活性炭是一种高效吸附脱色剂，安全无毒、可回收利用，可用于吸附不良气味及制品脱色提纯[20]。活性炭除吸附有色物质外，还能吸附若干无机盐，降低糊精的灰分含量。脱色阶段通常采用的 pH 为 4.5~5.0，温度保持在 75~80℃，在此条件下糊精的黏度较低，易于渗入炭的多孔组织内部，能较快达到吸附平衡状态。脱色后的料液再次用板框压滤机过滤去除活性炭，可得到无色的麦芽糊精料液。

（五）真空浓缩

高浓度的麦芽糊精浆能够抑制微生物生长，可放置较长时间不变质，但脱色过滤得到的料液中固形物浓度只有30%（质量分数）左右，因此需经加热蒸发，除去多余水分，提高浓度，以便于保存、运输以及后续的干燥工艺。商品化液态的麦芽糊精固形物浓度约为75%（质量分数）。浓缩通常在减压条件下进行，减压浓缩的沸点温度随真空度上升而降低，因而可以在较低的温度下进行蒸发，避免糊精焦化，有利于糊精维持良好的色泽。同时，减压浓缩蒸发具有生产速度快的优势，由于抽真空可以降低料液的沸点温度，从而加大了热蒸汽和糊精料液之间的温度差。根据传热原理，热量始终是从高温度物体传递给低温度物体的，两者之间温差越大，传热速度越快，故可加速水分蒸发，提高生产效率。

（六）喷雾干燥

喷雾干燥的原理是向干燥塔内引入温度较高而相对湿度很低的干空气，物料经高压泵或高速离心机分散成雾滴，与热风相接触而产生热交换。由于雾滴形成无数的雾状粒子，从而大大增加了水分蒸发的表面积，能够在几秒钟或几十秒钟内将物料中的水分迅速蒸发。被蒸发的废气由排风机送入大气中,废气中所带的微粉经布袋过滤室回收,沉降于塔体的锥部,与塔内颗粒粉体进行混合,由锥体下端出料口的旋转出料阀自动泄出塔外,送入振动电筛进行筛选后计量包装。

(七)包装

将已喷雾干燥并静置至室温的麦芽糊精产品按照标准检验合格后,根据质量要求,装袋称重,放入检验合格证后,封口入库。

四、理化性质

(一)一般性状

麦芽糊精一般为白色粉末,随转化程度的不同有时稍带黄色,不甜或微甜,无异味,不易发酵,高温不易分解。易溶于水,在一定条件下可以和水形成凝胶,类似脂肪,也能与油混溶,得乳白色分散体系。由于麦芽糊精是由淀粉的不完全水解产物组成,其功能性质(如甜度、黏性、吸湿性及着色性等)与水解产物的分子质量分布、平均链长、分支度等结构密切相关。例如 DE 值 4~6 时,水解产物全部是四糖以上的较大分子;DE 值 9~12 时,水解产物中高分子糖类含量较多,低分子糖类含量较少,此时麦芽糊精无甜味,不易褐变和吸潮;DE 值 13~17 时,还原糖比例相对较低,溶解性较好,能产生适宜的黏度,且甜度较低;DE 值 18~20 时,吸潮性增加,部分还原糖会发生褐变反应,有稍许甜味。总的来说,麦芽糊精 DE 值越高,水解产物分子结构越简单,相对分子质量越低。此时产品的溶解性、吸湿性、渗透性、甜度和发酵性高,不易老化,但褐变反应程度大,黏度、稳定性与抗结晶能力较差[1]。

(二)稳定性

麦芽糊精一般通过喷雾干燥使其成为粉末,从而有利于保藏,提高货架期。在一些应用中,溶解的麦芽糊精要求能够长期稳定而不出现任何沉淀。有研究者探究了 DP 值与溶液中麦芽糊精稳定性的关系,发现包含较多 DP>11 低聚糖的麦芽糊精溶液容易产生沉淀[16]。

(三)浑浊度

淀粉中直链淀粉的含量和淀粉的液化方式都会影响麦芽糊精溶液的浑浊度。直链淀粉含量越高,越容易表现出老化的趋势,从而促使溶液变得浑浊。此外,通常酸法制备的麦芽糊精比酶法制备的更浑浊。

(四)凝胶特性

麦芽糊精中有一大部分平均长度足够长的聚合物,可构成热不可逆凝胶。而低 DE 值(DE<5)的麦芽糊精能形成柔软的、可伸展的、热可逆的凝胶,并且入口即溶,使产品具有类似脂肪的口感,这是麦芽糊精适合作为脂肪替代品的关键物理特性。

五、工业应用

(一)在糖果中的应用

麦芽糊精可通过其较低的吸湿性防止硬糖"发烊"并抑制"返砂",从而大大延长糖果的货架期;通过降低熬煮过程中美拉德反应和焦糖化反应发生的程度,改善组织结构,增加糖果组织的细腻度和咀嚼性。此外,由于麦芽糊精甜度低,用麦芽糊精代替糖果中的部分蔗糖,还能有效降低糖果的甜度,改善口感,并有效减少龋齿的发生。

(二)在冷冻食品中的应用

麦芽糊精具有溶解性佳、流动性好、无异味、耐热性强等特点,应用于冷冻食品中可以提高产品稠度、降低甜度、突出天然风味、改善口感并降低生产成本等。例如,传统的冰淇淋粉是以牛奶、鸡蛋、淀粉等原料制成,成本高且蛋腥味和淀粉味明显,而以麦芽糊精为辅料制得的冰淇淋具有风味纯正、口感细腻、爽净等特点。

(三)在固体饮料中的应用

果汁粉和乳粉等产品含有大量的小分子糖,在干燥过程中容易出现干燥效率降低、产品吸湿性强、流动性差等问题,而麦芽糊精由于其较高的分子质量和玻璃转化温度以及较低的黏度,能够降低体系结块黏结等现象。使用麦芽糊精为载体制取固体酒、速溶茶和速溶咖啡,不仅可以保持制品的口感、改善风味,还能提高溶解速度和稠度。

(四)在食品功能因子稳态化方面的应用

麦芽糊精是食品微胶囊化的良好壁材,目前已有关于采用麦芽糊精作为壁材包埋植物活性提取物、油脂、香精香料和益生菌等物质的报道,其包埋效果受 DE 值和分子质量的影响[17]。但由于麦芽糊精的乳化能力较弱,作为壁材使用时常与其他乳化能力较好的壁材复配使用,如乳蛋白、变性淀粉、阿拉伯胶等[18]。

(五）在提升蛋白质功能特性方面的应用

将含有多羟基的麦芽糊精与蛋白质进行接枝共聚反应，可提高蛋白质的溶解性和乳化性。麦芽糊精与蛋白质的接枝共聚主要通过美拉德反应进行，反应产物的稳定性与乳化能力受麦芽糊精 DE 值、反应温度和 pH 影响[19]。

第二节 麦芽糖浆

麦芽糖浆是以淀粉为原料，经酶法或酸酶结合法水解制成的淀粉糖浆。麦芽糖浆中葡萄糖含量较低（一般在 10% 以下）而麦芽糖含量较高（一般在 40%~90%），按制法和麦芽糖含量不同可分别称为饴糖、高麦芽糖浆、超高麦芽糖浆等。根据 GB/T 20883—2017《麦芽糖》的规定，麦芽糖产品按制法和麦芽糖含量不同可分为麦芽糖浆、麦芽糖粉和结晶麦芽糖。几种麦芽糖浆产品的生产原理相同，但工艺有所不同。

一、生产原理

麦芽糖浆的生产原理主要是利用中温或高温 α- 淀粉酶液化，再经糖化酶糖化，使淀粉充分转化成麦芽糖及其他小分子糖，最终得到麦芽糖浆制品。制备麦芽糖浆常采用的糖化酶有 β- 淀粉酶、麦芽糖酶、普鲁兰酶、异淀粉酶和麦芽三糖酶等，其中最为常用的为 β- 淀粉酶和普鲁兰酶。

二、生产用酶

β- 淀粉酶（β-amylase，EC 3.2.1.2）又称淀粉 β-1,4 麦芽糖苷酶，其系统名为 α-1,4- 葡聚糖 -4- 麦芽糖水解酶，来自 GH13 家族。β- 淀粉酶是一种外切型淀粉酶，可以从糖原或淀粉的非还原性末端依次切割 α-1,4 糖苷键。由于 β- 淀粉酶无法水解淀粉分子的 α-1,6 糖苷键，也不能跨过分支点，因此完全水解淀粉后生成麦芽糖和 β- 极限糊精。

自然界中，植物是 β- 淀粉酶的最主要来源，β- 淀粉酶广泛存在于谷物、豆类种子及番薯块根中，在禾谷类作物生长发育过程中起着重要作用[20]。迄今为止，来自大豆、大麦和小麦的 β- 淀粉酶已广泛应用于工业中[21]。然而，植物提取的 β- 淀粉酶存在需要消耗大量粮食、批次稳定性差、储存期间不稳定、产品中容易混杂其他淀粉酶等缺点，使其应用范围受到严重限制[22]。微生物是 β- 淀粉酶的另一个重要来源，国内外科技工作者一直致力于筛选生产 β- 淀粉酶的微生物，筛选到的菌种主要包括嗜盐芽孢杆菌（*Halobacillus* sp.）LY9、嗜盐盐渍微菌（*Salimicrobium halophilum*）、蜡样芽孢杆菌（*Bacillus cereus*）等，这些新菌种的筛选为新型β-淀粉酶的开发提供了更加丰富的微生物资源[23]。目前，虽然商品化β-淀粉酶仍主要是植物来源酶，但微生物产β-淀粉酶已成为未来发展的趋势[24]。

（一）催化机制

β-淀粉酶属于"外切"型淀粉酶，在催化淀粉水解过程中发生瓦尔登转化（分子在手性中心发生构型转换），产物由α型麦芽糖变为β型麦芽糖，因此被命名为β-淀粉酶[35]。β-淀粉酶只能从糖原或淀粉的非还原性末端依次切割α-1,4糖苷键，无法水解淀粉分子的α-1,6糖苷键，也不能跨过分支点，因此不能在淀粉分子内链发挥作用。在水解直链淀粉时，β-淀粉酶会使直链淀粉分子逐渐缩短，麦芽糖的生成速度较慢；而当β-淀粉酶水解支链淀粉时，由于支链淀粉的分支比较多，即非还原性末端较多，麦芽糖的生成速度要比水解直链淀粉时快得多。但β-淀粉酶不能水解淀粉分支处的α-1,6糖苷键，淀粉的分解会在1,6键前的2~3个葡萄糖残基处停止。所以理论上，β-淀粉酶水解直链淀粉的产物主要是麦芽糖，分解支链淀粉的产物主要是麦芽糖及大分子的β-极限糊精。β-淀粉酶水解直链淀粉产生的麦芽糖相当于水解支链淀粉产生麦芽糖总量的50%~60%；而当β-淀粉酶对高度分支的糖原作用时，只有40%~50%的糖原能转变为麦芽糖。

（二）结构特征

随着研究的不断深入和X-衍射技术的应用，越来越多的β-淀粉酶一级结构和三维构象为人们所了解。一级结构分析表明，高等植物来源β-淀粉酶的氨基酸序列有超过60%的序列相似性，但植物和微生物来源的β-淀粉酶之间相似性仅有约30%。大豆β-淀粉酶［蛋白质结构数据库标识号（PDB ID）：1BTC，图5-4（1）］的X射线晶体学研究揭示，该酶由一个核心（β/α）$_8$桶状结构域组成，包含一个由三个长环（L3、L4和L5）形成的活性裂缝，以及一个在螺旋外的C末端柔性环[25]。大麦β-淀粉酶分子质量为60ku，由535个氨基酸组成，C末端具有富含甘氨酸的重复序列。为提高大麦β-淀粉酶的热稳定性，Bunzo等开发了大麦β-淀粉酶的7倍突变体，并报道了其晶体结构［PDB ID：1B1Y，图5-4（2）][26]。甘薯β-淀粉酶［PDB ID：1FA2，图5-4（3）］是由分子质量为50ku的亚基组成的同型四聚体，全酶分子质量为198ku，其中每个亚基的cDNA所编码的蛋白质一级结构与大麦中的β-淀粉酶没有显著差别。甘薯β-淀粉酶基因的表达受块根组织中碳水化合物含量水平的调节，其活性受金属铁抑制，氧化作用也可使其失活[27]。

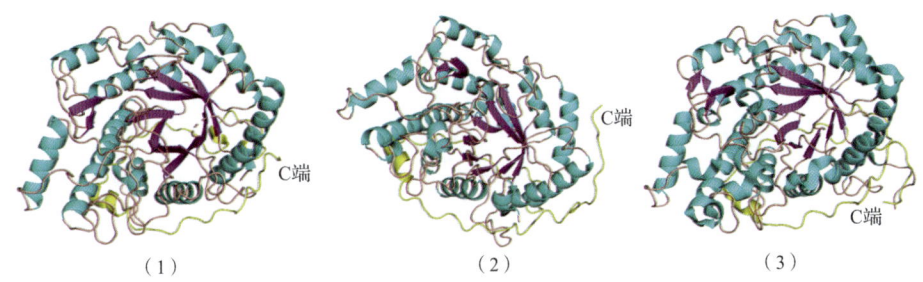

图 5-4 不同来源的 β- 淀粉酶的晶体结构[25-27]
(1) 大豆 β- 淀粉酶（PDB ID：1BTC）(2) 大麦 β- 淀粉酶的 7 倍突变体（PDB ID：1B1Y）
(3) 甘薯 β- 淀粉酶（PDB ID：1FA2）

（三）酶学性质

影响 β- 淀粉酶活性的因素很多，如无机盐、表面活性剂、有机试剂、酸度、温度以及底物浓度等。张剑等系统地考察了无机离子对 β- 淀粉酶活性的影响，发现 SO_4^{2-}、$S_2O_3^{2-}$、F^-、Br^-、I^-、K^+、Na^+、NH_4^+ 等对 β- 淀粉酶活性影响较小，Ca^{2+}、Ba^{2+}、Co^{2+}、Cr^{3+}、Zn^{2+} 在一定浓度范围内对 β- 淀粉酶有激活作用，而 Cu^{2+}、Fe^{3+}、Al^{3+}、Mn^{2+}、SO_3^{2-} 等离子对 β- 淀粉酶的活性有较强的抑制作用[28-29]。段绪果等也同样得到了 Ca^{2+} 能提高 β- 淀粉酶活性的结论，同时证明了 Mg^{2+} 是对来源于阿氏芽孢杆菌（*Bacillus aryabhattai*）CCTCC M2017320 的 β- 淀粉酶酶活最有利的金属离子[30]。张剑等还发现海藻酸钠和明胶能有效保护 β- 淀粉酶的活性，而阴离子表面活性剂（如十二烷基硫酸钠、脱氧胆酸钠、牛磺胆酸钠）则明显抑制 β- 淀粉酶的活性，这可能与阴离子破坏酶蛋白的氢键和疏水键有关[31]。此外，不同来源的 β- 淀粉酶性质差异很大（表 5-1）。一般来讲，植物来源 β- 淀粉酶的最适温度为 40～60℃，最适酸度偏酸性；微生物来源的 β- 淀粉酶热稳定性大多较差，最适酸度一般为中性偏弱碱性[32]，但来源于发酵乳杆菌（*Lactobacillus fermentum*）的 β- 淀粉酶例外，其作用底物的最适温度高达 75℃，最适酸度为 pH 5.5[33]。

表 5-1　　　　　　　　不同来源 β- 淀粉酶的酶学性质[21]

来源	最适温度 /℃	最适 pH	等电点	分子质量 /ku
大麦	50	4.5～7.5	5.2～5.7	54～59.7
甘薯	50～60	4.8	偏酸性	152
大豆	40～50	5～6	5.2	53
诺卡氏菌属（*Nocardia* sp.）	60	7.0	—	53
蜡样芽孢杆菌	40	7.0	8.3	64
阿氏芽孢杆菌	50	7.0	—	—
发酵乳杆菌	75	5.5	6955	16.1

三、生产工艺

麦芽糖浆生产的主要步骤有：原料预处理、液化、糖化、过滤、浓缩、脱色和精制等。其中，最为重要的工艺为液化、糖化、过滤和浓缩，其工艺流程图如图 5-5 所示。

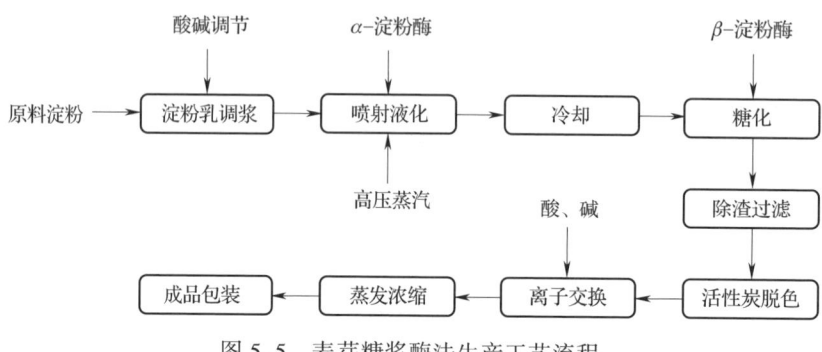

图 5-5 麦芽糖浆酶法生产工艺流程

（一）原料预处理

在麦芽糖浆传统制备工艺中，原料淀粉乳的浓度通常控制在 30%~33%。但原料淀粉乳浓度低导致原料调浆时需要大量的水，且糖化结束时，糖液中大部分水需要被蒸发，这不仅造成了蒸发浓缩过程中的能源浪费，也提高了生产成本[14]。为了降低蒸发浓缩成本，需要提高淀粉乳的初始浓度，从而降低蒸发浓缩过程中所需要的水量，也有利于提高反应体系中酶的稳定性。与麦芽糊精的原料预处理类似，采用调节温度、酶法及物理场调控策略均能有效提高淀粉乳的初始浓度，其中，目前研究比较成熟的工艺是酶法工艺，并以复合酶法的生产效率较高。例如，刘静雪等以玉米淀粉为主要原料，采用挤出酶解复合法进行液化，挤出物中可能有其他结晶物质产生，有利于在升温过程中酶将底物逐步降解[34]；杨倩雯采用复合酶（β-淀粉酶和普鲁兰酶）糖化生产麦芽糖浆，并采用两阶段温度控制，促进复合酶协同作用，提高麦芽糖得率[35]。相较于传统的生产工艺，两阶段温度控制与普鲁兰酶预处理能有效提高 β-淀粉酶酶解高浓度、低 DE 值麦芽糊精的效率，缩短糖化时间，降低能耗，为工业上高浓度底物生产麦芽糖浆提供参考依据。

（二）液化

淀粉颗粒的结晶结构使淀粉糖化酶无法直接作用，需经过加热破坏淀粉颗粒的结晶结构，但糊化后的淀粉乳黏度大、流动性差，难以获得较好的糖化效果。液化可降低糊化后的淀粉乳黏度，提高物料流动性，同时使淀粉暴露出更多可受糖化酶作用的非还原性末端，为下一步的糖化创造有利条件。麦芽糖浆的液化工艺与麦芽糊精的液化工艺相似，参见本章第一节。

（三）糖化

为提高麦芽糖产量，需要向液化后的糖浆添加糖化剂，利用其中的淀粉酶降低副产物含量，提高麦芽糖含量，因此称为糖化。目前常用的酶为 β-淀粉酶、真菌 α-淀粉酶、普鲁兰酶和麦芽糖生成酶。不同酶组合水解生成的糖浆，其组成成分有很大不同：单独用 β-淀粉酶水解时，产物中除麦芽糖、麦芽三糖外，还含有大量糊精及其他低聚糖；当 β-淀粉酶与支链淀粉酶并用时，产物中除含有大量麦芽糖、麦芽三糖外，还可以发现麦芽四糖、麦芽五糖等聚合物存在，但 DP 值 7~20 的高分子聚合物很少；当使用异淀粉酶和 β-淀粉酶糖化时，水解物中高分子成分很少，但可发现存在一系列低聚糖，这可能是不能被异淀粉酶所水解的短链分支低聚糖；在 β-淀粉酶和支链淀粉酶、异淀粉酶一起作用时，水解物中高分子成分与分支低聚糖一起消失；除 β-淀粉酶外，某公司开发的由枯草芽孢杆菌 DNA 重组菌株生产的麦芽糖生成酶也已用于糖化工艺，它的作用方式和 β-淀粉酶一样，但生成的麦芽糖是 β 型产物。由于此酶可水解麦芽三糖，因此其水解产物中麦芽三糖的含量较少。

（四）过滤与浓缩

糖化液在浓缩之前需用板框压滤机趁热过滤。滤清的糖液应立即浓缩，以防因微生物繁殖等引起酸败。滤渣中的残糖可用热水洗出经压滤而回收，其中固形物含量 5%~7%，可充当工艺用水，用于调浆或磨粉工序。糖液浓缩时，一般采用常压和真空蒸发相结合的方法。糖液先在敞口蒸发器中浓缩到一定程度，然后在压力不低于 80kPa 下蒸发浓缩到固形物含量 75%~80%，倘若浓度低于此，则不易保存。目前很多企业都使用三效或四效真空降膜蒸发器浓缩，其优点是浓缩温度低、产量大，产品质量较好。

四、理化性质

（一）甜度低

麦芽糖浆具有甜度低而温和、可口性强、口感好等优势，且在高温加热和酸性情况下通常比较稳定，不易发生分解或美拉德反应而引起食品甜味的变化。

（二）吸湿性低

保持了一分子结晶水的麦芽糖非常稳定，吸湿性低。例如，当麦芽糖吸收 6%~12% 的水分后，就不再吸水也不释放水分。其较低的吸湿性有助于抑制食品脱水并抑制含淀粉的食品老化，使之保持柔软从而延长商品的保质期。

（三）热稳定性好

麦芽糖对热和酸比较稳定，在 pH 3、温度 120℃的条件下加热 90min 几乎不分解，熬糖温度可达 160℃。故在常规加热温度下不会因麦芽糖分解而引起食品品质的变化。麦芽糖对碱和含氮化合物较葡萄糖稳定，加热时不易发生美拉德反应。

（四）单位能量高

麦芽糖的相对分子质量比葡萄糖大，在渗透压相同的条件下，麦芽糖溶液的质量浓度较高，提供的能量相对较高。

（五）渗透压高

麦芽糖浆的渗透压随浓度的提高而增大，可延长食品的货架期。

五、工业应用

（一）在糖果中的应用

相较于蔗糖等传统甜味剂，麦芽糖浆在糖果工业中的应用除了具有甜度低、适用于高温熬煮、口感优良等优点外，还具有产品韧性好、透明度高、不出现"返砂"现象等优势，并且可显著降低糖果黏度、提高产品的风味。例如，经精制的麦芽糖浆，可代替酸法液体葡萄糖，用于高级奶糖和硬糖果中。另外，由于麦芽糖浆渗透压较高，用于果脯、蜜饯、果酱、果汁罐头及奶油类食品中具有货架期长、产品口味不易改变等优点。

（二）在冷饮中的应用

由于麦芽糖浆具有抗结晶、冰点低等优点，用于冷饮生产中，既可改善产品口感，提高产品质量，又可降低生产成本，目前已在冷饮行业普遍作为增稠剂和增塑剂。

（三）在烘焙食品中的应用

麦芽糖浆可用于面包、蛋糕等烘焙食品的生产，可起到防止淀粉老化、增加保湿性、延长货架期等作用，因此在烘焙食品中广泛使用。

（四）在其他休闲食品中的应用

工业生产的结晶麦芽糖为麦芽糖的应用开辟了新的领域。其中，无水结晶 α-麦芽糖比含一分子结晶水的 β-结晶麦芽糖具有更优异的性能。α-麦芽糖具有高度可溶性，即便在少量水中也能迅速溶解，因此非常适合用于巧克力、蛋黄酱、奶油等含水量低的食品，且无须改变这些食品本身的操作工艺。此外，α-麦芽糖还有良好的乳化和持油能力，持油系数超过80，可以用于制备粉末油脂，也可作为方便调味料的原料。α-麦芽糖在40%的酒精溶液中也能快速溶解，故可以加入到配制酒中作为风味改良剂。

（五）在医疗行业中的应用

除应用于食品工业外，麦芽糖溶解后还能够作为非消化道吸收输液的能量来源应用于医疗行业。由麦芽糖制成的输液稳定性好，在贮存过程中不易发生结构变化，且渗透压只有葡萄糖的一半，因此在配制相同渗透压的输液时，麦芽糖所提供的能量是葡萄糖的两倍。此外，麦芽糖还可与蛋白质、氨基酸、油脂、无机盐、维生素等混合，用静脉注入或插管鼻喂的方法，给重危病人或身体极度虚弱者补充营养。

第三节　结晶葡萄糖

结晶葡萄糖是相对液体葡萄糖浆、固体全糖粉而言，是以结晶状态存在的葡萄糖的总称，产品种类较多。根据葡萄糖分子结构可分为一水 α-D-吡喃葡萄糖、无水 α-D-吡喃葡萄糖和无水 β-D-吡喃葡萄糖等。

一、生产原理

目前普遍采用双酶法制取结晶葡萄糖，即先采用 α-淀粉酶将淀粉液化，继而采用葡萄糖淀粉酶将液化产物糖化成单个分子的葡萄糖，再经浓缩、结晶、分离与包装等工艺制成结晶葡萄糖。葡萄糖结晶方式主要有冷却结晶、蒸发结晶和真空结晶等。酶解后溶液的结晶过程中，晶体产品的粒度分布与结晶成核速率、生长速率以及晶体在结晶器内的停留时间长短有直接关系，与结晶器的操作参数，包括结晶温度、溶液的过饱和度、悬浮液的循环速率、搅拌强度等有间接关系，影响因素相对较多。

二、生产用酶

葡萄糖的酶法生产主要涉及两种淀粉酶，除本章第一节提到的 α-淀粉酶外，还有葡萄糖淀粉酶（glucoamylose，EC 3.2.1.3）。葡萄糖淀粉酶学名为 α-1，4 葡萄糖水解酶，又称淀粉葡萄糖苷酶（amyloglucosidase）或 γ-淀粉酶（γ-amylase），简称糖化酶。葡萄糖淀粉酶属于外切糖苷水解酶类，可以连续从淀粉和低聚糖或多聚糖的非还原性末端裂解 α-1，4 糖苷键，同时可以缓慢水解 α-1，6 糖苷键。葡萄糖淀粉酶广泛地分布在动物、植物、微生物等多种生物中。真核宿主如丝状真菌和酵母菌在生产和分泌葡萄糖淀粉酶方面具有优势，成为微生物生产糖化酶的重要来源，如细菌类的黄杆菌（*Flavobacterium* sp.）、嗜热脂肪芽孢杆菌（*Bacillus stearothermophilus*）、嗜酸热浆菌（*Thermoplasma acidophilum*）等，酵母类的膜醭假丝酵母菌（*Hansenula fabianii*）、乳酸克鲁维酵母菌（*Kluyveromyces lactis*）、黑酵母菌（*Aureobasidium pullulans*）N13d 等[63-65]，真菌类的泡盛曲霉、霉白曲霉（*Asperillus niveus*）、米根霉（*Rhizopus oryzae*）、黑曲霉等。目前，工业上广泛使用黑曲霉、泡盛曲霉、米根霉和臭曲霉（*Aspergillus foetidus*）为生产菌株来提取葡萄糖淀粉酶[36]。葡萄糖淀粉酶作为淀粉糖化的关键用酶之一，广泛应用于食品、医药和发酵工业等行业，它是工业生产中重要的酶类，也是我国产量最大、应用范围最广的酶制剂[37]。

（一）催化机制

葡萄糖淀粉酶是由一条肽链构成的酸性糖蛋白酶，能够从淀粉链的非还原性末端切下葡萄糖分子，是一种典型的外切酶。它不仅能够水解 α-1，4 糖苷键，而且能水解 α-1，6 糖苷键和 α-1，3 糖苷键，但水解后两者的速度较前者慢得多。因此，葡萄糖淀粉酶作用于直链淀粉和支链淀粉时，能将它们全部水解为葡萄糖。葡萄糖淀粉酶的催化与 α-淀粉酶不同，后者酸碱催化的氨基酸残基分别是谷氨酸和天冬氨酸，而葡萄糖淀粉酶酸碱催化的氨基酸残基都是谷氨酸，Glu179 和 Glu400 分别是催化中心的质子供体和质子受体。Glu179 通过把质子传递给淀粉链上糖苷键的氧原子导致糖苷键的断裂和含氧碳正离子的形成，同时，Glu400 辅助水解，即通过水分子亲核攻击使糖苷键断裂，把水解产生的 α-D（+）-葡萄糖变成 β-D（+）构型[38]。

（二）结构特征

葡萄糖淀粉酶是糖苷水解酶的一种，由催化域、连接域和结合域组成。两个球状区域包括 N 末端 CD 区（即催化域，残基 1~470，55ku）、C 末端淀粉结合域（starch-binding domain，SBD；即底物结合域，残基 509~616，

12ku）和连接域（残基471~508，13ku）[76]。在葡萄糖淀粉酶中，仅催化域对淀粉等葡聚糖底物有水解能力，淀粉结合域则被认为在结合和消化生淀粉方面起到重要作用；此外，连接域对蛋白质的稳定性起重要作用。不同来源的葡萄糖淀粉酶其结构和功能有一定的差异，对生淀粉的水解作用活力也不同，如真菌产生的葡萄糖淀粉酶对生淀粉具有较好的分解作用[39]。

葡萄糖淀粉酶的催化域包含13个α-螺旋，其中12个螺旋参与折叠形成（α/α）$_6$桶状结构。桶的核心是一个口袋结构，6个相互平行的α-螺旋互相连接组成一个内部核心，并穿过一个由6个外围α-螺旋组成的连接体[40]。圆锥形和漏斗形的活性位点定位在内部α-螺旋空隙内。黑曲霉与泡盛曲霉来源的葡萄糖淀粉酶的结构是一致的，黑曲霉来源的葡萄糖淀粉酶的催化域如图5-6（1）所示，活性位点边缘的直径大约为1.5nm，深度为1nm；活性位点的一个边缘被430~440残基填充，另一面对应着溶剂和底物[41]。

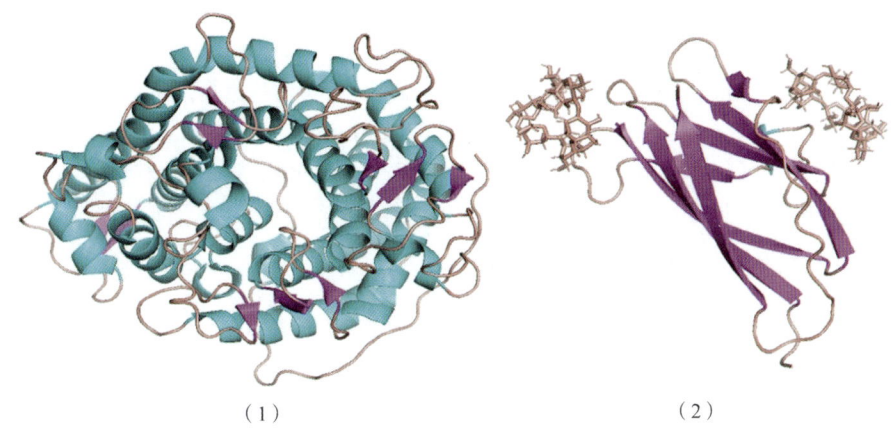

（1） （2）

图5-6 来源于黑曲霉的葡萄糖淀粉酶不同结构域的结构
（1）催化域（PDB ID：3EQA） （2）SBD（PDB ID：1AC0）

葡萄糖淀粉酶淀粉结合域的结构，如图5-6（2）所示。葡萄糖淀粉酶SBD的拓扑学研究显示，该结构由2个β-折叠片段组成，其中一个由一对反平行的β-折叠股和一段平行的β-折叠股组成，另一个由5段反平行的β-折叠股组成，β-折叠股间以短的多肽链相连，较长的多肽链形成环状结构，整个SBD共有6个环状结构。SBD直接决定着葡萄糖淀粉酶对生淀粉的水解效率。若缺失SBD，葡萄糖淀粉酶催化可溶性底物的水解速率不变，但催化非水溶性底物的水解速率将大大降低。例如，缺少SBD的葡萄糖淀粉酶亚型GA-Ⅱ水解非可溶性底物的速率只有GA-Ⅰ的1/25。

（三）酶学性质

糖化工艺需要葡萄糖淀粉酶具有良好的热稳定性。耐热的葡萄糖淀粉酶不仅可以加快反应速率、缩短加工时间，而且在高温下糖化还可以防止微生物的污染。葡萄糖淀粉酶的最适温度通常在 40~60℃，其中某些嗜热菌来源的葡萄糖淀粉酶最适反应温度高达 70℃。目前，关于葡萄糖淀粉酶热稳定性的报道已经很多，一般认为细菌生产的葡萄糖淀粉酶热稳定性要高于真菌，而真菌所生产葡萄糖淀粉酶的热稳定性要优于酵母菌。Zheng 等在大肠杆菌中克隆、表达并纯化了腾冲嗜热厌氧菌（*Thermoanaerobacter tengcongensis*）MB4 生产的热稳定葡萄糖淀粉酶[42]。目前为止，该葡萄糖淀粉酶是已报道的热稳定性最高的细菌糖化酶，其在 75℃下保存 6h 酶活力几乎没有损失；Silva 报道了由霉白曲霉生产的热稳定葡萄糖淀粉酶，其在 60℃保存 240min 后的相对酶活力仍然保持 100%[43]。

葡萄糖淀粉酶的 pH 稳定性对于其工业应用同样重要。一般来说，葡萄糖淀粉酶的 pH 适应范围都较窄，最适 pH 基本在 4.5~6.5（表 5-2）。目前许多学者报道了 pH 稳定性较好的葡萄糖淀粉酶。Chen 等研究了由嗜热毛壳菌（*Chaetomium thermophilum*）生产的葡萄糖淀粉酶，发现其在 pH3.0~9.0 有较好的稳定性[44]；在 pH 为 3.0 时，仍然有 70% 以上的残余活力，可以在酸性条件下进行酶解。Silva 也报道了由霉白曲霉生产的葡萄糖淀粉酶在 pH 4.0~9.5 保存 2h 仍然稳定[43]。在各类产酶真菌中，黑曲霉生产的葡萄糖淀粉酶具有较强的耐酸性和耐热性，其最适反应温度为 50~60℃，最适 pH 4~5；在 pH 3.0、60℃下保持 3h 后，仍然具有 40% 以上的活力。

表 5-2　　几种已知的葡萄糖淀粉酶的最适温度和最适 pH[45]

菌株来源	最适温度	最适 pH
泡盛曲霉	60	4.5
黑曲霉 I	60	4.5~5.0
黑曲霉 II	60	4.5~5.0
嗜热化糖梭状芽孢杆菌（*Clostridium thermosaccharolyticum*）	70	5.0
黄杆菌	—	5.5~6.5
索氏盐杆菌（*Halobacterium sodomense*）	65	7.5
棉毛状腐质霉（*Humicola lanuginose*）	65~70	6.6
棉毛状腐质霉（*Thermomucor indicaeseudaticaehad*）	60	7.0
核盘菌（*Sclerotinia sclerotiorum*）	—	4.8~5.4
嗜热镰刀菌（*Scytalidium thermophilum*）	70	5.5
罗尔伏革菌（*Corticium rolfsii*）G1	78	—
罗尔伏革菌 G2	78	—
罗尔伏革菌 G3	79	—

续表

菌株来源	最适温度	最适 pH
罗尔伏革菌 G4	70	—
罗尔伏革菌 G5	69	—
雪白根霉（*Rhizopus niveus*）	60	5.5
黄曲霉（*Aspergillus flavus*）	—	4.0
噬淀粉乳杆菌（*Lactobacillus amylovorus*）	60	6.0

葡萄糖淀粉酶对底物的专一性较低。葡萄糖淀粉酶与底物的亲和力不仅取决于酶蛋白的结构，也受底物大小和结构的影响。研究显示，底物的碳链越长，葡萄糖淀粉酶对其亲和性越大，水解速率就越快。葡萄糖淀粉酶水解底物速率的大小也取决于葡萄糖淀粉酶的亚型。日本学者 Shinjiro 分析了来源于紫红曲霉（*Monascus purpureus*）的两种葡萄糖淀粉酶亚型 Mpu GA-Ⅰ和 Mpu GA-Ⅱ对底物特异性的差距，以可溶性淀粉为底物时的酶活力为 100%，Mpu GA-Ⅰ对直链淀粉、支链淀粉、肝糖原和普鲁兰多糖的相对水解活力分别为 65%、53%、28% 和 4%，而 MpuGA-Ⅱ对这些底物的相对水解活力则分别为 54%、88%、68% 和 1%[46]。Michelin 也曾报道，来源于宛氏拟青霉（*Paecilomyces variotii*）的胞外葡萄糖淀粉酶对肝糖原的亲和力最大，其次依次为支链淀粉、直链淀粉和可溶性淀粉[47, 48]。

三、生产工艺

结晶葡萄糖的生产工艺主要是以淀粉为原料，采用酶法将其转化为葡萄糖浆，再经过过滤、脱色、离子交换、浓缩、结晶、离心分离、干燥等工序后获得葡萄糖晶体，生产工艺流程如图 5-7 所示。

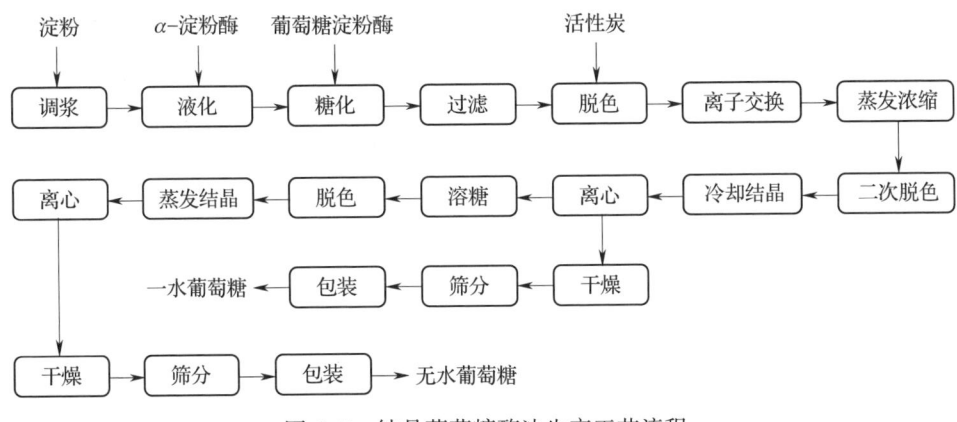

图 5-7 结晶葡萄糖酶法生产工艺流程

由于结晶葡萄糖制备工艺中的原料预处理、液化、糖化等与麦芽糊精和麦芽糖浆类似，因此本节主要介绍其结晶工艺。

（一）含水 α- 葡萄糖的结晶工艺

在含水 α- 葡萄糖的生产过程中，冷却结晶均采用晶种起晶法，葡萄糖结晶大体分为三个阶段：起晶与养晶、晶体成长、结晶完全。其中晶体有两种准备方式：一种是投种法，该法适用于工厂开工生产或设备放空清洗、检修或更换晶种时；另一种是留种法，该法适用于正常连续化生产过程。投种法的操作步骤包括：首先将合格的高纯度糖液注入结晶罐中，加入量为罐体的 1/4~1/2。加入晶种量为 $25\sim50kg/m^3$，16h 若结晶较好，再加入罐体 1/4 的糖浆，8h 后检查晶浆质量。若晶型较差，需要适当提高进入糖液的温度和降低浓度，提高晶型质量。质量良好的晶浆在结晶罐内或转入其他结晶罐内作为晶种使用。对质量差的晶浆，在结晶机内进行溶解，糖液将作为同类产品使用。留种法主要是指在生产过程中，每批次生产后保留部分质量较好的晶浆，作为下批料的晶种。因为此时温度不再下降，晶体受搅拌的作用而碎裂，或受温度升高的影响（在加料时糖浆温度上升），一个晶体分裂为若干个晶核，从而形成下批料的晶种。晶种量一般为 30%~50%，如果晶种量过少，晶核数量不足而产生伪晶，使晶体不均匀，分离困难，影响产品质量和收率。

（二）无水 α- 葡萄糖的结晶工艺

无水 α- 葡萄糖结晶，在工业生产上采用冷却结晶、煮糖结晶、真空蒸发结晶三种方法。目前比较成熟的是煮糖结晶法，生产过程全自动控制。煮糖结晶同样分为起晶与整晶、晶体成长与结晶完全三个阶段。其中起晶与整晶有三种方法，包括自然起晶法、刺激起晶法和全量投晶法。在晶体的成长过程中，控制糖液的过饱和度可避免伪晶产生。在煮糖操作中不断加入少量糖浆，保持温度在 70℃左右，糖浆浓度在 80%~83%；在此较高的蒸发温度下，有利于促进异构体的转变。随着糖浆的不断加入，逐渐提高真空度，降低蒸发温度，每次引入少量新糖液，最终的真空度可以提高到 9.0kPa。这样可以降低母液的过饱和度，提高无水 α- 葡萄糖的产率。结晶完之后，糖膏浓度约为 90%，母液浓度为 70%。当煮糖接近完成时，可以引入少量水进真空罐，助长糖膏的循环效果，再继续煮片刻，然后放入助晶罐，使结晶完全。

（三）套色谱技术

采用传统结晶技术时，淀粉糖化液的主产品是结晶葡萄糖，副产品是葡萄糖母液。由于结晶需要高浓度葡萄糖溶液，且结晶效率并不高，因此结晶葡萄糖生产会伴随大量废液产生，不仅生产效率低，产品种类单一，废液的处理费用也极其高昂。目前能够有效消除结晶系统母液以及非规格产品的最佳技术是套色谱技术。套色谱技术是将多套色谱设备串联，该技术可以使结晶系统中不再有母液产生，将复杂的低附加值产品（母液）全部变成符合市场要求的规格产品，使高附加值的产品色谱收率高达100%。

在结晶葡萄糖的生产过程中，淀粉糖化液中葡萄糖干物质的含量（DX值）约为95%，其成分为：95%左右的葡萄糖，5%左右的二糖以上低聚糖，还有极少量果糖。使用套色谱技术，可以使淀粉糖化液最终变成三种完全符合市场要求的规格产品：结晶葡萄糖、50型异麦芽低聚糖、F42果葡糖浆。其中第一套色谱将葡萄糖母液的葡萄糖纯度提高至95%；第二套色谱将第一套色谱提余液中的葡萄糖纯化至95%左右，并生产出合格的50型异麦芽低聚糖。在套色谱结晶葡萄糖生产系统中，果糖总是随着葡萄糖不断地返回结晶系统，随着葡萄糖不断地结晶脱离结晶系统，果糖被不断地累积，当整个葡萄糖结晶系统中的果糖积累到开始影响葡萄糖结晶时，两套色谱的提取液不再返回结晶系统，而是进入异构柱被生产成F42果葡糖浆。结晶系统果糖含量降低后，两套色谱的提取液继续返回葡萄糖结晶系统[16]。

四、理化性质

（一）晶体构型

在水溶液中，葡萄糖存在两种异构体，分别为 α 构型和 β 构型，主要以六环形结构存在，此外也有微量的开链结构存在。开链结构是 α-异构体和 β-异构体相互转变的中间体，使两种异构体呈动态平衡状态存在。不同异构体的葡萄糖在液相中具有不同的溶解度，但是它们在溶入水中后即开始发生变旋作用，即 α-异构体和 β 异构体相互转变，转变达到平衡状态即趋于稳定。在稳定状态下，α-异构体和 β-异构体的比例大约为36%和64%。此外，葡萄糖的晶体构型会随结晶温度的改变而改变。当温度范围为 $-5.3 \sim 50.8$℃，溶液与含水 α-葡萄糖保持平衡；当温度范围达到 $50.8 \sim 80$℃，含水 α-葡萄糖会转变为无水 α-葡萄糖，无水 α-葡萄糖呈固体状态保持平衡；当温度升高至超过100℃，无水 α-葡萄糖会转化为无水 β-葡萄糖。

（二）吸湿性

含水 α-葡萄糖在相对湿度60%以上时吸收水分，湿度增加，吸收水分速度加快，水分含量达到15%~18%时晶粒开始溶化。无水 α-葡萄糖在相对湿度80%以上时吸湿性很强，吸收水分向含水 α-葡萄糖转变，30~60min转变完成。无水 α-葡萄糖可当作吸水剂应用，如香料工业，将香料溶液与快速吸水的葡萄糖混合,葡萄糖吸收水分转变成含水晶体,产品呈干燥粉末状。产品在相对湿度80%以下时保持稳定、不潮解,在密封状态下可长期保存。

(三)黏度与甜度

葡萄糖的黏度较蔗糖低,但会随着温度的升高而增大。此外,甜度是糖类物质的重要性质,各种糖类的相对甜度比较参见表5-3。可以看到,葡萄糖的甜度显著低于蔗糖和果糖,味道更温和。

表 5-3　常用糖类及糖醇的相对甜度(20℃,10% 水溶液)[89]

糖类	相对甜度
蔗糖	165
F90 果葡糖浆	100
F55 果葡糖浆	110
F42 果葡糖浆	95~100
果糖	150
葡萄糖	70
麦芽糖	40
山梨醇	65
低聚异麦芽糖浆 IMO-500(含异麦芽糖 50%)	52
低聚异麦芽糖粉 IMO(含异麦芽糖 89%~90%)	42
高麦芽糖糖浆(含 75% 麦芽糖)	35

五、工业应用

(一)在休闲食品中的应用

葡萄糖是一种常见的甜味剂,各种糖果都可适当添加葡萄糖提升风味,如巧克力、水果糖等。葡萄糖甜味温和,可用于制作各种蛋糕、月饼、甜馅饼、点心,可增加风味;也可添加于乳制品中,如干酪、乳粉、奶糕等。此外,葡萄糖还具有还原性和抗氧化性,可用于烘烤食品增色和延长货架期,如制作面包、饼干、薄脆饼等。葡萄糖易于与其他粉末混合,可用于生产各种混合干粉食品,如黑芝麻糊、花生糊等各种冲调糊类食品。

（二）在饮料中的应用

葡萄糖可降低冰点，防止蔗糖结晶，溶解时的吸热量比蔗糖高 6.5 倍，口感柔和，特别适合夏季冰制食品，如冰淇淋、冰糕、冰棍、冰水以及薄荷类食品。葡萄糖可作为载体，用作风味富集和扩充剂，并提供甜味，如用于各种即食茶、柠檬茶、菊花茶、果茶及其他茶品。此外，葡萄糖可平衡饮料酸度，增加风味，用于浓缩果汁可代替 30% 的蔗糖，用于碳酸饮料可代替 10%~20% 的蔗糖。

（三）在调味品中的应用

口服级的结晶葡萄糖可直接分装成各种规格的小包装，按需要量直接食用，可作为各种冲剂的糖料，如咖啡、可可、代餐粉等的佐料，也可用于制作涂抹食品，如果酱、花生酱、番茄酱，还可以用作家庭日常烹饪的糖料，如烧菜调料、甜食糖料等。

（四）在蜜饯、蔬菜制品和肉制品中的应用

葡萄糖具有渗透压高的特性，特别适合制作各种蜜饯，如杏脯、桃脯、蜜枣。此外，葡萄糖可促进乳酸发酵并增加渗透压，有利于蔬菜的加工，如制作各种泡菜、酱菜、咸菜。肉食加工时，添加葡萄糖可增加风味和延长货架期，因此香肠、腊肉、鱼类食品及各种罐头中常使用葡萄糖。

（五）在发酵工业中的应用

葡萄糖是可发酵的单糖，分子质量低于蔗糖，容易被微生物利用，可作为微生物发酵的碳源。在发酵工业中，葡萄糖的作用几乎不可替代。将葡萄糖加至麦芽和其他制作啤酒的原料中可加速发酵，并可获得相同酒精含量的啤酒；因每年收获的果实含糖量有差异，不同年份生产的苹果酒及其他果酒的口感有一定差异，常通过葡萄糖来调节。此外，葡萄糖还可作为微生物发酵的底物，用于生产抗生素、维生素、氨基酸、柠檬酸、酶制剂和酒精等。

（六）在制药工业中的应用

药用级葡萄糖的品质要高于一般食用葡萄糖，应符合药典指标要求，分为注射级和口服级。其中口服级葡萄糖不经消化过程即可被血液吸收，为人体提供能量。对于一些无法进食的患者，可以根据需要或遵医嘱服用或注射葡萄糖。葡萄糖流动性良好，可迅速分散，并有调味作用，也适宜用作药物片剂的辅料，还可根据需要按任意量与其他各种剂型的药物混合，作为扩充剂、调味剂。

第四节 果葡糖浆

果葡糖浆又称异构糖浆，是一种果糖和葡萄糖的混合糖浆。淀粉经过水解生成葡萄糖浆后，在葡萄糖异构酶的催化作用下，将葡萄糖异构得到果糖。由于葡萄糖转化率不到50%，因此会得到果糖和葡萄糖的混合糖浆。根据其果糖干固物含量，果葡糖浆主要分为F42、F55和F90三种，分别对应于第一、第二、第三代果葡糖浆，其中F代表果糖，其后的数字代表果糖含量占干物质的百分比。

一、生产原理

果葡糖浆的生产需要先将淀粉液化、糖化得到葡萄糖，再利用葡萄糖异构酶的异构作用得到由葡萄糖和果糖组成的果葡糖浆。其中，液化与糖化步骤与葡萄糖生产工艺相同，不同的主要是异构和色谱分离工艺。异构是葡萄糖在葡萄糖异构酶作用下，发生异构反应，转化成为果糖的过程。异构化率一般为42%～45%，经过异构柱处理后，一般果糖干基物质含量达到42%以上，从而得到F42果葡糖浆。果葡糖浆的生产周期比较长，酶的使用贯穿整个生产过程。

二、生产用酶

果葡糖浆生产所用异构酶为葡萄糖异构酶（glucose isomerase，EC 5.3.1.18），又称D-木糖异构酶（D-xylose isomerase）。葡萄糖异构酶来源非常广泛，细菌、真菌和放线菌等微生物以及植物和动物细胞中均有存在，其中以放线菌和细菌中发现的最多，包括短乳杆菌（*Lactobacillus brevis*）、嗜水假单胞杆菌（*Pseudomonas hydrophila*）、戊糖乳酸菌（*Lactobacillus pentoses*）、埃希氏菌属（*Escherichia* sp.）、芽孢杆菌属（*Bacillus* sp.）、放线菌（*Actinoplanes* sp.）、假单胞菌属（*Pseudomonas* sp.）、短杆菌属、酵母菌属（*Saccharomyces* sp.）以及热孢菌（*Thermotoga* sp.）等[90,91]。葡萄糖异构酶具有极其重要的工业应用价值，并于1967年首次得到工业化应用，目前已成为工业上应用最广泛的酶制剂之一。

（一）催化机制

葡萄糖异构酶的异构化机制是采用金属离子介导的负氢离子转移机制，主要包括三个过程：底物开环、氢迁移反应（异构化）、产物分子闭环，如图5-8所示，其中第二步异构化为整个异构化过程的限速步骤。关于负氢离子转移中间体形式，目前有两种猜想：一种是负氢离子转移中间体呈阳离子形式，即在异构化过程中，Mg-2极化底物C_1的羰基产生碳正离子，Mg-1和Lys183作为路易斯酸稳定碳正离子，同时两个金属离子稳定O_2的负电荷[52]；另一种是负氢离子转移中间体呈阴离子形式，其与底物的O_1、O_2和Asp257的羧基形成氢键并与催化Mn^{2+}离子配位的水分子，将质子转移给Asp257的CO_1而自身形成OH^-离子，此OH^-离子夺取底物的质子使其带负电荷，其质子转移是由水分子/氢氧根离子完成的。

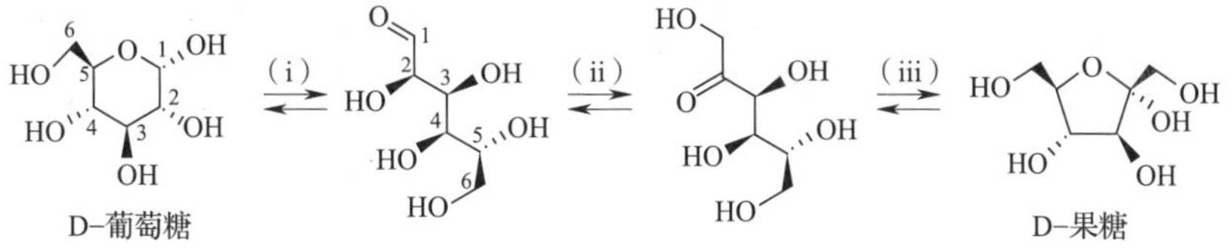

图5-8 葡萄糖异构酶的催化机制[49]

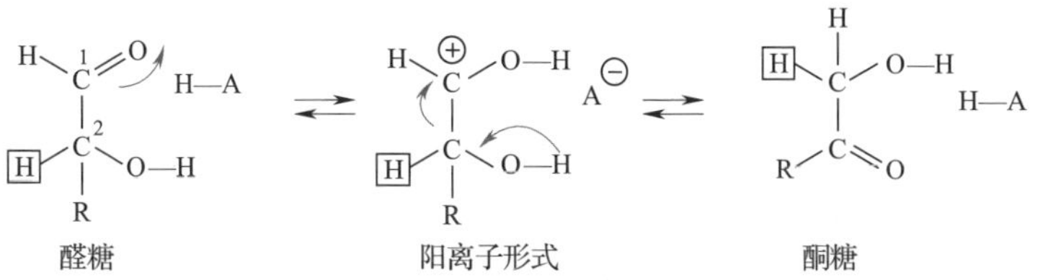

（1）在葡萄糖异构酶的催化下，D-葡萄糖向D-果糖的构型转变涉及三个主要步骤

（2）葡萄糖异构酶的氢迁移反应机制

（二）结构特征

根据多肽链的长短，葡萄糖异构酶可分为两大类：class Ⅰ（约390个残基）和class Ⅱ（约440个残基）。class Ⅱ型的葡萄糖异构酶比class Ⅰ型在蛋白质的N端多30~40个氨基酸残基，在空间结构上表现为一段无规卷曲。尽管两大类型的初级结构同源性很低，为25%~30%，但是它们的三维结构是相似的[49]。大部分葡萄糖异构酶是由两个紧密结合的二聚体通过非共价键构成的同源四聚体。四聚体亚基之间都以非共价键相结合，无二硫键，两个二聚体之间的结合力比二聚体内的亚基间结合力弱，每一个单体包含两个结构域。其中一个是N末端结构域，折叠成$(\beta/\alpha)_8$桶状结构，包含催化口袋和金属离子结合位点；另一个是C末端小结构域，无β-片层，由环链区和螺旋组成，并且与相邻亚基的催化结构域广泛接触，用于结合邻近的亚基，参与单体间的相互作用及活性部位的构成（图5-9）[59]。葡萄糖异构酶的单亚基都有一个深陷的口袋状的

活性中心，每个活性中心有两个金属离子结合位点，以及与底物结合和催化过程相关的保守残基。

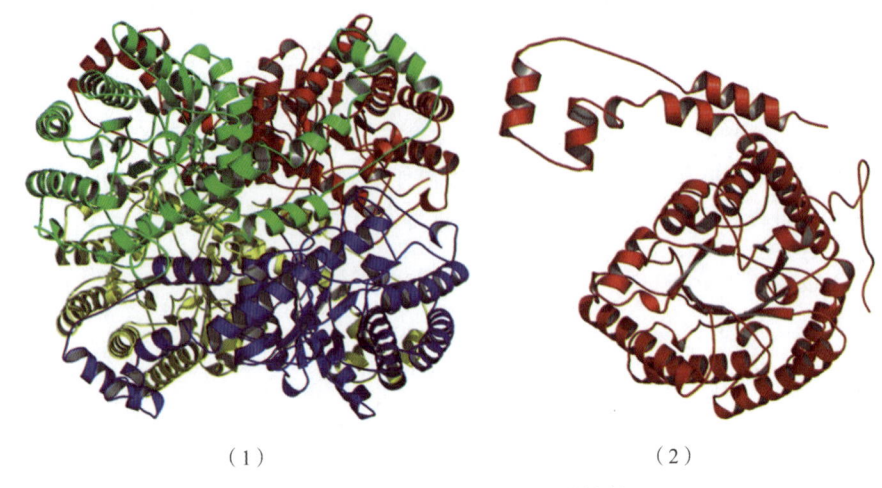

(1) (2)

图 5-9 葡萄糖异构酶的三维结构
(1) 四聚体结构（PDB ID：1A0D）(2) 单体结构

葡萄糖异构酶每个亚基都有一个深陷的口袋状催化活性中心位于平行 β 桶的近 C 末端，它包含两个与二价金属离子结合的位点，以及跟底物结合与催化的保守氨基酸残基（图 5-10）。一般位点 Ⅰ（M1）的金属离子称为结构离子，位点 Ⅱ（M2）的金属离子称为催化离子。通过葡萄糖异构酶的活性中心进行比对与叠合，发现它们的活性中心的氨基酸残基严格保守。与底物结合的保守氨基酸残基是 His54、Asp57、Lys183，M1 主要与 Glu181、Glu217、Asp245 及 Asp287 残基的羧基氧原子形成配位键，参与活性中心的构成。M2 主要与 Glu217、His220、Asp255、

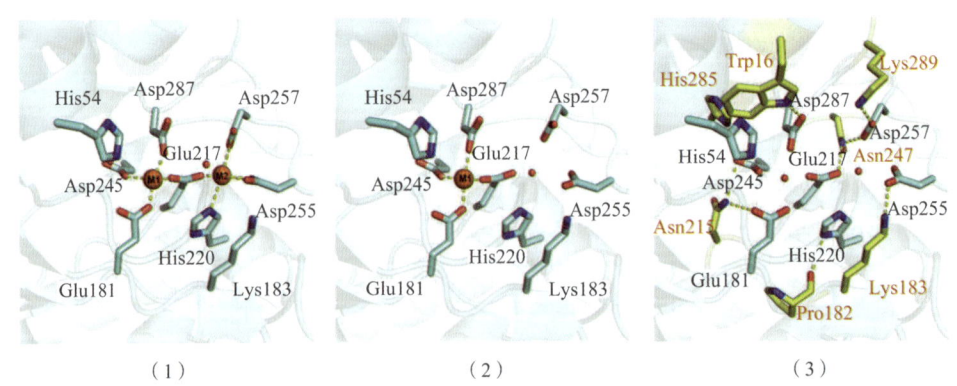

(1) (2) (3)

图 5-10 来源于锈赤链霉菌（*Streptomyces rubiginosus*）的葡萄糖异构酶活性部位的三种金属结合状态
(1) 双金属离子结合模式（PDB ID：6IRK）(2) 单金属离子结合模式（PDB ID：5Y4I）
(3) 无金属离子结合模式（PDB ID：7CJP）

Asp257 这些氨基酸形成配位键参与催化反应。M2 在异构化过程中位置偏离原处 0.1nm 左右，Glu217 是与 M1、M2 配位的桥梁。在上述氨基酸构成的极性区域外 0.5～0.8nm 范围内，有保守的疏水残基 Phe94、Trp16、Trp137 与 Phe26′形成"高度疏水背景"（high hydrophobic contrast）。

（三）酶学性质

研究者们对来源于不同微生物的葡萄糖异构酶的性质进行了大量研究，葡萄糖异构酶的最适反应温度一般在 60～90℃。最适温度不但取决于酶的特性还取决于缓冲液、底物浓度、反应时间、稳定剂、激活剂等条件。大部分葡萄糖异构酶的最适 pH 偏碱性，一般在 7.0～9.0；在偏酸性的条件下，绝大多数异构酶活性不高。

来源于枯草芽孢杆菌和链霉菌的葡萄糖异构酶在高温下通常较为稳定，其中来自嗜热高温菌株的葡萄糖异构酶热稳定性最高，而来源于埃希杆菌和乳酸杆菌的葡萄糖异构酶的热稳定性则较低。葡萄糖异构酶对脯氨酸和缬氨酸等氨基酸可能存在的偏爱选择使其具有更紧密的空间结构，从而使酶构象更加稳定，而在其他葡萄糖异构酶中这些氨基酸则被替代，从而导致了热稳定的差异性[101]。

葡萄糖异构酶能够可逆地催化 D-葡萄糖和 D-木糖转化为 D-果糖和 D-木酮糖（图 5-11）。据报道，葡萄糖异构酶除催化这两种底物外，还能够催化 D-核糖、L-鼠李糖、D-阿洛糖、L-阿拉伯核糖、脱氧葡萄糖以及葡萄糖 C3、C5 与 C6 的修饰衍生物[51]。但最常规的底物还是 D-葡萄糖和 D-木糖，在以 D-葡萄糖和 D-木糖为底物时葡萄糖异构酶 K_m 不同，一般对底物木糖的亲和力比对葡萄糖高很多。例如，来源于嗜热栖热菌（*Thermus thermophilus*）的葡萄糖异构酶对 D-葡萄糖的 K_m 为 146.8mmol/L，而对 D-木糖的 K_m 仅为 3.4mmol/L[52]。

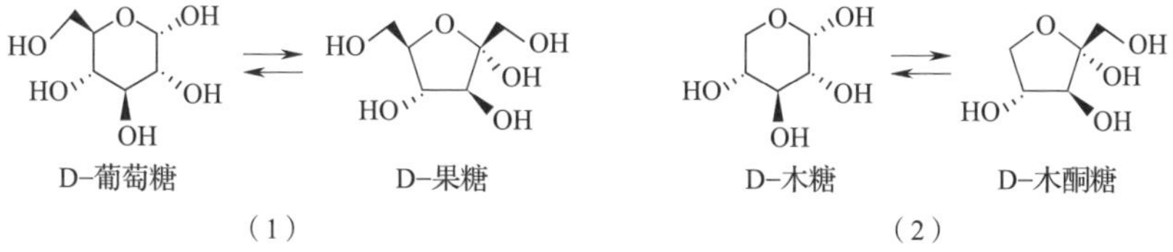

图 5-11 葡萄糖异构酶的功能[49]
（1）体外催化葡萄糖和果糖间的转化　（2）体内催化木糖和木酮糖间的转化

几乎所有葡萄糖异构酶的活性及稳定性都跟二价金属离子存在着密切的关系。葡萄糖异构酶一般需要 Mg^{2+}、Co^{2+}、Mn^{2+} 等二价金属离子中的一种或几种，但金属离子的影响也与葡萄糖异构酶的来源有关。Mg^{2+} 和 Co^{2+} 对于葡萄糖异构酶的活性起着关键性作用，且扮演着不同的角色。Mg^{2+} 作为激活剂的效果优于 Co^{2+}，而 Co^{2+} 则对酶的稳定性具有关键作用，即维持酶的活性构象，特别是四聚体结构[53]。除 Mg^{2+} 和 Co^{2+} 外，Ca^{2+}、Hg^{2+}、Zn^{2+}、Cu^{2+}、Ag^+、Ni^{2+} 等其他二价金属离子则抑制葡萄糖异构酶活性[54]。

三、生产工艺

果葡糖浆的生产工艺主要包括淀粉液化、糖化、浓缩、异构、色谱分离等步骤。市售的玉米高果葡糖浆，主要是由固定化异构酶转化葡萄糖成 42% 果糖的果葡糖浆（F42），然后利用色谱分离技术，由 42% 的果葡糖浆获得果糖含量为 90% 的果葡糖浆（F90）；再用 F90 果葡糖浆和 F42 果葡糖浆复配，获得 F55 果葡糖浆。F55 果葡糖浆生产工艺流程如图 5-12 所示。

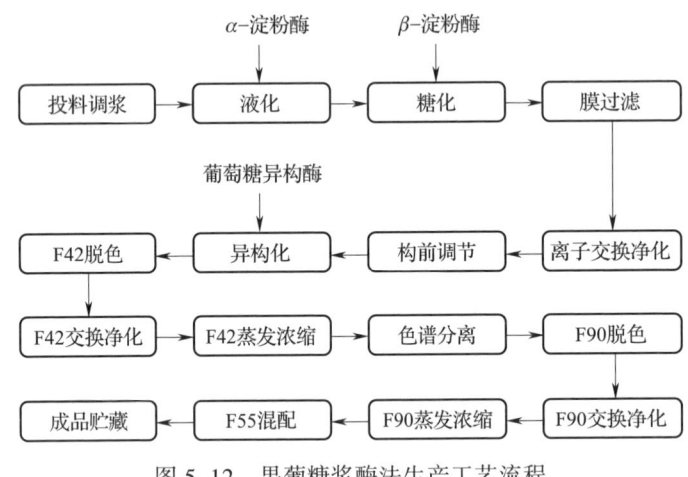

图 5-12　果葡糖浆酶法生产工艺流程

（一）液化、糖化

具体过程参见本章第一节和第二节。

（二）异构前处理

异构化之前，通常需要向葡萄糖液中添加 Mg^{2+}，如 $MgSO_4$，从而提高异构酶的活性和稳定性，并减少色素的产生。加入 Mg^{2+} 前，需要先用 100~150g/L 稀碱溶液调节糖化液的 pH 到 7.5~8.0，然后再加入一定浓度的 Mg_2SO_4 溶液和 Na_2SO_3 溶液，使异构前糖化液中的 Mg^{2+} 和 SO_3^{2-} 浓度分别达到 60~80mg/kg（葡萄糖液）和 90~110mg/kg（葡萄糖液）[55]。

（三）异构化

经异构前处理的糖化液经过板式换热器调温至 55~61℃，进入异构柱或装有固定化异构酶的固定床转化罐进行异构化处理，异构反应温度和 pH 主要取决于所使用的酶。大多数异构酶在 pH<7 或 pH>9 时，活性会降低，因此 pH 一般控制在 7.5~8.2 范围内，使反应过程中的副反应最少、异构酶的活性最佳。

此外，提高异构化反应的温度和延长反应时间，可以使产物果糖浓度显著提升（可达51%）。但由于异构化反应要求高纯度的葡萄糖，温度提高和反应时间增加会产生麦芽糖、异麦芽糖和非葡萄糖类等物质，使糖液纯度下降，从而降低异构化效率，因此一般推荐温度为55~61℃。

（四）分离提纯

在淀粉糖化生产高糖化率（DE值）的淀粉糖浆的工艺中，通常要求糖浆清澈透明，因此必须除去糖浆中的悬浮粒子和混浊物。传统工艺使用硅藻土作助滤剂，并采用转鼓式真空吸滤机或使用活性炭脱色等方法精制糖浆。随着分离技术不断成熟，越来越多新的分离纯化技术应用于淀粉糖产业化生产中，如膜分离、离子交换树脂分离和模拟移动床分离技术，其中模拟移动床已成为淀粉糖精深加工中分离工段普遍使用的分离技术[56]。模拟移动床技术的分离原理是利用不同组分在固定相和流动相分配系数的差异，使不同组分在两相中得到分离。强酸性离子交换树脂的特点是果糖的亲和力比葡萄糖强，果葡糖浆流进填装树脂的吸附塔后，在解吸剂的冲洗下，果糖相比葡萄糖延迟流出，达到果糖和葡萄糖分离的目的。模拟移动床分离果葡糖浆目前已经实现大规模工业化生产。

由于果糖和葡糖浆的结构与性质相似，在固定相上的分配系数非常接近，因此对吸附塔的要求很高，如柱子的理论板数需要足够大。通过对设备的不断改进，从原来的吸附塔到现在的模拟移动床，实现了大规模、连续化生产高纯度果葡糖浆。模拟移动床分离工艺在实际生产中的程序为：把色谱柱分成多节，各节间由管线串联成一体，最后一节底部通过循环泵与最前一节柱顶连接，成为回路。各节间连接管线再接侧管线，物料只通过其中4根侧管线进出色谱柱。分离柱所分节数一般来说越多越好，但一般不超过24节，根据分离要求而定。

（五）贮存与运输

果葡糖浆的最适贮存温度为25~35℃，低温和高温均会对果葡糖浆的色度、感官指标等产生影响，同时还会改变产品中各组分含量，影响产品稳定性。一般情况下，通常采用槽罐卡车或火车运输果葡糖浆，须在30~32℃下贮存果葡糖浆，以防止结晶；如发生结晶，必须在卸罐前加热溶解结晶。

四、理化性质

（一）甜味特性及冷甜性质

果葡糖浆与蔗糖甜度较为接近，且其甜度与风味接近天然果汁，具有水果的清香和清凉感。果糖的甜度与温度相关，在40℃以下时，温度越低果糖甜度越高。

（二）溶解度、保湿性及结晶性

果酱、蜜饯类食品是利用糖的高渗透性达到食品保藏的作用，而这种作用需要糖具有高的溶解度。一般认为，糖浓度在70%以上时才能抑制酵母菌、霉菌生长，但单独使用蔗糖时较难达到这一浓度要求，而F42果葡糖浆的浓度可高达77%。这是由于果葡糖浆中的果糖具有极高的溶解度，因此果葡糖浆通常具有较高的溶解度。果糖为无定形单糖，很容易从空气中吸收水分，带有半分子或一分子的结晶水，吸湿保湿性强，具有良好的保水能力和耐干燥能力，且不易结晶。这一特性使得果葡糖浆与易结晶不易吸湿的蔗糖相比具有极大应用优势，例如，可使糕点保持新鲜松软，从而延长产品货架期，且不易结晶。

（三）渗透压

糖的渗透压与分子质量有关，分子质量小的糖渗透压大于分子质量大的糖。由于果葡糖浆的主要成分是果糖和葡萄糖等单糖，分子质量小，因此渗透压高于蔗糖等双糖。所以将果葡糖浆用于蜜饯、果脯生产时，可以缩短糖渍时间。此外，高渗透压还可以抑制微生物生长，起到防腐保鲜作用，因此将果葡糖浆用于食品保藏比蔗糖更为有利。

（四）化学稳定性

果糖和葡萄糖具有较强的还原性，化学稳定性较蔗糖差，果糖比葡萄糖更易受热分解，发生美拉德反应。美拉德反应产生的有色物质具有特殊风味，生产面包、烘干食品时，可以获得美观的焦黄色表层和焦糖风味。

（五）其他性质

果葡糖浆的冰点温度较蔗糖、麦芽糖浆低，应用于冰淇淋及雪糕夹心加工时，可抑制冰晶的形成，使产品质地柔软、细腻可口。另外，由于葡萄糖和果糖属于单糖，相较蔗糖能更快地被酵母利用，发酵速度快，因此果葡糖浆在用于酵母菌发酵的食品加工方面优于蔗糖，在面包和利用酵母菌的糕点生产中产气迅速，使产品结构较为疏松。此外，果葡糖浆还具有一定的抗龋齿性，这是由于果糖不是口腔微生物的合适底物，因此口腔中的细菌对果糖的发酵性差。

五、工业应用

果葡糖浆广泛应用于食品工业，尤其是软饮料行业，如国内外众多碳酸饮料均采用果葡糖浆作为甜味剂[57]。除此之外,果葡糖浆在乳制品、糕点、糖果、罐头等食品中均有应用[58]。

(一)在饮料中的应用

果葡糖浆无色无嗅,常温下流动性好,较蔗糖风味更淳厚,可以保持果汁饮料的原果香味,在饮料生产中部分或全部取代蔗糖。果葡糖浆具有冷甜性质,适合用于清凉饮料的生产,如碳酸饮料、果汁饮料、运动饮料等。与其他甜味剂混合使用时,果葡糖浆有协同增效作用,能显著改善食品与饮料的口感,减少苦味和怪味,应用于软饮料中,可使产品具有透明度高、无混浊、风味温和、刺激性小、无异味等特点。果葡糖浆还可以应用于果酒、果露酒、葡萄酒、汽酒、香槟酒等产品中,经过预处理可以避免产品出现沉淀。

(二)在乳制品中的应用

乳制品中添加果葡糖浆可使其风味纯正并具有清凉感。果葡糖浆替代一部分蔗糖和阿斯巴甜或安赛蜜组合使用,不仅具有很好的协同作用,而且大大改善了乳制品的口感,并能够降低生产成本。果葡糖浆的组分葡萄糖和果糖均属单糖,与蔗糖相比能被乳酸菌直接利用,故相较于蔗糖,果葡糖浆作为甜味剂用于酸乳中具有发酵速度快、发酵时间短等优势。此外,果葡糖浆在 pH 3.5~5 范围内较为稳定,酸乳制品的 pH 恰在此范围内;而蔗糖在酸性条件下易分解,因此在酸乳储存过程中易分解,导致产品风味改变。因此,果葡糖浆应用在发酵型酸乳及调味型酸乳中比蔗糖更有优势[59]。

(三)在烘焙制品中的应用

酵母菌利用葡萄糖和果糖等单糖时发酵速度较快,且产气量大,可显著缩短发酵时间;其次,果葡糖浆中的果糖和葡萄糖在高温下发生的美拉德反应与焦糖化反应可使面包着色良好;另外,由于果葡糖浆中的果糖保湿性良好,可使面包与蛋糕在存放中较长时间地保持新鲜和松软。

(四)在软糖中的应用

高粱饴、类淀粉软糖、琼脂软糖等成品要求还原糖含量高,水分含量多,过去生产中需采用有机酸将原料中的部分蔗糖转化成果糖和葡萄糖,而用果葡糖浆则无需转化,且产品质量较高。

(五)在水果罐头中的应用

果葡糖浆组成成分是单糖,分子质量小,其渗透压高于双糖(如蔗糖),能快速且均匀地穿过水果的细胞膜,有效防止果汁渗出水果外,且有利于保持水果的风味。

（六）在蜜饯和果酱中的应用

果葡糖浆渗透压高，用于加工蜜饯可缩短生产周期，且防腐性能好、利于贮存。此外，果葡糖浆与蔗糖混合使用，可使成品色泽鲜明。

（七）在卷烟工业中的应用

果葡糖浆光泽油润且略有香气，无杂味，无挥发性，易溶于水，可以代替蔗糖应用于卷烟的生产，且果葡糖浆无需转化，简化了工艺环节。另外，使用果葡糖浆的烟叶保润能力强，可增加烟叶的柔软度，减少制丝过程中的烟叶损耗；而且制成的烟丝色泽好，油润程度高，能提高卷烟产品的内在质量。

参考文献

［1］应欣，卢玉，李义，等. 麦芽糊精的功能特性及其应用研究进展［J］. 中国粮油学报，2019，034（12）：131-137.

［2］Sundarram A，Murthy T P K. α-Amylase production and applications：A review［J］. Journal of Applied & Environmental Microbiology，2014，2（4）：166-175.

［3］Souza P M. Application of microbial α-amylase in industry-A review［J］. Brazilian journal of microbiology，2010，41（4）：850-861.

［4］李祝. 嗜热脂肪芽孢杆菌 α-淀粉酶的异源表达及热稳定性改造［D］. 无锡：江南大学，2018.

［5］薛蓓，裴建新，刘振东，等. *Geobacillus* sp.GXS1α-淀粉酶基因的克隆表达及酶学性质研究［J］. 食品研究与开发，2014，35（11）：1-4，5.

［6］Mok S C，Teh A H，Saito J A，et al. Crystal structure of a compact α-amylase from *Geobacillus thermoleovorans*［J］. Enzyme and Microbial Technology，2013，53（1）：46-54.

［7］Sundarram A，Murthy T P K. α-Amylase production and applications：A review［J］. Journal of Applied & Environmental Microbiology，2014，2（4）：166-175.

［8］窦少华. 海洋芽孢杆菌适冷 α-淀粉酶酶学特性研究［D］. 大连：大连理工大学，2018.

［9］Prakash O，Jaiswal N. α-Amylase：An ideal representative of thermostable enzymes［J］. Applied Biochemistry and Biotechnology，2010，160（8）：

2401-2414.

[10] 刘文静. 酶法液化高浓度玉米淀粉乳的研究 [D]. 无锡: 江南大学, 2014.

[11] 赵骏健. 高效液化糖化高浓度玉米淀粉关键酶系的优化 [D]: [硕士学位论文]. 长春: 吉林大学, 2015.

[12] 隋祎, 刘璐, 王君高. 木薯酒精浓醪发酵液化过程中节能减排的研究 [J]. 酿酒科技, 2012, (6): 41-43.

[13] 彭丹丹. 复合酶液化高浓度玉米淀粉乳的研究 [D]. 无锡: 江南大学, 2015.

[14] 刘文静, 李兆丰, 顾正彪, 等. 微波预处理对玉米淀粉液化的影响 [J]. 食品与发酵工业, 2013, 39 (1): 21-25.

[15] Li C, Liu W, Gu Z, et al. Ultrasonic pretreatment improves the high-temperature liquefaction of corn starch at high concentrations [J]. Starch-Stärke, 2017, 69 (3-4): 1600002.

[16] 佟毅. 淀粉糖绿色精益制造——新产品、新技术、新应用 [M]. 北京: 化学工业出版社, 2018.

[17] 韩路, 楚文娟, 赵志伟, 等. 甜橙精油的微胶囊制备工艺及稳定性研究 [J]. 中国调味品, 2021, 46 (12): 176-9.

[18] 陈雨露, 吕沛峰, 袁芳. 新型番茄红素微胶囊的制备及稳定性评价 [J]. 食品科学, 2021, 42 (19): 134-40.

[19] Wang H, Guo X, Hu X, et al. Comparison of phytochemical profiles, antioxidant and cellular antioxidant activities of different varieties of blueberry (*Vaccinium* spp.) [J]. Food Chemistry, 2017, 217: 773-781.

[20] Horn S, Sikorski P, Cederkvist J, et al. Costs and benefits of processivity in enzymatic degradation of recalcitrant polysaccharides [J]. Proceedings of the National Academy of Sciences of the United States of America, 2006, 103 (48): 18089-18094.

[21] 张剑, 林庭龙, 秦瑛, 等. β-淀粉酶研究进展 [J]. 中国酿造, 2009, 28 (4): 5-8.

[22] 吴敬, 段绪果. 淀粉加工用酶研究进展 [J]. 中国食品学报, 2015 (6): 14-25.

[23] Li X, Yu H Y. Purification and characterization of novel organic-solvent-tolerant β-amylase and serine protease from a newly isolated *Salimicrobium halophilum* strain LY20 [J]. FEMS Microbiology Letters, 2012, 329 (2): 204-211.

[24] Derde L J, Gomand S V, Courtin C M, et al. Characterisation of three starch degrading enzymes: Thermostable β-amylase, maltotetraogenic and

maltogenic α-amylases [J]. Food Chemistry, 2012, 135 (2): 713-721.

[25] Mikami B, Hehre E J, Sato M, et al. The 2.0-ANG resolution structure of soybean *beta*-amylase complexed with *alpha*-cyclodextrin [J]. Biochemistry, 1993, 32 (27): 6836-6845.

[26] Mikami B, Yoon H J, Yoshigi N. The crystal structure of the sevenfold mutant of barley β-amylase with increased thermostability at 2.5 Å resolution [J]. Journal of Molecular Biology, 1999, 285 (3): 1235-1243.

[27] Cheong C G, Eom S H, Chang C, et al. Crystallization, molecular replacement solution, and refinement of tetrameric β-amylase from sweet potato [J]. Proteins: Structure, Function, and Bioinformatics, 1995, 21 (2): 105-117.

[28] 张剑, 王素珍, 张开诚. 无机试剂对 β-淀粉酶活力的影响 [J]. 酿酒科技, 2008 (1): 32-34.

[29] Pandey A, Nigam P, Soccol C R, et al. Advances in microbial amylases [J]. Biotechnology and Applied Biochemistry, 2000, 31 (2): 135-152.

[30] 段绪果, 周素雅, 王耀松, 等. *Bacillus aryabhattai* β-淀粉酶的重组表达及酶学性质分析 [C] // 第十一届中国酶工程学术研讨会论文摘要集. 2017: 156-157.

[31] 张剑, 田辉, 张开诚. 环境介质对 β-淀粉酶活性的影响 [J]. 中国调味品, 2008 (7): 50-53.

[32] Kaplan F, Dong Y S, Guy C L. Roles of β-amylase and starch breakdown during temperatures stress [J]. Physiologia Plantarum, 2010, 126 (1): 120-128.

[33] Kocabay S, Cetinkaya S, Akkaya B, et al. Characterization of thermostable β-amylase isozymes from *Lactobacillus fermentum* [J]. International Journal of Biological Macromolecules, 2016, 93: 195-202.

[34] 刘静雪. 高浓度玉米淀粉挤出酶解复合法液化工艺研究 [D]. 长春: 吉林农业大学, 2015.

[35] 杨倩雯. 高浓度底物条件下酶法生产麦芽糖浆工艺的研究 [D]. 无锡: 江南大学, 2017.

[36] Pavezzi F C, Carneiro A, Bocchini-Martins D A, et al. Influence of different substrates on the production of a mutant thermostable glucoamylase in submerged fermentation [J]. Applied Biochemistry and Biotechnology, 2011, 163 (1): 14-24.

[37] 姚婷婷. 糖化酶生产菌的遗传改良 [D]. 无锡: 江南大学, 2006.

[38] Kumar P, Satyanarayana T. Microbial glucoamylases: Characteristics and

applications [J]. Critical Reviews in Biotechnology, 2009, 29 (3): 225-255.

[39] 张秀媛, 袁永俊, 何扩. 糖化酶的研究概况 [J]. 食品研究与开发, 2006 (9): 163-166.

[40] Marín-Navarro J, Polaina J. Glucoamylases: Structural and biotechnological aspects [J]. Applied Microbiology and Biotechnology, 2011, 89 (5): 1267-1273.

[41] Lee J, Paetzel M. Structure of the catalytic domain of glucoamylase from *Aspergillus niger* [J]. Acta Crystallographica, 2011, 67 (2): 188-192.

[42] Zheng Y, Xue Y, Zhang Y, et al. Cloning, expression, and characterization of a thermostable glucoamylase from *Thermoanaerobacter tengcongensis* MB4 [J]. Applied Microbiology and Biotechnology, 2010, 87 (1): 225-233.

[43] Silva T, Maller A, Damasio A, et al. Properties of a purified thermostable glucoamylase from *Aspergillus niveus* [J]. Journal of Industrial Microbiology, 2009, 36 (12): 1439-1446.

[44] Chen J, Li D C, Zhang Y Q, et al. Purification and characterization of a thermostable glucoamylase from *Chaetomium thermophilum* [J]. Journal of General & Applied Microbiology, 2005, 51 (3): 175-181.

[45] 郭彦言. 糖化酵母葡萄糖淀粉酶基因在酿酒酵母中克隆与表达 [D]. 长春: 长春工业大学, 2015.

[46] Tachibana S, Yasuda M. Purification and characterization of heterogeneous glucoamylases from *Monascus purpureus* [J]. Bioscience Biotechnology & Biochemistry, 2007, 71 (10): 2573-2576.

[47] Michelin M, Ruller R, Ward R J, et al. Purification and biochemical characterization of a thermostable extracellular glucoamylase produced by the thermotolerant fungus *Paecilomyces variotii* [J]. Journal of Industrial Microbiology & Biotechnology, 2008, 35 (1): 17-25.

[48] Jafari-Aghdam J, Khajeh K, Ranjbar B, et al. Deglycosylation of glucoamylase from Aspergillus niger: Effects on structure, activity and stability [J]. Biochimica et Biophysica Acta (BBA) -Proteins and Proteomics, 2005, 1750 (1): 61-68.

[49] Nam K H. Glucose isomerase: Functions, structures, and applications [J]. 2022, 12 (1): 428.

[50] Cho J W, Han B G, Park S Y, et al. Overexpression, crystallization and preliminary X-ray crystallographic analysis of a putative xylose isomerase from *Bacteroides thetaiotaomicron* [J]. Acta Crystallographica Section F:

Structural Biology and Crystallization Communications, 2013, 69 (10): 1127-1130.

［51］李明. 纤维素产葡萄糖异构酶的发酵研究［D］. 北京：北京化工大学, 2013.

［52］Lönn A, Gárdonyi M, van Zyl W, et al. Cold adaptation of xylose isomerase from *Thermus thermophilus* through random PCR mutagenesis: Gene cloning and protein characterization［J］. European Journal of Biochemistry, 2002, 269 (1): 157-163.

［53］Lee M, Rozeboom H J, Waal P D, et al. Metal-dependence of xylose isomerase from *Piromyces* sp. E2 explored by activity profiling and protein crystallography［J］. Biochemistry, 2017, 56: 5991-6005.

［54］索东旺. 高产葡萄糖异构霉菌种的筛选及酶学性质研究［D］. 天津：天津科技大学, 2009.

［55］龙丽娟. 果葡糖浆生产过程乙醛监测与参数调控研究［D］. 广州：华南理工大学, 2017.

［56］Rajendran A, Paredes G, Mazzotti M. Simulated moving bed chromatography for the separation of enantiomers［J］. Journal of Chromatography A, 2009, 1216 (4): 709-738.

［57］张生福, 劳宏江. 果葡糖浆在果汁饮料的应用［J］. 中国食品, 2018 (7): 157-158.

［58］李文钊, 臧传刚, 潘忠, 等. 大米果葡糖浆的生产与应用进展［J］. 当代化工, 2017, 46 (12): 2591-2595.

［59］王然. 啤酒糟酸奶的研制［J］. 中国酿造, 2018, 37 (12): 204-207.

第六章
功能性低聚糖的酶法生产

功能性低聚糖是由 2~10 个单糖通过糖苷键聚合而成的低分子质量的非消化性碳水化合物[1],其在消化道内不被消化吸收,能够直接进入大肠被肠道微生物选择性利用。功能性低聚糖能够促进肠道内双歧杆菌等有益菌的增殖,从而对机体健康产生有益作用,是一类常见的"益生元",其可作为添加剂广泛应用于食品和饲料行业。常见的功能性低聚糖有低聚果糖、低聚木糖、低聚半乳糖、低聚异麦芽糖、低聚龙胆糖等。功能性低聚糖的制备方法分为化学法、酶法和物理法三种,其中酶法是绿色、高效且最具应用潜力的一种方法[2]。淀粉是酶法生产功能性低聚糖的重要原料之一,其经特定酶转化可获得低聚异麦芽糖、低聚龙胆糖、海藻糖、磷酸寡糖等功能性低聚糖。

第一节 低聚异麦芽糖

低聚异麦芽糖(isomaltooligosaccharide,IMO)主要包括异麦芽糖、潘糖、异麦芽三糖(图 6-1)及异麦芽四糖等由 2~10 个葡萄糖通过 α-1,6 糖苷键聚合而成的低聚糖。市售低聚异麦芽糖商品有 IMO-50 和 IMO-90 两种,IMO-50 中低聚异麦芽糖含量需占干物质总量的 50% 以上,其中异麦芽糖、潘糖和异麦芽三糖含量占干物质总量的 35% 以上;IMO-90 要求 IMO 含量达 90% 以上,其中异麦芽糖、潘糖和异麦芽三糖含量达 45% 以上。

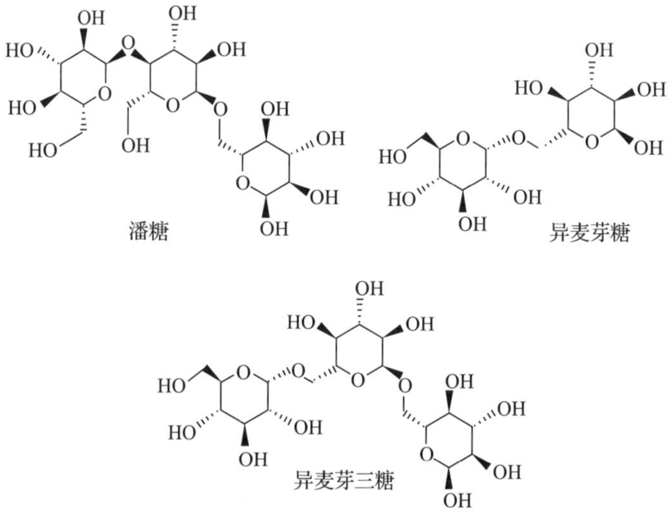

图 6-1 潘糖、异麦芽糖、异麦芽三糖的化学结构

一、生产原理

低聚异麦芽糖的生产通常是以淀粉、葡萄糖等为底物，利用不同特性的酶，通过水解、转苷、缩合等作用生成低聚异麦芽糖。低聚异麦芽糖生产常用的酶制剂是 α-葡萄糖苷酶，其可以催化麦芽糖分子中 α-1，4 糖苷键断裂，重组由 α-1，6 糖苷键连接的异麦芽糖分子，从而实现由麦芽糖到异麦芽糖的异构化过程。同时，从麦芽糖分解出来的葡萄糖单元通过分子间作用的方式与麦芽糖或异麦芽糖发生反应，生成潘糖或者异麦芽三糖。

二、生产用酶

α-葡萄糖苷酶（α-glucosidase，EC 3.2.1.20）又名 α-D-葡萄糖苷水解酶，其从低聚糖的非还原性末端切开 α-1，4 糖苷键，释放出葡萄糖，并将游离的葡萄糖残基转移到另一糖类底物上形成 α-1，6 糖苷键，从而得到非发酵性的低聚异麦芽糖或糖酯、糖肽等。此外，将 α-葡萄糖苷酶和葡萄糖氧化酶共固定化后制成可快速高效检测麦芽糖的生物传感器，应用于食品成分分析、医学诊断和环境分析等方面。因其良好的应用前景，α-葡萄糖苷酶受到了国内外研究者的广泛关注。

（一）催化机制

在糖类底物的水解和转移反应中，糖苷键的裂解主要发生在糖基的异头碳和糖苷氧原子之间。糖基残基在水解反应中被水分子的质子取代，而在转移反应中被来自受体的质子取代，即无论在水解反应还是在转移反应中都发生了糖基和质子间的交换反应。糖苷酶水解糖苷键时，发生酶分子构型的保持或翻转，产物的构型则由酶分子的构型决定[3]。例如，α-淀粉酶水解糖苷键得到 α-端基异构体，β-淀粉酶和葡萄糖淀粉酶水解糖苷键得到 β-端基异构体。而 α-葡萄糖苷酶在催化反应中，能够保持构型生成 α-端基异构体，属于构型保持酶。

α-葡萄糖苷酶的催化反应属于氧碳正离子催化机制，由两步组成：第一步为塑性阶段，在此阶段 α-葡萄糖苷酶的活性中心可根据不同类型的底物，相应发生一定程度的结构变化，从而使 α-葡萄糖苷酶可以和多种糖类底物结合，这一步决定了 α-葡萄糖苷酶具有广泛的底物特异性；第二步是立体结构保持阶段，这取决于酶分子的结构，酶分子的结构决定了水分子或其他受体接近或定向酶反应中心的方向。在这一催化机制中，过渡态结构的离去基团彻底质子化，并且无论底物的初始异头碳构型如何（α 型或 β 型），反应的立体结构都由酶分子的结构控制，而与底物构型无关。例如，甜菜种子和未发芽的稻谷种子中的 α-葡萄糖苷酶以及结晶态黑曲霉 α-葡萄糖苷酶可催化 β-D-吡喃葡萄糖基氟化物生成 α-D-葡萄糖的反应，为这一机制提供了证据[4]。

（二）结构特征

α-葡萄糖苷酶是 α-淀粉酶家族中的一员，属于 GH13 家族。多数 α-葡萄糖苷酶在化学本质上是一种糖蛋白，其中的碳水化合物主要包括甘露糖、葡萄糖、半乳糖和 N-乙酰葡萄糖胺等，不同来源的酶分子中碳水化合物部分所占比例不同。以来源于地芽孢杆菌属（*Geobacillus* sp.）HTA-462 的 α-葡萄糖苷酶的空间结构为例，简述 GH13 家族中 α-葡萄转苷酶的基本结构特征，如图 6-2 所示。该酶由 N 末端、C 末端、亚域（Subdomain）三个区域和 A、B、C 三个不规则区域构成。N 末端结构域为一个 $(\beta/\alpha)_8$ 桶状结构的催化活性中心，其包括的氨基酸范围为 2~102、170~205 和 229~471，其中 Asp199、Glu256 和 Asp326 为催化氨基酸，Tyr63、His103 及 His325 为底物结合位点。C 末端结构域由 β-折叠片段构成，所包含的氨基酸为 472~551，但其功能尚不清楚。不规则的三个区域对应的序列区域分别为 215~218、293~294 和 288~400。

（三）酶学性质

α-葡萄糖苷酶可专一性地切开糖类底物分子中的 α-1,4 糖苷键，个别来源的 α-葡萄糖苷酶也可以作用于蔗糖分子的 α-1,2 糖苷键，可以催化水解包括麦芽糖、蔗糖在内的各种 α-D 吡喃葡萄糖苷。α-葡萄糖苷酶底物特异性的差异取决于其活性中心结合部位的氨基酸构成。

常见的 α-葡萄糖苷酶具有较高的热稳定性和最适温度，最适 pH 一般在 3.5~7.5，这有利于工业化应用。例如，枯草芽孢杆菌（*Bacillus subtilis*）25S 和热容芽孢杆菌（*Bacillus caldolyticus*）C2 来源的 α-葡萄糖苷酶的最适 pH 分别为 7.5 和 7.0，而黑曲霉来源的 α-葡萄糖苷酶的最适 pH 一般为 3.5~6.5。α-葡萄糖苷酶通常在 20℃ 以下贮存稳定，最适温度为 50℃。α-葡萄糖苷酶的热稳定性与其氨基酸组成有关，随酶分子中疏水性氨基酸成分的增加而提高。酶分子中甘氨酸、丙氨酸、脯氨酸及亮氨酸等疏水性氨基酸数量的增加有助于提高其热稳定性，这是由于疏水相互作用加强导致酶分子立体结构更加紧密。

三、生产工艺

工业化生产低聚异麦芽糖一般是以淀粉为原料采用全酶法工艺。首先用耐

高温 α-淀粉酶液化产生低聚糖和糊精,再用 β-淀粉酶和普鲁兰酶等糖化酶将低聚糖和糊精糖化为麦芽糖浆,最后利用 α-葡萄糖苷酶的转糖苷作用催化麦芽糖生成低聚异麦芽糖(图 6-2)。

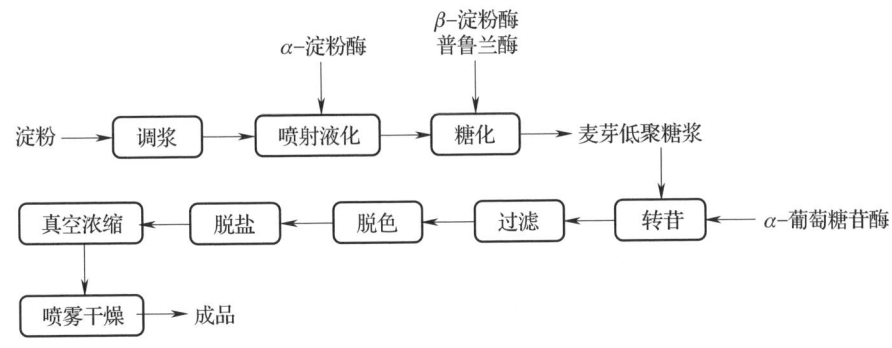

图 6-2 低聚异麦芽糖酶法生产工艺流程

(一)液化、糖化

淀粉乳浓度直接影响液化操作,间接影响糖化程度。淀粉乳浓度一般控制在 30%(质量分数)左右。低聚异麦芽糖的液化工艺与麦芽糊精的液化工艺相似,具体参见第五章第一节;糖化工艺与麦芽糖的糖化工艺相似,具体参见第五章第二节。

(二)转苷

工业上生产低聚异麦芽糖的关键步骤是 α-葡萄糖苷酶催化麦芽糖发生转苷反应合成低聚异麦芽糖,转苷效果受糖化程度的直接影响:若糖化程度低,糖液未完全糖化,即还有大量糊精、支链大分子碳水化合物及其他未被酶解的大分子,而小分子糖含量少,不能提供充足的底物维持接下来的转苷反应;若糖化程度过高,糖化酶作用过于彻底,糖液中会积聚大量麦芽糖和葡萄糖,抑制后续转苷反应的进行。因此,为保证 α-葡萄糖苷酶催化的转苷反应效果,需要精准控制糖化反应的程度。此外,α-葡萄糖苷酶的稳定性和催化效率也极大程度影响了低聚异麦芽糖的生产效率。因此,可以通过筛选优良的酶基因,并通过基因工程对酶进行改造来满足工业化要求。另一方面可以采用固定化酶技术提高酶的利用效率和产品质量,常见的固定化载体包括壳聚糖、海藻酸钠、磷酸钙等。

(三)分离纯化

低聚异麦芽糖生产中会产生葡萄糖、麦芽糖和其他非低聚异麦芽糖低聚糖,影响产品纯度，降低产品功效，因此要通过后续分离步骤得到高纯度的低聚异麦芽糖。色谱分离法是利用待分离物质在分离介质中迁移速度的不同，从而实现不同组分的分离。例如，利用模拟移动床分离技术实现大规模连续化标准化生产，分离产物纯度较高且没有异味。采用六柱连续式模拟移动床分离低纯度的低聚异麦芽糖浆，可得到三糖（异麦芽糖、潘糖、异麦芽三糖）含量在45%的高纯度低聚异麦芽糖和三糖含量在75%以上的葡萄糖两种产品，料水比为1∶（1.5~2）。采用顺序式模拟移动床，以强酸型阳离子树脂为分离介质（如钠型、钾型），可分离得到3种组分：高纯度低聚异麦芽糖、葡萄糖和DP>4的低聚糖，其中高纯度低聚异麦芽糖中三糖（异麦芽糖、潘糖、异麦芽三糖）含量达80%以上[5]。

除此之外还可以采用膜分离法和酶法。膜分离常用的方法为反渗透法和纳滤法，其以压力差为推动力，根据膜的选择透过性可将单糖、二糖、三糖至五糖进行分离。酶法利用酶专一性地选择性除去低聚糖混合物中的某一个或某些组分，如利用葡萄糖氧化酶和过氧化氢酶协同作用除去葡萄糖。

四、理化性质

（一）甜度

低聚异麦芽糖的甜度为蔗糖的45%~50%，且甜味柔和醇美，其甜度随着聚合度的增加而降低。将低聚异麦芽糖与蔗糖混合使用可改善产品的风味。

（二）黏度

低聚异麦芽糖溶液的黏度介于同浓度的蔗糖溶液与麦芽糖溶液之间。其黏度比蔗糖高，更易于保持食品组织结构的稳定；其黏度比麦芽糖低，在食品加工操作时更方便，且对糖果、糕点等食品的组织结构和物理性质无不良影响[6]。

（三）稳定性

低聚异麦芽糖耐强酸耐高温，在pH 3.0和120℃下长时间加热也不会分解。利用低聚异麦芽糖对酸、热的稳定性，将低聚异麦芽糖作为添加剂使用，有利于保持酸性饮料等产品的特性、生理功能及稳定性。

（四）保湿性

低聚异麦芽糖由于持水性强而具有高保湿性，能使各种食品保持湿润状态，防止水分散失,并能抑制蔗糖和葡萄糖结晶。可以有效防止面包、甜点等淀粉类食品的老化,延长食品的货架期[7]。

(五)非发酵性

低聚异麦芽糖具有非发酵性,作为食品添加剂因其不能被酵母菌和乳酸菌利用而保存在食品中,使其特有的各种生理功能不受影响[8]。

五、工业应用

低聚异麦芽糖作为一种健康糖源及具有功能性的添加剂,被广泛应用于传统食品、动物饲料添加剂、保健食品行业中。

(一)在传统食品工业中的应用

由于低聚异麦芽糖的热量低,且不易造成龋齿,因此深受消费者喜爱,尤其是肥胖、糖尿病患者等特殊人群。目前,低聚异麦芽糖已经逐渐替代蔗糖、传统淀粉糖等甜味剂,被添加到饮料、休闲食品、糖果、乳制品等食品中。低聚异麦芽糖部代替蔗糖,应用于面包生产中,几乎不会对产品品质产生负面影响,且产品保湿性明显提升;将低聚异麦芽糖应用于冰淇淋中,有利于改善其质构和口感,又赋予了其特殊的生理功能;将低聚异麦芽糖添加到乳粉中,既具有双歧杆菌增殖功效,还能够降血脂降血糖、促进矿物元素吸收[9]。

(二)在饲料工业中的应用

低聚异麦芽糖既不能被畜禽自身吸收和利用,又不能被肠道大部分有害菌利用,只能被肠道益生菌选择性利用,并促使其增殖,从而能够促进畜禽健康。同时,低聚异麦芽糖具有良好的配伍性、稳定性、满足加工工艺要求的特点,作为饲料添加剂的效果优于抗生素及益生素,还能修复由于服用抗生素而引起的肠道菌群混乱,因此在饲料工业中的应用日益受到重视[10]。

(三)在保健食品工业中的应用

低聚异麦芽糖可以促进钙的吸收来弥补正常的钙流失,从而保持骨骼的发育和健康,适合用于儿童、老年人等特殊群体的补钙产品。此外,由于肠道益生菌能够有效抵抗肠道感染,而低聚异麦芽糖作为肠道益生菌的双歧因子,可以帮助清除肠道内垃圾,维护肠道的吸收功能,因此,为了改善肠道功能和保持机体健康,市场上出现了一些由低聚异麦芽糖粉末制成的保健食品。

第二节 低聚龙胆糖

低聚龙胆糖（gentiooligosaccharide）是由两个及两个以上葡萄糖残基经 β-1,6 糖苷键连接而成的低聚糖混合物（图6-3），其主要分为龙胆二糖、龙胆三糖和龙胆四糖，其中龙胆二糖的含量最高，它是一种具有强烈苦味的二糖。自然界存在天然的低聚龙胆糖，例如，龙胆属的茎和根含有低聚龙胆糖，提炼出来可作为苦味健胃剂；藏红花的色素中含有龙胆二糖的残基；蜂蜜、海藻类多糖中含有低聚龙胆糖。目前，国内外仅有日本企业生产低聚龙胆糖，年产量只有300~400t，产品有糖浆和粉末两种形式，国内还未有工业化商品出现。

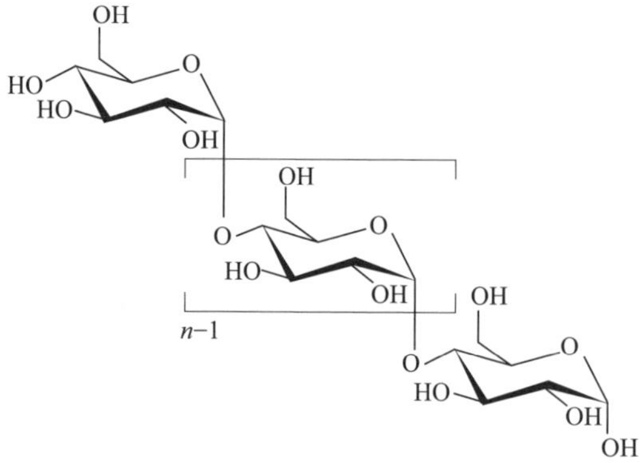

图6-3 低聚龙胆糖的化学结构

一、生产原理

低聚龙胆糖的早期制备主要以从龙胆属茎、根中提取，或还原苦杏仁苷从其副产物中提纯为主，但龙胆属植物中的低聚龙胆糖和苦杏仁中的苦杏仁苷含量低，需要大量原料以适应工业化生产，成本高昂。以淀粉为原料，通过酶法制备低聚龙胆糖具有反应温和、酸碱度适中、环境污染小、能耗低、易于分离提取等优点，适合大规模生产，是生产低聚龙胆糖的主要趋势[11]。酶法制备低聚龙胆糖的关键酶是 β-葡萄糖苷酶。β-葡萄糖苷酶属于糖苷水解酶类，但也具有转糖苷活性，可使低聚糖非还原性末端的糖苷键断裂，释放出葡萄糖，并将游离的葡萄糖基以 β-1,6 糖苷键的形式转移到其他糖底物上生成低聚龙胆糖。

二、生产用酶

β-葡萄糖苷酶（β-glucosidase，EC 3.2.1.21）是一类能够水解 β-D-葡萄糖苷同时释放葡萄糖的水解酶，在地球上分布非常广泛，在古菌、细菌、真核生物中都有分布。其作用方式为水解非还原性末端的 β-1,4糖苷键，同时释放 β-D-葡萄糖和相应的配基。

（一）催化机制

几乎所有的 β-葡萄糖苷酶都能水解 C—O 糖苷键、C—S 糖苷键、C—N 糖苷键、C—F 糖苷键、β-葡萄糖苷键、β-半乳糖苷键等糖苷键，但 β-葡萄糖苷酶在以纤维二糖为底物时呈现最强的水解活性。β-葡萄糖苷酶可以通过逆水解或转糖苷的作用来合成低聚糖，当以高浓度葡萄糖或乳糖为底物时，β-葡萄糖苷酶可以合成二糖、三糖，甚至聚合度更高的低聚糖或糖苷[12]。例如，来自泰国玫瑰木（Thai Rosewood）等植物或黑曲霉、棒囊壳属（Corynascus sp.）、疣孢青霉（Penicillium verruculosum）、里氏木霉、埃切毕赤酵母菌（Pichia etchellsii）等真菌的 β-葡萄糖苷酶均可以催化葡萄糖合成龙胆二糖、昆布二糖、槐糖等功能性低聚糖。

β-葡萄糖苷酶中存在两个催化残基，即一个广义酸碱催化的质子供体和一个亲核基团。大部分 β-葡萄糖苷酶的反应模式都是保留机制，通过糖苷化和去糖苷化这两个步骤来完成催化作用。第一个步骤是糖苷化过程，酸基团或碱基团提供一个质子使糖苷配基离去，起催化作用的亲核试剂对端基碳原子进行亲核攻击，使酶与糖苷通过共价键结合从而形成中间体。第二个步骤是去糖苷化过程，这个过程是糖苷化步骤的逆向过程，即一个水分子在酸/碱基团的帮助下攻击中间体（酶-糖苷），从而取代葡萄糖中起催化作用的亲核基团。在整个反应过程中，中间体（酶-糖苷）在催化反应前后均存在一个过渡态[13]。

（二）结构特征

β-葡萄糖苷酶有多种不同的结构，分别属于 GH1、GH3、GH5、GH9 和 GH30 等不同家族，但在每一个 GH 家族中都有相似的催化部位和折叠结构。其中，族属糖苷水解酶家族-A（GH-A）中的 GH1、GH5 和 GH30 家族都有相似的 $(\beta/\alpha)_8$ 桶状结构，且这个族属的活性位点是在 β-折叠第 4 位和第 7 位上的两个保守羧基氨基酸残基，在催化反应中这两个羧基氨基酸分别起到催化酸/碱和亲核试剂的作用[14, 15]。此外，GH9 家族的 β-葡萄糖苷酶具有 $(\alpha/\alpha)_6$ 桶状结构；而 GH3 家族的 β-葡萄糖苷酶和外切糖苷酶对应的活性位点均具有两个结构域，其中一个是 $(\beta/\alpha)_8$ 桶状结构，另一个结构域在桶状结构的另一侧，是在3个 α-螺旋中包含1个 β-折叠[16]，其活性位点位于起催化作用的羧酸盐残基分别对应的 $(\beta/\alpha)_8$ 和 $(\beta/\alpha)_6$ 结构域上[17]。

到目前为止，几乎所有的 β-葡萄糖苷酶都是保留机制，而GH9家族的 β-葡萄糖苷酶不同于其他的 β-葡萄糖苷酶[18]，是唯一一个具有反向机制的 β-葡萄糖苷酶[19]。此外，GH1家族的 β-葡萄糖苷酶在底物特异性方面具有较高的多样性，是一个理想的研究 β-葡萄糖苷酶底物特异性的基础结构模型。

（三）酶学性质

β-葡萄糖苷酶一般为酸性蛋白，最适pH在3.0~6.0。其中许多酵母菌、细菌的胞内 β-葡萄糖苷酶最适pH则接近细胞的pH 6.0，且耐酸性强，适宜在酸性介质中应用。此外，β-葡萄糖苷酶的最适催化温度分布范围较广，相较于纤维素酶系的其他酶，具有较高的最适催化温度，一般在50~70℃，热稳定性也较好。其中，来源于古细菌的 β-葡萄糖苷酶最适温度最高，其次是来源于植物和普通微生物的 β-葡萄糖苷酶，而来源于动物的 β-葡萄糖苷酶最适温度较低。在实际的工业应用中，β-葡萄糖苷酶的热稳定性越好，在高温环境下的持续催化能力越强，越有利于工业生产。

三、生产工艺

工业化生产低聚龙胆糖主要通过酶法，首先用耐高温 α-淀粉酶液化产生低聚糖和糊精，再用葡萄糖淀粉酶和普鲁兰酶等糖化酶将低聚糖和糊精糖化为葡萄糖浆，最后以高浓度的葡萄糖为原料，通过 β-葡萄糖苷酶的转糖苷作用及缩合作用，合成低聚龙胆糖混合物，经分离精制，得到不同规格的低聚龙胆糖制品（图6-4）。

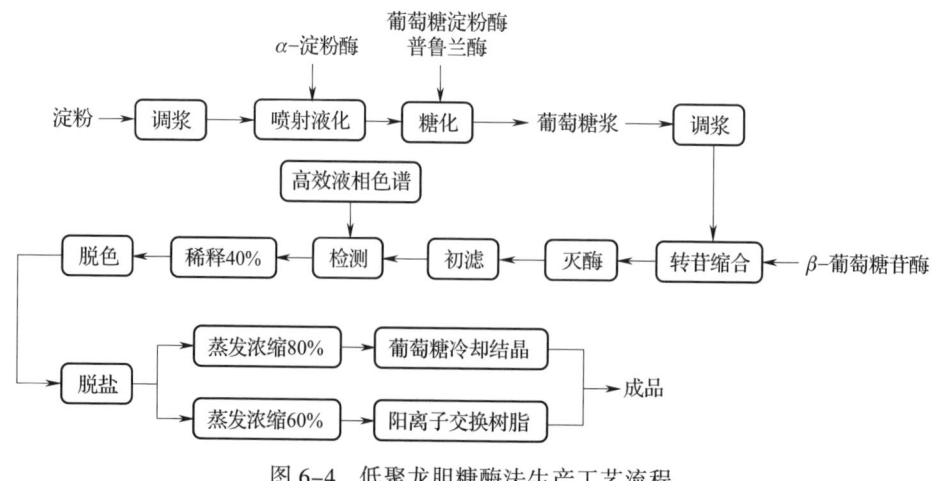

图6-4 低聚龙胆糖酶法生产工艺流程

（一）液化、糖化

低聚龙胆糖的液化工艺与麦芽糊精的液化工艺相似，具体参见第五章第一节；糖化工艺与葡萄糖的糖化工艺相似，具体参见第五章第三节。

（二）转苷

在获得高浓度、高纯度的葡萄糖浆后，需要加入 β-葡萄糖苷酶催化转苷反应。在转苷工艺中，影响低聚龙胆糖产量的主要因素包括葡萄糖浓度、反应温度、反应 pH、反应时间和加酶量等[20]。其中，底物葡萄糖的浓度是影响水解/转苷平衡的一个重要因素。葡萄糖浓度太低会导致转化率低，浓度过高则底物过于浓稠，不利于反应发生，且底物过量后会影响与酶的充分结合，因此控制好糖化程度，即葡萄糖浓度，对低聚龙胆糖的最终得率至关重要。

温度是影响低聚龙胆糖转化率的另一个重要参数，因为反应底物是高浓度的葡萄糖，反应体系中葡萄糖的溶解度随着反应温度的增加而增加，高温可以保证体系中的底物完全溶解，还可以限制微生物对反应体系的污染。反应体系中合适的 pH 对转化率也影响很大，大多数 β-葡萄糖苷酶的最适 pH 偏酸性，当反应体系的 pH 为酸性时，低聚龙胆糖产量较高。

反应时间的长短对转化率影响很大，反应初期，反应液中产物含量少，酶促反应正向进行，低聚龙胆糖的产量迅速上升，随着时间延长，反应逐渐达到平衡。此外，加酶量也是酶转化反应的重要影响因素，加酶量太低会导致转化率低，一定范围内加酶量与低聚龙胆糖累积量成线性关系。但若加酶量过大或反应过长，β-葡萄糖苷酶又会水解低聚龙胆糖。

（三）分离纯化

低聚龙胆糖的生产一般是利用 β-葡萄糖苷酶的糖基转移作用，由于 β-葡萄糖苷酶对底物专一性较差，目标产品的转化率低，产品中可能会含有葡萄糖和少量 β-葡聚糖等副产物。这些副产物在很大程度上影响了低聚龙胆糖的口感和生理功效。分离纯化酶的转化产物，并回收葡萄糖用于再次生产，对于低聚龙胆糖成品的分离精制和降低生产成本有重大意义[21]。常用于分离低聚龙胆糖的方法包括结晶法和色谱柱分离法等。

由于酶法制备的低聚龙胆糖浆通常含有大量葡萄糖，将葡萄糖进行结晶可有效分离低聚龙胆糖和葡萄糖，且方便对葡萄糖再次利用。葡萄糖在水中的溶解度极大，极限过饱和度较高，所以结晶对低聚龙胆糖糖浆中的葡萄糖浓度有很高的要求。此外，糖液中葡萄糖纯度、降温速度、晶种的数量和形态以及搅拌的情况等条件也都会影响葡萄糖结晶。只有建立合适的结晶条件，才能得到葡萄糖晶体，有效地将其与低聚龙胆糖分离。

色谱柱分离法是利用混合物中各组分与色谱柱填料间结合力强弱的差异,即各组分在固定相与流动相间分配系数不同的性质,而使混合物中难吸附与易吸附组分分离的一种技术。以离子交换树脂为填料的色谱柱已成功用于糖类的工业化分离纯化,影响离子交换树脂分离的因素主要是树脂的类型和粒度、洗脱剂的种类、洗脱速度、分离温度、进样量等。建立合适的色谱柱分离条件,有利于低聚龙胆糖的高效分离纯化。

四、理化性质

(一)苦味

低聚龙胆糖具有柔和的提神苦味,类似于巧克力、可可、咖啡、啤酒的苦味,不易引起消费者的不适,且能够减轻水果和蔬菜的涩味,因此,低聚龙胆糖的添加可增加食品口味的丰富性。

(二)持水性

低聚龙胆糖中,龙胆二糖、龙胆三糖、龙胆四糖的保湿性、吸湿性都比蔗糖和麦芽糖高,有利于食品中水分的保持,可用于防止淀粉质食品的老化。

(三)低消化性

低聚龙胆糖是葡萄糖经 $\beta-1,6$ 糖苷键连接而成的低聚糖,不易被人体消化吸收,热量很低,适合肥胖症、高血脂、高血压、糖尿病患者食用[22]。

(四)低黏度

与麦芽糖浆相比,相同浓度的低聚龙胆糖浆黏度较低,有利于食品加工过程的管道输送和传热传质。

(五)稳定性

龙胆低聚糖结构稳定,在 pH 3.0~4.0、120℃加热 10min,只有极少量分解,在食品热加工过程中可长时间保持稳定,而相同条件下蔗糖则降解约75%[23]。

五、工业应用

低聚龙胆糖又被称为低消化性糖,其含有的 $\beta-1,6$ 糖苷键不易被人体消化分解。当低聚龙胆糖到达大肠后,能够被双歧杆菌和乳杆菌选择性地吸收,具有与低聚半乳糖类似的肠道调节功能,能够协助机体改善肠道微生物菌群。

此外，低聚龙胆糖保湿性高，有利于食品保持适宜的水分。目前，低聚龙胆糖在巧克力、冰淇淋、咖啡、调味品、烘烤食品和饮料中都有着广泛应用。此外，龙胆二糖的衍生物在末端带有不同的烷基，据报道可作为抗肿瘤的药物。

第三节 海藻糖

海藻糖（trehalose）是由 2 个 α-D 吡喃葡萄糖分子以 α-1,1 糖苷键连接而成的非还原性双糖（图 6-5）。由于葡萄糖分子具有 α-吡喃葡萄糖和 β-吡喃葡萄糖两种构型，因此葡萄糖分子可以以 α-1,1 糖苷键连接形成三种异构体：α，α-海藻糖（蘑菇糖，mushroom sugar）、α，β-海藻糖（新海藻糖，neotrehalose）和 β，β-海藻糖（异海藻糖，isotrehalose）。其中只有 α，α-海藻糖在自然界中以游离状态存在，即通常所说的海藻糖，其广泛存在于各种生物体中，包括细菌、酵母菌、真菌和藻类以及一些昆虫、无脊椎动物和植物。α，β-型和 β，β-型在自然界中很少见，仅在蜂蜜和蜂王浆中发现了少量的 α，β-型海藻糖。

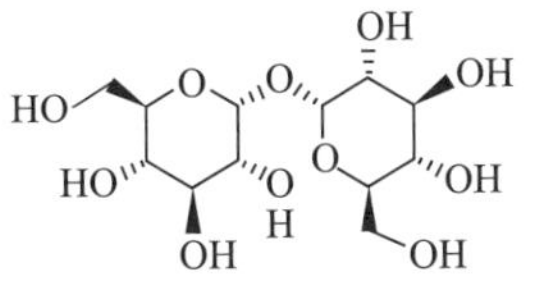

图 6-5 海藻糖的化学结构

一、生产原理

酶法制备海藻糖的方法主要是基于生物体内的海藻糖合成途径，目前已经发现的海藻糖合成途径主要包括麦芽低聚糖基海藻糖合成酶－麦芽低聚糖基海藻糖水解酶（TreY-TreZ）2 步催化途径、海藻糖合酶（TreS）途径、海藻糖糖基转移酶（TreT）途径和海藻糖磷酸化酶（TreP）途径等。其中，TreY-TreZ 途径和 TreS 途径所分别对应的双酶法和单酶法是目前认为最具工业化前景的两种方法，二者均是以淀粉或其衍生物作为原料生产海藻糖（图 6-6）。

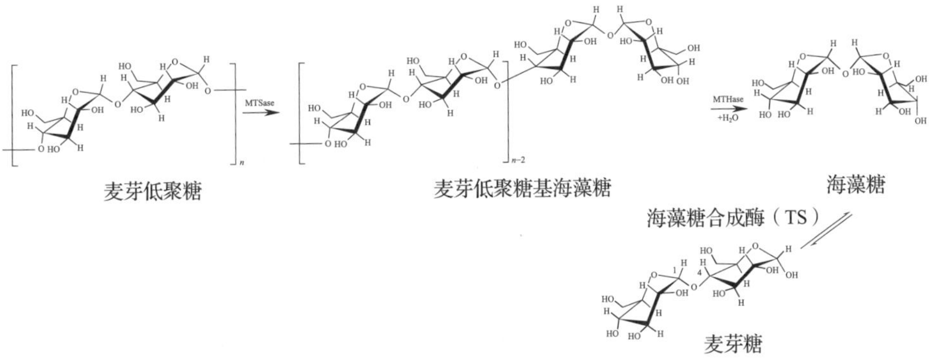

图 6-6 淀粉衍生物生产海藻糖的原理[24]

双酶法是指以淀粉或者麦芽糊精为底物，利用麦芽低聚糖基海藻糖合成酶（maltooligosyltrehalose synthase，MTSase，EC 5.4.99.15）和麦芽低聚糖基海藻糖水解酶（maltooligosyltrehalose hydrolase，MTHase，EC 3.2.1.141）两种酶的协同作用，转化生成海藻糖。其中，MTSase 可以催化糖链还原端的葡萄糖基和相邻的葡萄糖基间的 $\alpha-1,4$ 糖苷键断裂，释放最末端的葡萄糖基，并调整其构象，使之与相邻的葡萄糖基以 $\alpha-1,1$ 糖苷键重新连接，得到麦芽低聚糖基海藻糖（maltooligosyltrehalose）。随后，利用 MTHase 专一水解麦芽低聚糖基海藻糖中的麦芽低聚糖基与海藻糖基间的 $\alpha-1,4$ 糖苷键，生成产物海藻糖。MTSase/MTHase 双酶法大大降低了海藻糖的价格，扩大了海藻糖的应用范围。但 MTSase 只能作用于 DP$\geqslant 4$ 的线性葡聚糖分子，而麦芽糖、麦芽三糖和含有分支的低聚糖仍会残留在反应液中，限制了海藻糖的生产效率[24]。

单酶法以淀粉液化、糖化产生的麦芽糖为底物，利用海藻糖合酶的分子内转糖基作用，将麦芽糖分子中的 $\alpha-1,4$ 糖苷键断裂形成葡萄糖和葡萄糖基，随后直接形成 $\alpha-1,1$ 糖苷键从而将麦芽糖异构为海藻糖。与双酶法相比，这种方法的工艺更为简单，能有效替代双酶法应用于海藻糖的生产，吸引了许多研究人员的关注。

二、生产用酶

海藻糖合酶（trehalose synthase，TreS，EC 5.4.99.16）最早是由 Nishimoto 等从脂肪杆菌属（*Pimelobacter* sp.）R48 和水生栖热菌（*Thermus aquaticus*）中发现并提纯的。迄今为止，国内外研究者已从不同生物中克隆了多种 TreS 基因，包括灼热嗜酸古菌（*Picrophilus torridus*）、金黄节杆菌（*Arthrobacter aurescens*）、霍氏肠杆菌（*Enterobacter hormaechei*）和红色亚栖热菌（*Meiothermus ruber*）等[25]。利用海藻糖合酶一步转化麦芽糖生成海藻糖是一个方便、快捷的途径，具有极大的应用前景。

（一）催化机制

TreS 通过分子内转糖苷作用，将还原性的麦芽糖一步转化为非还原性的海藻糖，是一种分子内转苷酶。这个转化过程是可逆的，可在 $\alpha-1,4$ 和 $\alpha-1,1$ 糖苷键之间相互转化，但在多数情况下都倾向于海藻糖的生成方向。Zhang 等证明了来源于耻垢分枝杆菌（*Mycobacterium smegmatis*）的 TreS 的两步、双置换催化机制，这与 GH13 家族的其他成员是一致的[26]。如图 6-7 所示，首先，TreS 的亲核基团 Asp230 攻击底物的异头中心，形成一个共价的 β-葡萄糖-酶中间体，并在催化口袋内形成游离葡萄糖；随后，释放出来的葡萄糖在活性部位重新调整为 1-羟基或 4-羟基，以便再次发生取代，形成产物[24]。此外，葡萄糖会抑制 TreS 的活性，例如，在反应体系中加入 50mmol/L 的葡萄糖会使海藻糖酶的活性降低 75%，这间接证明了 β- 葡萄糖 - 酶是 TreS 转化反应中间体的假设[27]。

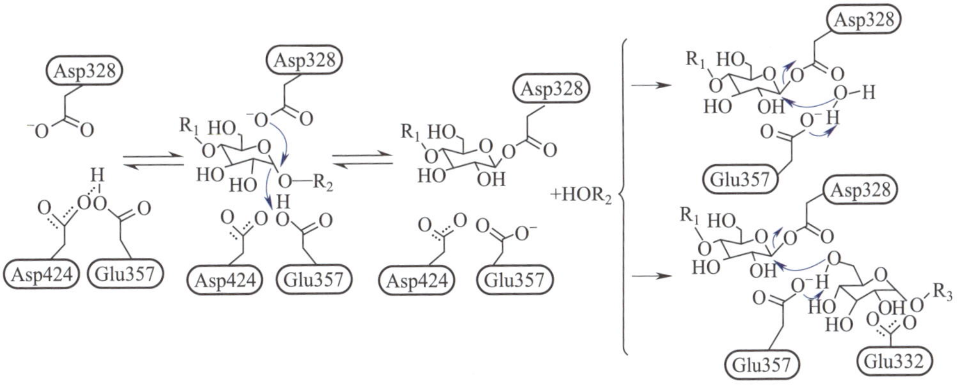

图 6-7 TreS 的催化机制[26]

（二）结构特征

TreS 是 GH13 家族中的一员，由（β/α）$_8$ 桶状结构、结构域 B 和 C 末端结构域三个结构域组成（图 6-8）。C 末端结构域由一个从 β13 到 β19 的 7 链反平

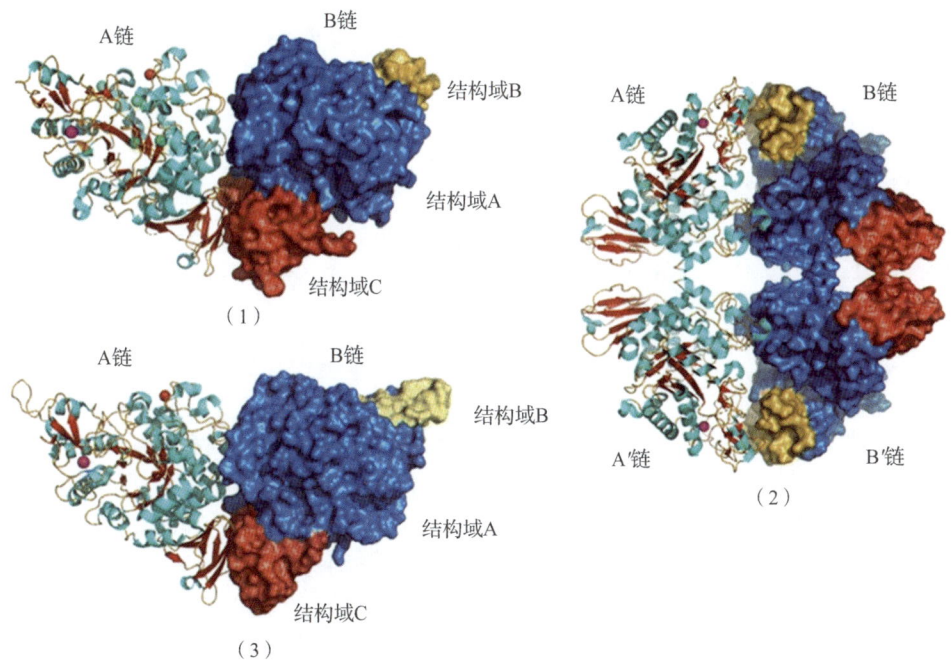

图 6-8 TreS 的结构示意图[24]

（1）来源于耻垢分枝杆菌的 TreS（PDB ID：3Z09）（2）来源于结核分枝杆菌（*Mycobacterium tuberculosis*）的 TreS（PDB ID：4LXF）（3）来源于耐辐射奇球菌的 TreS（PDB ID：4TVU）

行 β-三明治组成，而子域 7（S7）和子域 8（S8）含有很多环状结构，这是 TreS 特有的结构。在来源于耐辐射奇球菌（*Deinococcus radiodurans*）的 TreS 中，结构域 C 和 S8 有助于二聚体的形成，而结构域 B 和 S7 则主要负责 TreS 活性中心的开启和关闭[28]。Zhang 等通过对来源于耻垢分枝杆菌的 TreS 晶体结构的研究，提出该 TreS 可能具有两个不同的底物结合位点，分别结合麦芽糖和海藻糖[26]。而进一步的研究发现，来源于耻垢分枝杆菌的 TreS 不仅能催化麦芽糖和海藻糖之间的相互转化，还能够以糖原或者麦芽低聚糖（如麦芽七糖）为底物生成麦芽糖和海藻糖。此外，来源于嗜热菌的 TreS 比常温 TreS 多出一个额外的 C 末端结构域，这种 C 末端结构域能够增加 TreS 的热稳定性，并降低反应中副产物葡萄糖的生成。Wang 等通过对嗜热栖热菌来源的 TreS 的 C 末端结构域缺失体和连接了 C 末端结构域的耐辐射奇球菌 TreS 融合蛋白进行研究发现，C 末端结构域在维持热稳定性、减少副产物葡萄糖生成、提高 TreS 活性等方面起着关键作用[29]。

（三）酶学性质

大多数 TreS 来源于常温菌，最适反应温度一般在 25~35℃，最适 pH 在 6.5~8.0。TreS 的耐热性普遍不高，且在温度较低时具有较高的海藻糖产率，当温度升高时，酶活力下降，同时又会把部分麦芽糖底物水解为葡萄糖，降低海藻糖产率。例如，来源于施氏假单胞菌（*Pseudomonas stutzeri*）CJ38 的 TreS，最适反应温度只有 15℃；而来源于弯曲高温单孢菌（*Thermomonospora curvata*）DSM 43183、金黄节杆菌等的 TreS，转化率只有 50% 左右。相比之下，某些耐热性菌来源的 TreS，具有耐酸、耐高温等特性，底物转化率也较高。例如，从水生栖热菌 ATCC 33923 中分离得到的 TreS 是一种耐高温酶，最适温度可达到 60℃，以 40% 的麦芽糖为底物反应 72h，转化率可达到 80%；来源于灼热嗜酸古菌的 TreS，在 45℃、pH 6 时能保持较高的活性，转化率可达 70%。

三、生产工艺

尽管海藻糖的双酶法生产工艺可以直接以淀粉或者麦芽糊精作为底物，但 MTSase 只能作用于 DP ≥ 4 的线性葡聚糖分子，而麦芽糖、麦芽三糖和含有分支的低聚糖仍会残留在反应液中，限制了海藻糖的生产效率。而单酶法以淀粉液化、糖化产生的麦芽糖为底物，这种方法的工艺相对简单，首先用耐高温 α-淀粉酶液化产生低聚糖和糊精，再用 β-淀粉酶和普鲁兰酶等糖化酶将低聚糖和糊精糖化为麦芽糖浆，然后通过 TreS 的转苷作用催化麦芽糖生成海藻糖，最后经过脱色、脱盐、分离提纯、浓缩和结晶，即可得到海藻糖产品（图 6-9）。这种方法得到的海藻糖产物纯度高、副产物少，能够很好地替代双酶法应用于海藻糖的生产，吸引了研究人员的关注。

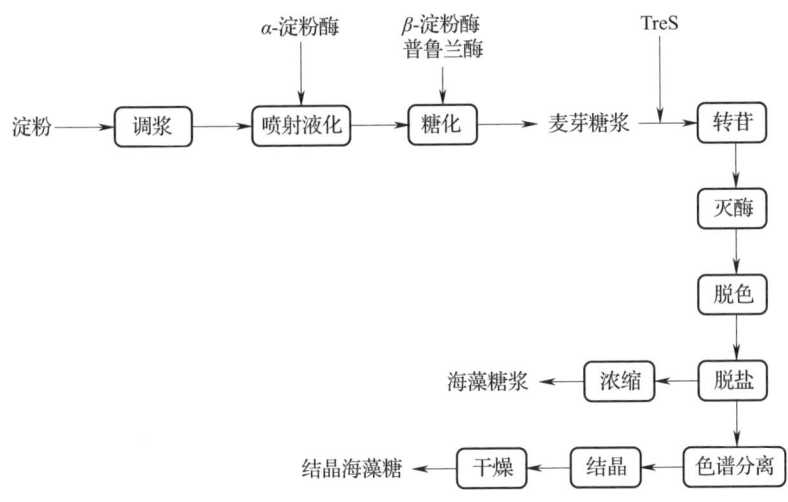

图 6-9 海藻糖的单酶法生产工艺流程

（一）液化、糖化

淀粉乳浓度直接影响液化操作，间接影响糖化程度。淀粉乳浓度一般控制在 30%（质量分数）左右。海藻糖的液化工艺与麦芽糊精的液化工艺相似，具体参见第五章第一节；糖化工艺与麦芽糖的糖化工艺相似，具体参见第五章第二节。

（二）转苷

转苷工艺的主要原理是利用 TreS 催化麦芽糖分子内的 α-1,4 糖苷键转变为 α-1,1 糖苷键，生成海藻糖。由于 TreS 只能转化麦芽糖生成海藻糖，不能转化麦芽三糖及以上的麦芽低聚糖，因此淀粉液化、糖化后，麦芽糖浆的纯度也直接影响海藻糖的得率和副产物产量。其中，麦芽糖浆的纯度一般在 80% 以上，转化温度为 25~40℃，pH 控制在 7.0~8.0，转化 12~16h 能够获得含有海藻糖（60%~65%）、麦芽糖（30%~35%）、少量葡萄糖（5%~8%）和残余糊精（2%~3%）的混合糖浆。这意味着至少有 30% 的麦芽糖原料未被利用，需要将海藻糖分离提纯，并分离麦芽糖以再次利用。

（三）分离纯化

海藻糖分离纯化的方法主要包括结晶分离、色谱提纯（如模拟移动色谱分离技术）和微生物发酵法。例如，张晓元利用酵母菌发酵预处理去除原料麦芽糖浆中的葡萄糖，以消除底物抑制，提高酶法生产海藻糖产率，降低副产物葡萄糖产量，能为实际生产提供一定的指导[30]；杨亚威采用模拟移动床对混合糖浆进行分离，能够得到纯度 97.6% 的海藻糖，平均质量浓度为 58.1g/L，经过三个周期的循环，海藻糖的回收率为 83.2%，实现了海藻糖的连续纯化分离[31]；宋龙祥等采用复合卷式纳滤膜分离纯化海藻糖，通过调节海藻糖浓缩倍数、加水倍数、平均膜通量等参数，可制备纯度93.1%的海藻糖，回收率为87.8%[32]。

四、理化性质

（一）甜度

海藻糖甜度较低，约为蔗糖的45%左右，且甜味爽口、适中、无后味。

（二）吸湿性

海藻糖有两种存在形式：一种是无水海藻糖，不含结晶水；一种是结晶海藻糖，含有两分子结晶水。二水结晶海藻糖在相对湿度90%以下无吸湿性，而无水结晶海藻糖在相对湿度30%以上有吸湿性。这一性质使海藻糖既具有低吸湿性，又具有高保湿性和脱水功能[33]。

（三）溶解性

海藻糖不溶于丙酮和乙醚，易溶于冰醋酸、热乙醇及水。海藻糖在水中的溶解度随温度有明显变化，温度达到80℃以上时溶解度大于蔗糖，而10℃时溶解度小于蔗糖[34]。

（四）稳定性

海藻糖化学性质稳定，无还原性，耐酸性、耐热性好，在100℃高温下储存1d后，理化性质几乎保持不变。此外，海藻糖加热至97℃时开始熔化，继续加热至130℃会重新凝固，这是由于海藻糖失去了结晶水，变为无水海藻糖；加热至203℃时，无水海藻糖会再次熔化[35]。

五、工业应用

海藻糖具有稳定蛋白质等生物大分子稳定生物膜及抗逆保鲜作用，可作为保湿剂、生物活性物质的稳定剂和保护剂，广泛用于食品、医药、化妆品等各个行业。

（一）在食品中的应用

海藻糖具有冷冻、干燥抗性、非还原性、优质甜味、低热值、防龋齿等特性，在食品领域有着广阔的应用前景。海藻糖甜度低，甜味爽口，不留后味，渗透压与蔗糖相当，具有抗龋齿功能，可在食品中代替蔗糖使用，广泛应用于各种糖果、口香糖、糕点、饮料、调味品、冰淇淋、巧克力等中，能够适度地改变食物的风味。对富含蛋白质的食品，如肉制品、乳制品、鱼制品、蛋制品等，海藻糖可防止蛋白质因干燥、冷冻引起的变性。海藻糖不与氨基酸发生美拉德反应，可以抑制薯片和谷物等食品在加热、加工过程中丙烯酰胺的形成，防止含蛋白质食品因长时间热处理导致的色泽劣变。海藻糖作为食品稳定剂还具有抑制脂肪酸降解的功能，因而被用于蛋糕、甜甜圈和蛋黄酱之类的食品中，抑制油脂性食品的变质。此外，二水结晶海藻糖在相对湿度90%以下无吸湿性，无水海藻糖在相对湿度30%以上有吸湿性，这一性质使其既具有低吸湿性，又具有高保湿性和脱水功能，可延缓淀粉老化，延长食品货架期，将海藻糖加入含水食品中可制成风味良好且稳定的脱水食品。

（二）在医药中的应用

海藻糖对生物体及生物大分子具有一定的非特异性保护作用，可作为一种良好的稳定剂，用于保护器官、组织、细胞、疫苗、抗体等生物制品，以避免其在处理过程中变性或失活。例如，海藻糖可以用作红细胞冷冻运输过程中的保护剂，保持红细胞的活性；同样，海藻糖可以保护血小板，使血小板的微膜结构保持稳定。京都大学基于海藻糖开发了一种新的器官保存溶液（ET-Kyoto），并成功地应用于临床肺移植[36]。此外，海藻糖对一些疾病如亨廷顿舞蹈症、骨质疏松症、干眼综合征具有缓解和辅助治疗的作用，还可应用于抗肿瘤与抗癌药物的研发等其他医疗用途。

（三）在化妆品中的应用

海藻糖具有保湿、防晒、防紫外线等功效，且已被证明是一种安全、稳定的天然产品，可用于沐浴油、洗发水、生发滋补剂、皮肤乳润肤露和除臭剂等。海藻糖作为稳定剂能够抑制化妆品中的油脂分解，延长这些商品的货架期。同时作为保湿剂，海藻糖能有效地保护表皮细胞膜结构，活化细胞，保持皮肤原有营养和水分，温和滋润肌肤，使肌肤莹亮、光泽、柔嫩、健康自然有弹性。海藻糖还可以作为自由基的清除剂，避免皮肤晒伤及黑色素沉淀，能够将外来的热量辐射出去，有效抵抗皮肤老化现象。此外，海藻糖可以抑制人体不饱和脂肪酸的降解，减少其降解产生的让人不愉快的人体异味。海藻糖作为新一代化妆品添加剂，已成为化妆品市场消费的一个热点。

第四节　磷　酸　寡　糖

磷酸寡糖（phosphoryl oligosaccharide）是分子中带有磷酸酯键，且聚合度在3~6的低聚麦芽糖混合物。磷酸寡糖中磷酸根与葡萄糖残基的主要结合方式如图 6-10 所示，磷酸根可与葡萄糖分子的 C6 或 C3 位形成酯键。由于淀粉中通常含有少量的含氮化合物、脂质和无机盐，而无机盐主要是磷酸和某些阳离子形成的盐类，磷酸在淀粉中一部分以磷脂的形式存在，另一部分则以磷酸酯的形式结合在葡萄糖残基上。后一种形式的磷酸主要存在于薯类淀粉的支链淀粉中，而在谷类淀粉中较少。马铃薯淀粉是各类淀粉中结合磷含量最高的天然磷酸酯淀粉，分子中平均每 200~500 个葡萄糖基中有一个磷酸基，是制备磷酸寡糖的理想原料。

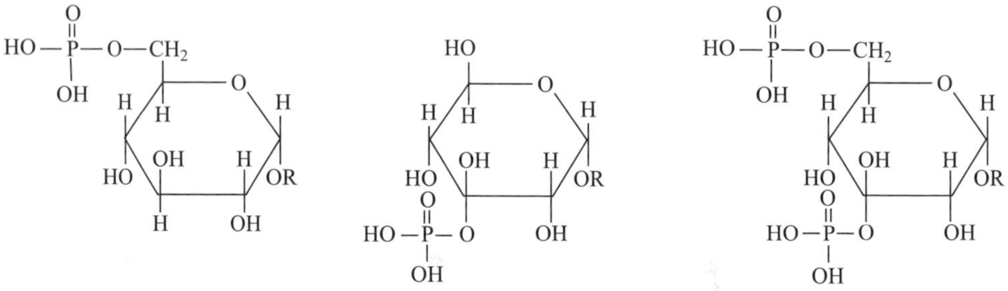

图 6-10　磷酸寡糖中磷酸根与葡萄糖残基的主要结合方式
（1）磷酸根与葡萄糖分子 C6 位形成酯键　（2）磷酸根与葡萄糖分子 C3 位形成酯键
（3）磷酸根与葡萄糖分子 C6 和 C3 位均形成酯键

一、生产原理

采用酶工程对淀粉分子进行限制和定向水解是制备磷酸寡糖的关键技术之一，可以应用的酶主要有 α-淀粉酶、β-淀粉酶、普鲁兰酶和异淀粉酶等。磷酸寡糖的生产原理与传统淀粉糖的生产原理类似，在制备过程中，由于淀粉酶水解糖苷键的反应，受到连接在葡萄糖残基上磷酸根的电荷效应和空间位阻效应的影响，与磷酸基团邻近的糖苷键不能被淀粉酶作用，从而生成磷酸寡糖。同时，结合在淀粉分子非还原性末端上不含磷酸基团的葡聚糖片段会在淀粉酶的作用下水解生成中性糖[37]。

二、生产用酶

在磷酸寡糖的生产中需要多种酶进行协同作用，主要涉及液化酶和糖化酶。液化酶通常采用耐高温的 α-淀粉酶，可以随机水解淀粉分子内部的 α-1,4 糖苷键，使长链淀粉变为短链糊精、低聚糖等，降低淀粉黏度，具体催化机制、结构特征和酶学性质参见第五章第二节。糖化酶包括 β-淀粉酶、普鲁兰酶和异淀粉酶,其中β-淀粉酶从淀粉的非还原性末端依次切开相隔的α-1,4糖苷键,生成麦芽糖,具体催化机制、结构特征和酶学性质参见第五章第二节。与此同时,淀粉分子还存在一些分支部位,普鲁兰酶和异淀粉酶能作用于分支部位的α-1,6糖苷键,生成线性的寡糖。

三、生产工艺

工业上通常采用全酶法制备磷酸寡糖,生产工艺与传统淀粉糖的生产工艺类似,通常是以马铃薯淀粉为原料,经过液化和糖化后生成麦芽低聚糖浆,再从麦芽低聚糖浆中分离出磷酸寡糖(图6-11)。

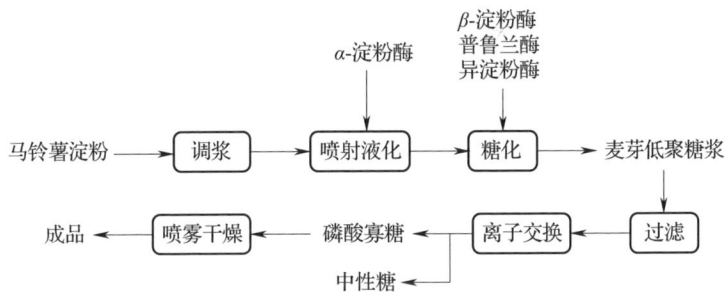

图6-11 磷酸寡糖酶法生产工艺流程

(一)马铃薯淀粉的液化、糖化

将淀粉乳浓度调至30%~40%(质量分数),调节pH至5.0~6.5,并加入氯化钙作为淀粉酶的保护剂和激活剂。由于磷酸寡糖是分子中带有磷酸酯键,且聚合度在3~6的麦芽低聚糖混合物,在酶解马铃薯淀粉时,需要将DE值控制在一定范围内,使得糖液中聚合度在3~6的麦芽寡糖含量最高。影响DE值的因素有多个,如淀粉水解反应时间、反应温度、酶的添加量等。工业上常采用喷射液化的方法制备低DE值的麦芽低聚糖,喷射液化可在极短时间内将物料升到所需温度,再通过一段时间的保温处理,使淀粉迅速彻底均匀液化,组分分布均匀,且能够在短时间内使淀粉酶失活,有效控制淀粉的水解程度。一般将液化DE值控制在8~15,糖化DE值控制在30~40,有利于磷酸寡糖的制备[38]。

(二)分离纯化

马铃薯淀粉酶解过程中会产生部分中性糖,影响产品纯度。由于磷酸寡糖带有阴离子,可以通过离子交换法去除不带电荷的中性糖,再用一定离子强度的溶液将吸附在离子交换柱上的磷酸寡糖洗脱。选择阴离子交换树脂时需要考虑树脂对磷酸寡糖的吸附和解吸附能力，在洗脱过程中首先用去离子水洗脱中性糖。高离子强度的洗脱剂通常采用 NaCl 溶液，通过控制洗脱液浓度和洗脱速度等因素达到最佳的洗脱效果。此外，活性炭吸附和醇沉法也可用于去除产物中的中性糖，但它们分离磷酸寡糖的专一性较差，所以目前多使用离子交换的方法去除中性糖。

（三）品质控制

磷酸寡糖是从天然马铃薯淀粉水解液中分离出来的，分离获得的磷酸寡糖含量低、成分复杂、纯化难度大，给磷酸寡糖的品质控制带来了一定的难度。目前尚未有磷酸寡糖标准品面市，无法直接对磷酸寡糖进行定性定量分析。主要是采用碱性磷酸酯酶对磷酸寡糖进行脱磷酸根处理，使其转化为麦芽低聚糖，再采用麦芽低聚糖的分析和检测方法对其进行分析测定[39]。

四、理化性质

（一）促进人体对钙、铁等矿物质的吸收

钙、铁在人体小肠内被吸收的前提是保持溶解状态。磷酸寡糖能与钙、铁等矿物质形成可溶性复合物，并阻碍其与日常摄入的碱性磷酸盐、草酸盐、植酸等形成难溶的化合物，使得钙、铁离子在肠道内保持较高浓度，从而有利于吸收[40]。

（二）抗龋齿、促进牙齿再矿化

磷酸寡糖不能被生龋齿的细菌代谢利用，还具有缓冲能力，能够降低口腔中的酸度，从而减少龋齿的发生，并促进牙齿的再矿化[41]。

（三）抗淀粉老化

磷酸寡糖具有多个羟基，与水分子有较强的结合能力，能够维持食品的水分活度，对淀粉老化有一定的抑制作用。同时，磷酸寡糖分子中的磷酸基团也具有阻碍淀粉分子定向取向的作用。此外，磷酸寡糖还能够保持淀粉溶液体系的稳定，这些特性都有利于其抑制淀粉的老化[42]。

（四）无不良风味及口感

浓度为 10g/L 的磷酸寡糖溶液无苦味，也没有其他不良风味及口感。因此，磷酸寡糖作为添加剂添加于食品中时，不会影响产品原有的风味及口感[43]。

五、工业应用

（一）在口腔护理产品中的应用

磷酸寡糖能与钙离子形成可溶性复合物，促进肠道对钙离子的吸收，且不被口腔微生物发酵利用。因此，可将磷酸寡糖或磷酸寡糖钙应用于口腔护理的产品中，如牙膏、漱口液、含片等，从而起到良好的口腔保健效果。已有研究者将磷酸寡糖作为一种功能性添加剂加入口香糖中，证明磷酸寡糖确实起到了强化牙齿釉质的再矿化、防止齿质损害的效果。

（二）在食品中的应用

磷酸寡糖具有很强的抑制淀粉老化能力，且效果超过日本已上市的抗淀粉老化制剂"Fujioligo"，因此可作为抗老化保鲜剂，添加到米团、年糕和面包等淀粉质食品中，起到抗回生、防老化、保质保韧的功效。

（三）在农业和园艺领域中的应用

磷酸寡糖可以添加到液体或粉末状肥料及药剂中，起到保持水果和切花货架期的作用[44]。

参考文献

[1] 刘花兰，姜竹茂，刘云国，等.功能性低聚糖的制备、功能及应用研究进展[J].中国食品添加剂，2015（12）：158-166.

[2] 杨绍青，刘学强，刘瑜，等.酶法制备几种功能性低聚糖的研究进展[J].生物产业技术，2019（4）：16-25.

[3] Degnan B A, Macfarlane G T. Synthesis and activity of α-glucosidase produced byBifidobacterium pseudolongum [J]. Current Microbiology, 1994, 29（1）: 43-47.

[4] Piller K, Daniel R M, Petach H H. Properties and stabilization of an extracellular α-glucosidase from the extremely thermophilic archaebacteria Thermococcus strain AN1: Enzyme activity at 130℃ [J]. Biochimica et Biophysica Acta（BBA）-Protein Structure and Molecular Enzymology, 1996, 1292（1）: 197-205.

[5] 车夏宁，林海龙，赵永武，等.低聚异麦芽糖理化功能特性及生产方法研究

进展[J]. 中国酿造, 2014, 33 (7): 20-23.

[6] 符琼. 大米淀粉酶法制备低聚异麦芽糖的研究[D]. 长沙: 中南林业科技大学, 2011.

[7] 岳振峰. 固定化酶法生产低聚异麦芽糖及其纯化研究[D]. 广州: 华南理工大学, 2001.

[8] 王良东. 低聚异麦芽糖性质、功能、生产和应用[J]. 粮食与油脂, 2008, (4): 43-47.

[9] 赵晋, 王娇, 阚健全. 低聚异麦芽糖生理功能及应用的研究进展[J]. 食品研究与开发, 2007 (2): 166-170.

[10] 童星. 重组α-葡萄糖苷酶转化废弃薯渣生产低聚异麦芽糖的研究[D]. 无锡: 江南大学, 2009.

[11] 徐星豪. 低聚龙胆糖制备用酶的基因挖掘、重组表达及复配应用[D]. 无锡: 江南大学, 2020.

[12] Arthornthurasuk S, Jenkhetkan W, Suwan E, et al. Molecular characterization and potential synthetic applications of GH1 β-glucosidase from higher termite *Microcerotermes annandalei* [J]. Applied Biochemistry and Biotechnology, 2018, 186 (4): 877-894.

[13] Rye C S, Withers S G. Glycosidase mechanisms [J]. Current Opinion in Chemical Biology, 2000, 4 (5): 573-580.

[14] Henrissat B A. A classification of glycosyl hydrolases based on amino acid sequence similarities [J]. Biochemical Journal, 1991, 280 (2): 309-316.

[15] Jenkins J, Leggio L L, Harris G, et al. β-Glucosidase, β-galactosidase, family A cellulases, family F xylanases and two barley glycanases form a superfamily of enzymes wit 8-fold β/α architecture and with two conserved glutamates near the carboxy-terminal ends of β-strands four and seven [J]. FEBS Letters, 1995, 362 (3): 281-285.

[16] Varghese J N, Hrmova M, Fincher G B. Three-dimensional structure of a barley β-D-glucan exohydrolase, a family 3 glycosyl hydrolase [J]. Structure, 1999, 7 (2): 179-190.

[17] Hrmova M, Varghese J N, Gori R D, et al. Catalytic mechanisms and reaction intermediates along the hydrolytic pathway of a plant β-D-glucan glucohydrolase [J]. Structure, 2001, 9 (11): 1005-1016.

[18] Park J K, Wang L X, Patel H V, et al. Molecular cloning and characterization of a unique β-glucosidase from *Vibrio cholerae* [J]. Journal of Biological Chemistry, 2002, 277 (33): 29555-29560.

[19] Boot R G, Verhoek M, Donker-Koopman W, et al. Identification of the non-lysosomal glucosylceramidase as β-glucosidase 2 [J]. Journal of Biological Chemistry, 2007, 282（2）: 1305-1312.

[20] 盛玲玲. *Thermotoga* sp. β-葡萄糖苷酶重组表达、分子改造及制备低聚龙胆糖研究 [D]. 无锡: 江南大学, 2020.

[21] 刘玲玲. β-葡萄糖苷酶转化葡萄糖制备低聚龙胆糖的研究 [D]. 无锡: 江南大学, 2009.

[22] 黄琼华. 带苦味的低聚龙胆糖玉米糖浆 [J]. 中国食品添加剂, 2001, （2）: 52-54.

[23] 王钏. 固定化 β-葡萄糖苷酶制备龙胆低聚糖工艺研究 [D]. 西安: 陕西科技大学, 2012.

[24] Cai X, Seitl I, Mu W, et al. Biotechnical production of trehalose through the trehalose synthase pathway: Current status and future prospects [J]. Applied Microbiology and Biotechnology, 2018, 102（7）: 2965-2976.

[25] 王希晖. 高效表达海藻糖合酶重组枯草芽孢杆菌的构建与优化 [D]. 济南: 齐鲁工业大学, 2019.

[26] Zhang R, Pan Y T, He S, et al. Mechanistic analysis of trehalose synthase from *Mycobacterium smegmatis* [J]. Journal of Biological Chemistry, 2011, 286（41）: 35601-35609.

[27] Janeček S. α-Amylase family: Molecular biology and evolution [J]. Progress in Biophysics and Molecular Biology, 1997, 67（1）: 67-97.

[28] Wang Y L, Chow S Y, Lin Y T, et al. Structures of trehalose synthase from *Deinococcus radiodurans* reveal that a closed conformation is involved in catalysis of the intramolecular isomerization [J]. Acta Crystallographica Section D: Biological Crystallography, 2014, 70（12）: 3144-3154.

[29] Wang J H, Tsai M Y, Chen J J, et al. Role of the C-terminal domain of *Thermus thermophilus* trehalose synthase in the thermophilicity, thermostability, and efficient production of trehalose [J]. Journal of Agricultural and Food Chemistry, 2007, 55（9）: 3435-3443.

[30] 张晓元, 郝荣华, 刘飞, 等. 麦芽糖浆预处理对酶法生产海藻糖的影响研究 [J]. 食品工业科技, 2016, 37（11）: 161-164.

[31] 杨亚威. 色谱法分离海藻糖技术研究 [D]. 济南: 齐鲁工业大学, 2013.

[32] 宋龙祥, 张欣宜, 王冲, 等. 多酶催化制备海藻糖及分离提取工艺优化 [J]. 齐鲁工业大学学报, 2021, 35（3）: 7-12.

[33] 张欣. 生物酶法合成海藻糖工艺的改进研究 [D]. 北京: 北京化工大学, 2006.

[34] 魏连圣. 固定化细胞酶法转化淀粉质生产海藻糖技术研究［D］. 济南：齐鲁工业大学，2013.

[35] 王松. MTSase 和 MTHase 异源同体协同表达研究［D］：［硕士学位论文］. 济南：齐鲁工业大学，2020.

[36] Omasa M, Hasegawa S, Bando T, et al. Application of ET-Kyoto solution in clinical lung transplantation［J］. Annals of Thoracic Surgery，2004，77（1）：338-339.

[37] 朱培蕾，汪名春，刘霞，等. 马铃薯淀粉磷酸寡糖的全酶法制备及其分离［J］. 食品与发酵工业，2009，35（5）：74-78.

[38] 朱培蕾. 马铃薯淀粉全酶法制备磷酸寡糖的研究［D］. 合肥：安徽农业大学，2007.

[39] 毛跟年，张嫱，杨亚洲，等. 磷酸寡糖检测方法的研究［J］. 食品工业科技，2003（12）：94-95.

[40] 刘霞. 磷酸寡糖全酶法制备工艺的研究［D］：［硕士学位论文］. 合肥：安徽农业大学，2010.

[41] 杨丽. 磷酸寡糖的制备及分离研究［D］. 合肥：安徽农业大学，2011.

[42] 杨文军. 马铃薯淀粉制备磷酸寡糖的研究［D］. 合肥：安徽农业大学，2010.

[43] 朱培蕾，汪名春，杜先锋. 新型功能性低聚糖——磷酸寡糖的功能特性及应用［J］. 食品与发酵工业，2007（7）：107-111.

[44] 田晓敏，吴茜茜，蔡敬民，等. 马铃薯淀粉磷酸寡糖研究进展［J］. 食品工业科技，2010，31（1）：406-8+11.

第七章

特定功能低聚物的酶法生产

除上一章提到的能起到益生元作用的功能性低聚糖以外，淀粉经酶转化还可以得到许多其他类型的低聚物。这些产物由葡萄糖聚合而成，具有独特的理化性质和功能，因而在食品、医药、化工等领域受到了广泛关注。由于葡萄糖单元聚合程度和连接方式的差异，这些低聚物与功能性低聚糖不同，呈现出多样化的功能作用，例如可作为载体包合客体分子、延缓淀粉老化、控制餐后血糖反应等，因此笔者将其命名为特定功能低聚物。

特定功能低聚物主要有环状和直链两种结构形式，目前研究和应用较为广泛的主要包括环糊精和直链麦芽低聚糖等。其中环糊精属于环状的特定功能低聚物，因其特殊的环状结构形成的空腔能够包合不同的客体分子。根据聚合度和分支结构的不同，环糊精又可分为普通环糊精、分支环糊精和大环糊精三种不同类型。直链麦芽低聚糖属于直链的特定功能低聚物，是一种新型的线性低聚糖，根据葡萄糖单元数目的不同，可分为直链麦芽三糖、四糖、五糖、六糖和七糖等。直链麦芽低聚糖具有良好的理化性质和独特的生理功效，在运动饮料、特殊膳食用食品和婴幼儿保健食品等领域应用前景广阔。

第一节　普通环糊精

环糊精（cyclodextrin，CD）是由环糊精葡萄糖基转移酶作用于淀粉而生成的一类环状低聚物，由 D 型吡喃葡萄糖单元通过 α-1,4 糖苷键连接而成[1]。最常见的葡萄糖单元数目为 6、7 和 8 个，分别被称为 α-、β- 和 γ- 环糊精，也可称为普通环糊精。环糊精最具标志性的特征为其中空的桶状结构，由于组成环糊精的 D 型吡喃葡萄糖单元均为椅式构象，且各糖基不能围绕糖苷键自由旋转，因此环糊精分子的立体结构是略呈锥状的圆筒形，如图 7-1 所示。此外，由于亲水性的羟基聚集在其分子的外缘，而位于内缘的氢原子和氧原子具有屏蔽作用，使环糊精具有外缘亲水、内腔疏水的独特性质，因而成为一种理想的包埋材料[2]。

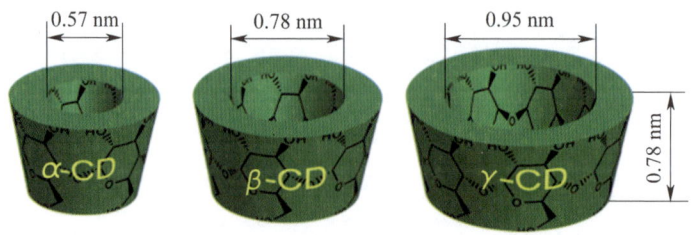

图 7-1　α-、β-、γ- 环糊精立体结构示意图[3]

一、生产原理

目前环糊精的工业制备通常都采用酶法,即以淀粉为底物,通过环糊精葡萄糖基转移酶(cyclodextrin glycosyltransferase,简称 CGT 酶,EC 2.4.1.19)催化的环化反应将淀粉转化为环糊精[4]。制备环糊精的底物包括玉米淀粉、木薯淀粉和马铃薯淀粉等,底物类型会影响环糊精的得率。酶法生产的产物一般为 3 种环糊精的混合物,其比例会因所用酶的来源和反应条件的差异而有所不同。根据发酵初期主要生成的环糊精种类,可将 CGT 酶分为三种类型:α-CGT 酶、β-CGT 酶和 γ-CGT 酶。随着反应时间的延长,特定 CGT 酶的主产物比例也会发生变化,因此通过控制反应条件、提高酶的产物特异性等手段提高目标产物的得率,一直是 CGT 酶研究的热点问题。

二、生产用酶

CGT 酶是 GH13 家族中的重要成员,是一种来源于微生物的胞外酶,于 1891 年被 Villlerg 所发现,1939 年被 Tilem 和 Hudson 所证实,并命名为环糊精葡萄糖基转移酶。随着菌株筛选分离技术的发展,越来越多微生物来源的 CGT 酶被逐渐发现并报道,近年来得到了广泛研究。

(一)催化机制

CGT 酶是一种多功能酶,主要催化四种反应,包括一种水解反应和三种转糖基反应(歧化反应、偶合反应、环化反应),如图 7-2 所示。其中,环化反应为 CGT 酶的特征反应,是发生在一个麦芽糖基链中的分子内转糖基反应,作用于淀粉或相关基质生成环糊精。首先,CGT 酶活性中心的特定氨基酸与淀粉底物结合,在氨基酸 Asp229 和 Glu257 作用下糖苷键被切断;然后,淀粉的一端往另外一端靠近,形成环状构造;最后,OH4 基团相互连接,形成环状产物,即环糊精[4]。

环化反应的逆反应即偶合反应,在反应过程中环糊精的环被打开,将打开的环转移到一段直链型的麦芽糖基链上;歧化反应是发生在两个不同麦芽糖基间的分子间转糖基反应,将直链型麦芽糖基链断开,通过转糖基作用将其中一个直链型麦芽糖基链转移到另一个直链型麦芽糖基链上。若以淀粉作为底物,歧化反应主要发生在催化反应的初始阶段,表现为淀粉糊化液黏度快速下降。环化反应与歧化反应的主要区别在于环化反应发生在同一底物内,而歧化反应发生在不同底物之间。水解反应则是将糖基转移到水分子上,CGT 酶仅具有轻微的水解活力。这四种反应的反应机制基本相同,不同点在于每种反应的受体分子不同[5]。

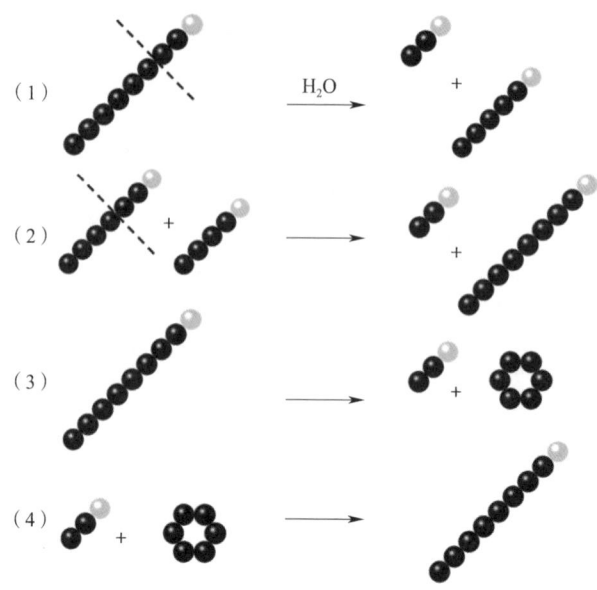

图 7-2　CGT 酶催化反应示意图
(1) 水解反应　(2) 歧化反应　(3) 环化反应　(4) 偶合反应

(二) 结构特征

CGT 酶可作用于淀粉催化形成环糊精,其典型的晶体结构如图 7-3 所示。CGT 酶通常具有 5 个催化域,其中 A 结构域为 α- 淀粉酶家族的保守域,普遍存在于所有 α- 淀粉酶的催化域中,包括由 8 个 α- 螺旋和 8 条平行的 β- 折叠构成的 $(β/α)_8$ 桶状催化域,具有催化活性;B 域为底物结合域,它位于 A 域第三个 α- 螺旋和第三个 β- 折叠后延伸的一个环区域,该区域上有一个位于酶蛋白表面的凹槽,凹槽周围的氨基酸残基能与底物发生作用,从而使底物有效地结合在酶蛋白上,A、B 结构域共同组成了 CGT 酶的活性中心。CGT 酶的 C 末端由 C、D、E 三个结构域组成。C 结构域是 β- 片状结构,其中包含一个麦芽糖结合位点,可参与与淀粉分子的结合,表明 C 域具有结合淀粉分子的功能。D 域的功能尚不清楚,几乎只存在于 CGT 酶中,目前研究表明它可能与 E 结构域的正确定位有关。E 结构域由大约 110 个氨基酸残基组成,与淀粉颗粒的吸附有关,它又被划分为碳水化合物结合模块 20 (Carbohydrate-binding module 20,CBM20) 家族[6]。

(三) 酶学性质

目前已被分离提纯的 CGT 酶大多来源于微生物,如嗜碱芽孢杆菌 (*Bacillus clarkii*)、嗜热脂肪芽孢杆菌、嗜盐芽孢杆菌 (*Bacillus halophilus*)、环状芽孢杆菌、软化芽孢杆菌 (*Bacillus macerans*) 等,不同来源 CGT 酶的酶学性质如表 7-1 所示。目前,工业上生产环糊精使用的 CGT 酶均来源于芽孢杆菌属。

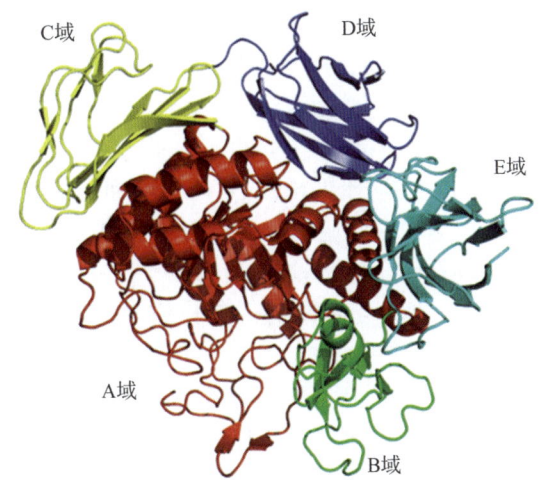

图 7-3 来源于环状芽孢杆菌（*Bacillus circulans*）251 的 CGT 酶的立体结构（PDB ID：1CGT）

表 7-1 不同来源的 CGT 酶的性质[7-13]

来源	分子质量/u	最适pH	最适温度/℃	主产物
热球菌（*Thermococcus* sp.）B1001	83000	5.0	90	α
软化类芽孢杆菌（*Paenibacillus macerans*）JFB05-01	72000	5.5	50	α-环糊精和β-环糊精 α-环糊精>β-环糊精
产热硫嗜热厌氧杆菌（*Thermoanaerobacterium thermosulfurigenes*）EM1	—	4.5	80	α-环糊精
环状芽孢杆菌（*B. circulans*）251	68000	6.0	55	β-环糊精
奥本西斯芽孢杆菌（*Bacillus ohbensis*）	80000	5.0	55	β-环糊精
环状芽孢杆菌 STB01	76500	6.5	50	β-环糊精
枯草芽孢杆菌 No.313	64000	8.0	65	γ-环糊精
厚壁芽孢杆菌（*Bacillus firmus*）290-3	75000	8.0	50	β-环糊精和γ-环糊精，且γ-环糊精>β-环糊精
嗜碱芽孢杆菌 7364	68000	11.0	60	β-环糊精和γ-环糊精，且γ-环糊精>β-环糊精
芽孢杆菌 G-825-6	78200	9.0	50	β-环糊精和γ-环糊精，且γ-环糊精>β-环糊精

不同来源CGT酶的产物特异性存在着较大差异。例如，来源于软化芽孢杆菌的CGT酶通常为α-CGT酶，主产物为α-环糊精；来源于巨大芽孢杆菌的CGT酶通常为β-CGT酶，主产物为β-环糊精；而主产物为γ-环糊精的γ-CGT酶报道来源很少，主要来源于嗜碱芽孢杆菌。β-CGT酶是三者中来源最多、应用最广的。相比于β-环糊精，α-环糊精和γ-环糊精具有优越的溶解性，且γ-环糊精具有更大的空腔结构，有巨大的应用潜力，但γ-CGT酶的来源极少，且产物特异性及转化率都较低。1986年Takashi等报道了枯草芽孢杆菌No.313只产γ-CGT酶，但γ-环糊精得率只有5%[14]。2001年陕西省微生物研究所杨国武等从新疆的土壤中筛选出一株芽孢杆菌32-3-10，其产物中α-、β-、γ-环糊精的比例为46∶5∶49，γ-环糊精得率最大为2.9%[15]。由此而见，CGT酶的产物特异性以及环糊精的分离是制约环糊精工业生产的两个最大难题。

三、生产工艺

环糊精的生产过程通常包括以下几个主要阶段：菌种的筛选和培养、酶液的制备、淀粉的水解和转化、环糊精的分离与干燥等。根据反应体系中是否添加有机复合剂，可将环糊精的制备过程分为非控制体系和控制体系两种工艺[16]。其中非控制体系是指在反应过程中不添加有机复合剂，但在工艺后期可以利用有机溶剂对产物进行分离，该种工艺环糊精得率往往较低。控制体系则是指在酶法生产过程中加入有机复合剂，使其与环糊精发生包合，促进反应向正向进行，从而提高环糊精得率，在工业生产中应用较多，其工艺流程如图7-4所示。

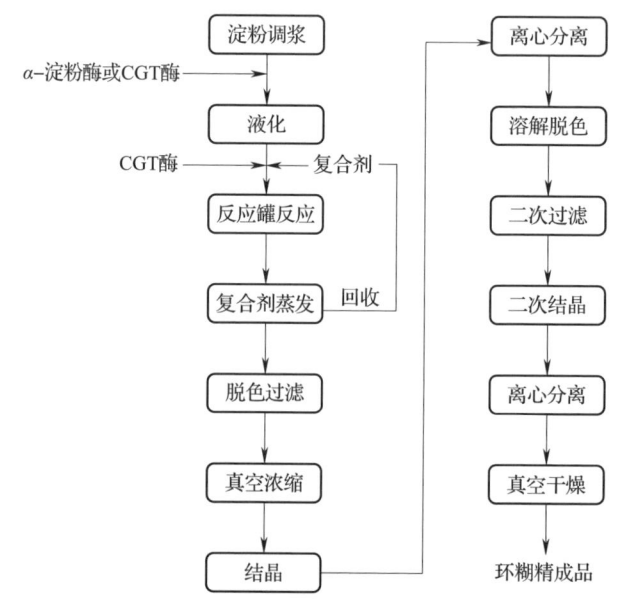

图7-4　环糊精控制体系生产工艺流程

(一) α-环糊精的酶法生产

α-环糊精在非控制体系下的制备过程主要是将淀粉糊化液与 α-CGT 酶液于 40℃下反应，然后根据环糊精在水中溶解度的差异，对转化液进行分段浓缩，使不同的环糊精分别以结晶态沉淀出来。在 α-环糊精的生产中，一般以较高的底物浓度和较短的反应时间来提高 α-环糊精的得率，因此转化液中还含有较多未充分反应的淀粉和糊精等，需先经过滤去除大分子物质，初步分离环糊精，再将滤液经活性炭脱色、离子交换除盐等工艺进行精制。精制后浓缩滤液，先结晶分离出溶解度低的 β-环糊精，然后加入 α-淀粉酶对滤液进行糖化，进一步浓缩后低温静置得到 α-环糊精结晶，离心干燥得到固体产品，收率为 50%~70%。

在控制体系中，制备 α-环糊精时常用的有机复合剂为正癸醇。反应初期有 β-环糊精生成，但随着反应的进行逐渐转化为 α-环糊精，并与正癸醇形成不溶的包合物，经过滤水洗后，重新悬浮于水中煮沸，蒸馏出正癸醇循环使用，最后在水中重结晶得到高纯度的 α-环糊精产品，总得率可达 50% 左右。

(二) β-环糊精的酶法生产

β-环糊精在非控制体系下的制备可以采用嗜碱芽孢杆菌 No.38-2 中分离出的 β-CGT 酶，能够不用溶剂以高收率制备 β-环糊精。例如，马铃薯淀粉悬浮液用嗜碱芽孢杆菌 No.38-2 生产的粗 β-CGT 酶于 85~90℃液化 30min，再向冷却至 60~65℃的糊化淀粉溶液中加入 Ca(OH)$_2$ 调节 pH 为 8.5，加入适量 β-CGT 酶，继续于 60℃进行环化反应 30~45h。升温至 100℃使酶失活，在 pH 值为 6、80℃时用葡萄糖淀粉酶将未转化的淀粉水解为麦芽糖和葡萄糖。水解液经活性炭和离子交换树脂处理后，减压浓缩至 0.45~0.60kg/L，低温放置，回收结晶 β-环糊精。分离 β-环糊精后的母液经离子交换柱分级分离和凝胶过滤，将其中的 γ-环糊精和 α-环糊精分开，再通过精制系统，还可得到结晶 γ-环糊精。

在控制体系中，工业上一般采用甲苯或环己烷作为生产 β-环糊精的复合剂。典型的控制过程是将 0.33kg/L 玉米淀粉悬浮液用 α-淀粉酶部分水解，用 120℃过热蒸汽使酶失活。此时淀粉完全溶解，冷却至 50℃，再加入 β-CGT 酶，反应 30min。继而降温至 45℃，加入 5%（体积分数）甲苯，在强搅拌下反应 105h。真空过滤分离出 β-环糊精/甲苯包合物，水洗后悬浮于水中煮沸，蒸馏出甲苯循环使用。含 β-环糊精的溶液经真空浓缩、活性炭脱色、静置后生成 β-环糊精结晶，纯度 >99.7%。由于 CGT 酶来源不同、反应条件差异等，最终 β-环糊精得率不等。

(三) γ-环糊精的酶法生产

由于 γ-环糊精水溶性较高，采用非控制体系对 γ-环糊精进行生产比较困难，一般可通过生产其他类型环糊精的母液进一步分离得到。因此，在 γ-环糊精的制备中，一般采用凝胶色谱进行分离纯化，工业化产量不高，且价格昂贵。含产物的反应液先过滤去除大分子淀粉和糊精，初步分离出环糊精产品，滤液经脱色、除盐工艺进行精制，然后浓缩。由于 β-环糊精的溶解度最低，首先得到 β-环糊精，再经凝胶色谱分离出 γ-环糊精，此工艺的总收率为 40%~60%。

在控制体系中，研究表明大于十二元环的有机物适合作 γ-环糊精的复合剂。当在软化芽孢杆菌产的 CGT 酶和 10% 马铃薯淀粉反应体系中加入 1% 复合剂，在 40℃反应 48h 后，分析粗环糊精产量，结果表明，复合剂为环十二烷酮时，β-环糊精和 γ-环糊精的收率分别为 98.5% 和 1.5%，加入环十三烷酮时，两者的收率分别为 2% 和 98%，大于十三环的类似复合剂对两种环糊精的收率与环十三烷酮类似。因此，由 12 或 13 个碳原子组成的环烷烃是产物主要为 β-环糊精或 γ-环糊精的分界线，大于 12 个碳原子、小于 25 个碳原子的大环化合物适合作为 γ-环糊精的复合剂，而 12 个碳原子的环如环十二烷酮对 γ-环糊精得率的提高没有影响。一般来说，同样碳原子数的烷烃、烷基酮和烷基醇作复合剂时，线性分子有利于 α-环糊精得率的提高，而环状分子有利于生成 β-环糊精或 γ-环糊精。

（四）品质调控技术

1. 底物选择与预处理

（1）底物种类的选择　酶法合成反应的第一步是底物与酶的结合，因此底物选择对于环糊精的酶法合成非常关键。酶法合成环糊精的底物包括玉米淀粉、糯质玉米淀粉、马铃薯淀粉、木薯淀粉、小麦淀粉、大米淀粉等。淀粉由直链淀粉和支链淀粉组成，不同类型的淀粉具有不同的直链与支链淀粉比例，并且在分子链长和分子结构等方面存在一定差异，这些差异对环糊精的酶法生产会产生很大影响。研究表明，以支链淀粉为底物时可以获得比直链淀粉更高的环糊精产量，因此支链淀粉含量较高的蜡质玉米淀粉、马铃薯淀粉、木薯淀粉等被认为是环糊精生产的理想的作用底物。

（2）底物浓度的选择　在大规模生产环糊精时，采用较高浓度底物有利于节约设备投资和能量消耗，具有明显的经济效益，且底物也对 CGT 酶活性具有一定的保护作用。但在过高的底物浓度下，CGT 酶的部分活性位点会被两个或两个以上的底物分子占据，形成无活性的中间产物，导致酶的活性被抑制。而且当以高浓度底物进行反应时，淀粉糊黏度相对较大，酶与底物的移动性下降，使反应速率降低。同时，由于产物无法充分扩散，易引起局部产物浓度过高，产物抑制作用加强，减弱 CGT 酶的环化作用。此外，体系中较高的小分子浓度会加剧 CGT 酶的偶合及歧化作用，引起环糊精产物的降解。因此在实际生产时，需要综合考虑多方面因素，选择合适的底物浓度，目前工业生产环糊精一般采用20%~30%（质量分数）的底物浓度。

（3）底物预处理技术　淀粉颗粒的结晶区结构较为致密，不利于CGT酶的酶解作用，因此常需要在添加酶之前对底物进行一定预处理，以提高酶与底物的反应效率。常用手段有超声波处理、酶解处理等[17]。

淀粉颗粒在超声波作用下，结晶区分子间的氢键被破坏，分子间作用力减弱，一些分子的自由度增大，活性增强，使结晶区的结构变得松散。超声波处理后的淀粉偏光十字与原淀粉相比变得模糊，说明淀粉结构被破坏，使酶更容易渗透到淀粉颗粒的内部，从而促进反应的进行。经超声波处理后，淀粉生产环糊精的转化率大大提高。

在淀粉制备环糊精的生产工艺中，因淀粉糊黏度过高，不易搅拌均匀，需在添加CGT酶之前使用 α-淀粉酶对淀粉进行液化，降低其浓度。研究显示，随着淀粉酶解程度增加，体系中的单糖、二糖及线性低聚糖等组分含量随之升高，而淀粉生产环糊精的转化率呈下降趋势。可能的原因是小分子糖组分抑制了CGT酶的环化反应，并且对已生成的环糊精具有偶合降解作用，因此采用 α-淀粉酶液化底物需要选择适宜的酶解程度。

2. 反应条件调控

（1）反应时间　反应起始阶段，体系中 β-环糊精合成反应速率较高，呈线性趋势上升。反应时间超过4h后，β-环糊精合成速率逐渐减慢，趋于平缓，但至24h仍保持上升趋势。在反应初期，由于体系中具有较多的长链底物，有利于环化反应的进行，β-环糊精含量迅速增加。随着反应时间的延长，体系中产物积累增加，引起CGT酶的竞争性产物抑制作用，环化活性降低。此外，体系中小分子糖含量的增加可促进CGT酶的偶合和歧化作用，从而导致已合成的 β-环糊精降解。因此，反应时间选择12~16h比较适宜。

（2）反应温度　温度对于酶的催化效率有重要影响。在一定的范围内可通过调节温度，改变酶和底物中某些解离基团的解离常数（pKa），影响酶与底物的结合，因此适当提高温度可增加 β-环糊精得率。同时温度较高时体系黏度较小，有利于分子扩散和运动，提高反应效率。然而温度过高时，随着反应时间的积累，酶蛋白容易因变性而失活，所以反应温度的选择要兼顾各方面的影响，一般选择45~50℃较为合适。

（3）添加有机溶剂　在酶法生产环糊精的过程中，众多研究表明适当添加有机溶剂有利于提高环糊精的得率。有机溶剂也会影响合成产物的组成，选择合适的有机溶剂可定向提高某种环糊精的得率，从而达到选择性合成的目的。生产中使用的有机溶剂主要分为两类：与水互不相溶的有机复合剂和小分子极性有机溶剂。由于环糊精分子内孔径的不同，在生产或分离过程中添加不同络合剂，可以被环糊精选择性包合，生成不溶性包合物，改变反应体系的平衡，使反应向有利于环糊精合成的方向移动,而且可以有选择性地将单一环糊精沉淀出来。而小分子极性溶剂的加入则不会与环糊精形成包合物,而是通过改变CGT酶的构象来改变酶反应的热力学平衡,使之向产物合成方向移动,从而提高环糊精得率。

3. 固定化酶技术

除调节底物和反应条件外,还可以采用固定化酶技术提高环糊精得率。CGT酶作为生产环糊精的必需酶,对于环糊精的得率至关重要,然而游离的CGT酶存在热稳定性差、易变性、难分离、无法多次利用等缺点,大大限制了其在实际生产中的应用。固定化酶技术可在一定程度上解决上述问题,提高酶的使用效率、降低使用成本,并且易与反应体系分离,从而获得高质量、高得率的产品[18]。

以明胶包埋交联技术为例(图7-5),用水配制15%(质量分数)的明胶溶液,冷却至45℃后,往明胶溶液中加入10%(质量分数)的CGT酶混合均匀。将混合好的溶液立即倒入平板中成3mm厚度,放置在4℃下冷却吸附2h成凝胶薄膜。将凝胶薄膜切成小碎片,用2.5g/L戊二醛溶液在25℃下浸泡交联1h,用水洗净即得到固定化CGT酶。经测定,采用明胶固定化CGT酶处理淀粉相比于未固定化的游离酶,环糊精得率提高了25%,表明其具有底物利用率高的特点,且CGT酶的热稳定性、pH稳定性和重复利用率均有所提高,有利于实现工业化连续反应,在生产环糊精方面有着巨大潜力和应用前景。

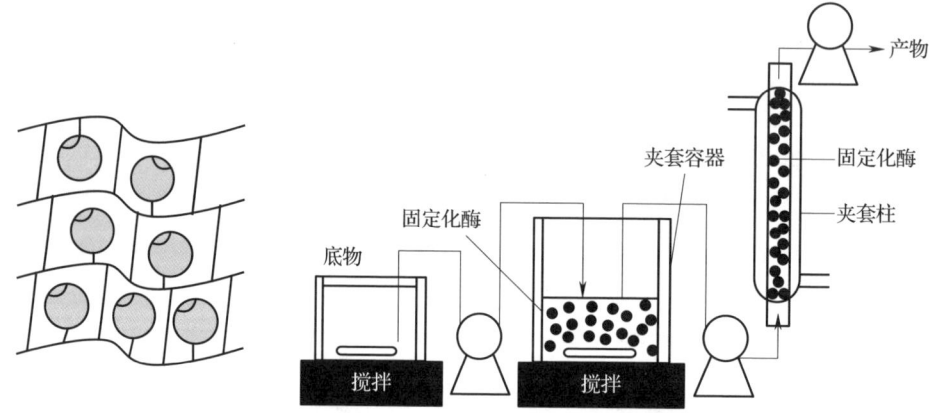

图7-5 明胶包埋交联法固定CGT酶技术应用示意图

四、理化性质

(一)溶解性

环糊精水溶液具有旋光性,其黏度稍高于水。不同类型环糊精在水中的溶解度差异较大，以 γ- 环糊精的水溶性最高、α- 环糊精次之、β- 环糊精的溶解度最低。与之对应的，β- 环糊精的结晶性最好。环糊精不具有吸湿性，但其空腔易与水分子形成稳定的水合物，因此环糊精结晶是其水合物的晶体。当环糊精与客体发生包合后，其水溶性下降，更容易从溶液中结晶析出，形成包合物[19]。

（二）稳定性

环糊精的化学性质比较稳定，类似于淀粉，不易变质。在碱性溶液中环糊精不易分解，但无机酸可水解环糊精生成葡萄糖和麦芽低聚糖。由于环糊精分子中没有还原末端，水解第一个糖苷键而使环状分子开裂的速度较线性糊精相对缓慢，因此对酸的稳定性比线状糊精高得多。

（三）抗酶解性

环糊精的酶解性能会因其种类和淀粉酶的来源而有所不同。一般来讲，环糊精不能被 β- 淀粉酶水解，但可以被 α- 淀粉酶水解，其分解产物主要包括葡萄糖、麦芽糖和麦芽三糖等。α- 环糊精的环状结构较小，淀粉酶对其作用很弱，因此水解速度很慢，而 γ- 环糊精的环较大，分解速度相对较快。在三种环糊精中，α- 环糊精的代谢作用最慢，β- 环糊精次之，而 γ- 环糊精最快。

五、工业应用

目前环糊精在许多领域都有着广泛的应用。在食品领域，环糊精可通过包合作用保护敏感成分不受光热的破坏、减缓氧化分解、遮掩不良味道等，从而显著改善食品风味，并且延长货架期[20]；在医药领域，环糊精能够有效增加难溶性药物在水中的溶解度，提高功能成分的稳定性和生物利用度；在饲料、化妆品、纺织、化工等其他领域环糊精也发挥着重要作用。

（一）在食品中的应用

1. 稳定食品中的敏感成分

食品中的调味香料在加工和贮藏过程中容易挥发或易受空气、日光氧化而损失，如肉桂油、香茅油、薄荷油、香兰素等。利用环糊精和这些高挥发性的芳香成分形成包合物后，可显著减缓挥发性和氧化性，使用方便且能够长期保存。例如，在速溶固体饮料的制造和贮藏过程中，原有香味常易损失，配方中添加一定量的环糊精可以长久保持其香味[21]；玫瑰香精由于易挥发，在应用中受到限制，通过环糊精将香精微胶囊化，可把液体香精转化为固体粉末，克服了香精散发快、保香期短的不足；大蒜精油经过环糊精包合后，其氧化稳定性也明显提高。

2. 保护色素

天然色素种类丰富、色泽自然，是深受青睐的安全食用着色剂，但其对光、热和酸碱等很不稳定，容易褪色。利用环糊精对其包合后，贮存稳定性显著增加。例如，姜黄素因其着色力强且安全无毒，是最有开发价值的天然色素之一，但其对光和热极不稳定，且遇酸易于沉淀，因此阻碍了其在食品中的大量应用。将姜黄素与环糊精制成包合物后，其热稳定性显著增强、贮存时间延长，而且水溶性也有很大提高[22]。另一个典型的例子是环糊精对虾青素的保护。虾青素是一种酮式类胡萝卜素，具有清除自由基、抗衰老以及提高机体免疫力等多种功能，但虾青素自身水溶性差，在酸、热及光照条件下均不稳定，其应用受到极大限制。将虾青素与 β-环糊精形成包合物，不仅提高了水溶性，而且稳定性也大大提高。

3. 去除异味及不良成分

环糊精去除异味的效果非常显著。例如，环糊精处理能有效去除海产品、羊肉、动物内脏、乳制品、豆制品等产生的不良气味[23]。动物骨粉常有令人不悦的气味，制备时添加少量环糊精，不良气味明显减弱。柑橘汁中的橘皮苷、柚皮苷和柠檬苦素有较重的苦涩味，而且水溶性较差，常使橘汁带有苦味并产生浑浊，不利于瓶装产品的生产，加入环糊精后其苦味消失，沉淀消除，产品质量得到很大提高。冰淇淋等冷冻乳制品常伴有奶油独特的膻味，口溶性差，加入少量环糊精后，风味可以得到显著改善。此外，β-环糊精还可以特异性去除动物脂肪、黄油等中的胆固醇，且不影响食物的风味特征。

4. 改善食品的组织结构

利用环糊精的包合作用可以改善食品的组织结构。向含油量高的食品、蛋黄酱、调味汁、冰淇淋和咖啡饮料等产品中添加环糊精，可以形成长期稳定的乳浊液。例如，在酪蛋白溶液中加入少量环糊精，对其发泡能力和持泡能力均有改善；面包和糕点制作中加入少量环糊精，能延缓其老化过程；在茶饮料的加工过程中，加入环糊精转溶不会破坏茶汤中的茶多酚、咖啡碱、氨基酸等成分，还能有效抑制茶叶的热水浸提液冷却后浑浊物的形成。此外，由于环糊精持水性好，不易吸潮，还可以用作脱水蔬菜的复原剂。

5. 液体食品的粉末化

通过环糊精包埋酒类、饮料、调味品等液体食品，可将它们制成固体粉末，更加便于运输、贮藏和使用。例如，威士忌酒与环糊精水溶液混合搅拌、喷雾干燥，可制成粉末酒，便于携带，食用时加入适量水分，即可恢复原有风味。

(二) 在医药中的应用

1. 增加药物溶解度和生物利用度

环糊精的空腔与绝大多数临床使用的药物分子尺寸相适宜，形成的包合物具有一定的稳定性且无毒副作用,能够增加脂溶性药物的溶解度,解决药物生产过程中的一些工艺问题。同时,环糊精能够提高药物稳定性,使一些对光、热和氧气较敏感的药物分子保持稳定状态[24]。由于环糊精的毒性很低,美国、日本等国家的药典已经将其收载为口服药物的辅料。β-环糊精经口服后,仅在结肠部位有少量吸收,多数从粪便中排出,无蓄积作用,在血液中的浓度很低。

2. 稳定挥发性药物

对于一些易挥发的药物,使用环糊精包合可使其稳定保存。在适当条件下,这些药物与环糊精的包合物又能够表现出缓释性质,对于生物利用度的提高以及药效的保持也具有重要意义。例如,三硝酸甘油、碘、冰片等挥发油或固体物质制成β-环糊精包合物后,不仅在贮藏期内能防止挥发性损失,还具有缓释效果。

3. 减少药物气味和毒副作用

药物的苦味、涩味和异味是配方设计时常遇到的问题,利用环糊精与药物分子形成包合物,可使药物分子无法与味觉受体结合,从而能够降低药物异味。此外,药物在被环糊精包合后,对皮肤和肠胃的刺激显著减少,一些药物的溶血作用也有所降低。例如,环糊精可用于抗炎药,减少药物对胃黏膜的刺激,避免引起胃溃疡;β-环糊精包合可使氯丙嗪溶血作用降低,且对神经中枢作用无负面影响。

(三) 在其他领域中的应用

1. 作为饲料的包合剂

在过去的畜禽类动物饲养中,为了保证动物健康生长,饲料中往往需要添加一些抗生素,如氟苯尼考、恩诺沙星等物质。但是这些抗生素不仅溶解度较低、存在较大苦味,也带来了安全性问题。农业农村部第194号文件规定,自2020年1月1日起,饲料中全面禁止添加抗生素。因此,三丁酸甘油酯、植物精油等抗生素替代物成为关注热点。其中三丁酸甘油酯作为丁酸的前体物质,能够促进动物肠道健康,然而其存在流动性较差、苦味异味明显、生物利用率低等问题,通过环糊精进行包合后,三丁酸甘油酯的异味显著降低,复水稳定性大幅增加,并且能够实现一定的缓释效果,对其应用性能的改善发挥了重要作用[25]。植物精油同样因其高效安全的抑菌性能成为广泛应用的抗生素替代产品,为解决其受热不稳定、易氧化挥发等限制,环糊精包合能够起到很好的效果[26](图7-6)。

2. 作为化妆品的稳定剂

环糊精可作为化妆品原料中的稳定剂、乳化剂和去味剂等,应用日渐增加。例如,利用环糊精和液体角鲨烷包合制成粉末状角鲨烷,用于配制打底剂、清

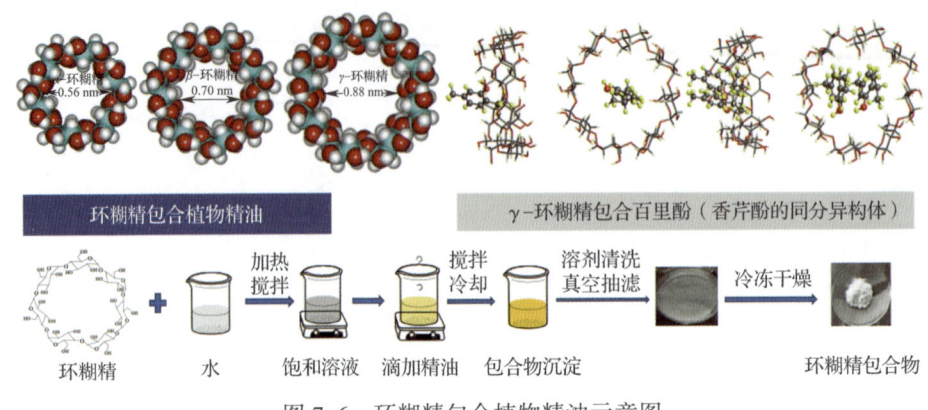

图 7-6　环糊精包合植物精油示意图

洁剂、洗液、浴剂、高质量化妆皂和护发剂等，使产品更均匀稳定；采用环糊精包合维生素 A、维生素 E、茶树油等抗老化剂，使这些活性物质能够耐受光、热、氧气等的作用，还能在一定条件下借助皮肤湿气从表皮中释放出来，应用于美容化妆品中，可达到更好的护肤效果。

3．作为纺织品的除味剂

将环糊精与客体分子制成包合物，并通过适当方式将包合物固定在纺织品上，可以制成具有不同功能的纺织品，且耐水洗性在 20 次以上。此外，环糊精可以包合香料等除味剂，使香料在使用时缓慢释放，同时环糊精的空腔还能包合一些产生异味的分子，具备双重除臭功能。

4．作为涂料的增香剂

目前，越来越多的建筑材料生产企业将精油和香料添加到涂料中，不仅能够产生令人舒适的气味，并且能够防止细菌和霉菌滋生，作为涂料的附加属性。为解决香料的易挥发性和稳定性差等问题，可通过环糊精与这些香料成分形成稳定的包合物，即使在接触光、热和空气的情况下都能保持长期稳定，可用于卫生间的墙壁涂层等。

第二节　分支环糊精

为扩大环糊精的应用领域，常需要对其进行改性修饰，通常利用化学修饰或酶法修饰的方法将取代基引入环糊精分子中，对其理化性质加以改进。根据结构的差异，分支环糊精主要是指含有葡萄糖基、麦芽糖基、半乳糖基等取代基的环糊精，又可分为均分支环糊精和杂分支环糊精，具体分类如图 7-7 所示[4]。酶法生产工艺具有效率高、工艺简单、产品安全性高等优势，是目前制备分支环糊精的主要途径。随着高效酶制剂的开发、生产工艺的不断改进，酶法工艺的转化率近年来逐渐增加,已达 30% 以上。许多分支环糊精,如葡萄糖基环糊精、麦芽糖基环糊精和半乳糖基环糊精都已经实现商业化并投放市场。相比于普通环糊精,分支环糊精既具有普通环糊精所具有的包合性能,同时又具有极好的溶解度,在食品、医药、精细化工等领域具有广阔的应用前景。

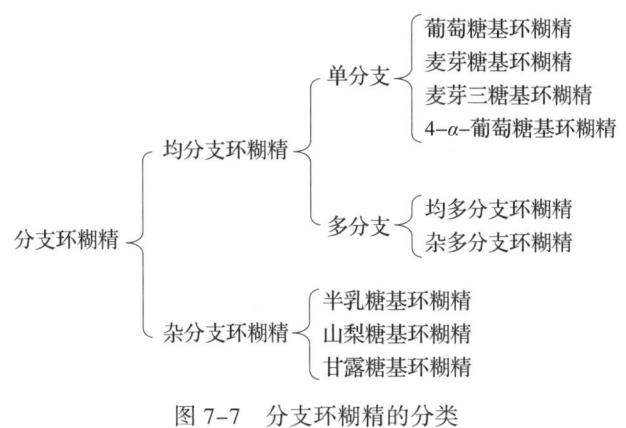

图 7-7 分支环糊精的分类

一、生产原理

通过各种酶作用于环糊精和单糖或低聚糖,可以制备分支环糊精,由于所连接的分支不同,所用的酶也不同。其中,葡萄糖基环糊精是用 CGT 酶作用于环糊精和葡萄糖制备;麦芽糖基环糊精是用普鲁兰酶或异淀粉酶作用于高浓度环糊精和麦芽糖进行缩合反应合成;而半乳糖基环糊精则是用 α-半乳糖苷酶催化蜜二糖和环糊精所得。不同类型的分支环糊精,所用的酶法生产工艺条件也有所差异。

二、生产用酶

葡萄糖基环糊精的制备主要采用的是 CGT 酶,在上一节普通环糊精的酶法生产中已经介绍,在此不再赘述。麦芽糖基环糊精的制备主要涉及普鲁兰酶(pullulanase,EC 3.2.1.41)和异淀粉酶(isoamylase,EC 3.2.1.68)的共同作用。其中,异淀粉酶是一类淀粉脱支酶,能够专一性切开支链淀粉分支点中的 α-1,6 糖苷键,形成线性葡聚糖链,但是不能水解由 2~3 个葡萄糖残基构成的分支;而普鲁兰酶能水解普鲁兰多糖(麦芽三糖以 α-1,6 糖苷键连接起来的聚合物)的 α-1,6 糖苷键,因而得名。与异淀粉酶不同,普鲁兰酶可以将最小单位的支链分解,最大限度地利用淀粉原料。两种酶配合使用时能够使反应效率更高。此外,酶法生产半乳糖基环糊精主要采用的是 α-半乳糖苷酶(α-D-galactosidase,EC 3.2.1.22),其能够催化 α-半乳糖苷键水解,是一种外切糖苷酶,广泛存在于植物、动物及微生物中。α-半乳糖苷酶能够利用的底物包括低聚糖、多糖和一些合成底物,在底物浓度高度富集的情况下,α-半乳糖苷酶具有转半乳糖基作用,利用这一特点能够将α-半乳糖转移至环糊精葡萄糖残基上,从而生成半乳糖基环糊精。

三、生产工艺

(一) 葡萄糖基环糊精的酶法生产

葡萄糖基环糊精是指一分子葡萄糖以 α-1,6 糖苷键连接到母体环糊精吡喃葡萄糖单元 C6 位的均单分支环糊精。其制备方法是用 CGT 酶作用于淀粉生成环糊精,继续用葡萄糖淀粉酶作用得到在环糊精的环上键合一分子葡萄糖基的 G_1-环糊精。在葡萄糖淀粉酶和 α-淀粉酶联合作用下,获得的产物组成大致为 G_1-α-环糊精 26%、G_1-β-环糊精 11.5%、G_1-γ-环糊精 6.6%,但此法纯化相对比较困难。

(二) 麦芽糖基环糊精的酶法生产

麦芽糖基环糊精是指一分子麦芽糖以 α-1,6 糖苷键连接到母体环糊精的一种衍生化产物,通常指麦芽糖基-β-环糊精,它在水中的溶解度为 151g/100mL,大大高于 β-环糊精的溶解度 (1.85g/100mL),因其优良的应用性能,已经成为目前国内外开发的热点[27]。麦芽糖基-β-环糊精通常是普鲁兰酶和异淀粉酶以麦芽糖和 β-环糊精为底物逆向合成的,或者采用普鲁兰酶将氟基麦芽糖转移到 β-环糊精上。从产率、安全性等方面考虑,普鲁兰酶以麦芽糖和 β-环糊精为底物的逆向合成具有较大的优势。普鲁兰酶通常用于水解支链淀粉的 α-1,6 糖苷键,但在高底物浓度和高酶浓度下也逆向合成,其反应原理如图 7-8 所示。

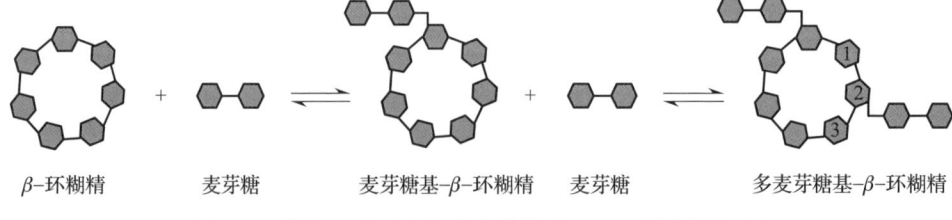

β-环糊精　　麦芽糖　　麦芽糖基-β-环糊精　　麦芽糖　　多麦芽糖基-β-环糊精

图 7-8　普鲁兰酶逆向合成麦芽糖基-β-环糊精原理图

(三) 半乳糖基环糊精的酶法生产

半乳糖基环糊精是指一分子半乳糖以 α-1,6 糖苷键连接到母体环糊精的一种衍生化产物,通常指半乳糖基-β-环糊精,它具有较高的水溶性,分支上的半乳糖基在动物组织中具有特殊的识别受体，具有广阔的应用前景。目前常见工艺是采用 α-半乳糖苷酶以 β-环糊精和蜜二糖为原料，酶法合成得到半乳糖基-β-环糊精。例如，向含蜜二糖和环糊精的缓冲液中加入 α-半乳糖苷酶，混合物 40℃下反应 48h，反应物中含有半乳糖基环糊精的混合物以及蜜二糖、环糊精和蜜二糖水解物。α-半乳糖苷酶首先将蜜二糖水解成两个单糖（葡萄糖和半乳糖），利用转糖苷作用将半乳糖转移到 β-环糊精上，形成含有半乳糖支链的分支环糊精[28]。再经过分离、纯化和干燥等工序，制备得到半乳糖基-β-环糊精，其主要产物是单取代的半乳糖基-β-环糊精，还有少量的双取代和杂取代产物。

四、理化性质

（一）溶解性

与普通环糊精相比，分支环糊精在水、80% 乙醇甚至 50% 甲醇、丙酮和乙二醇等溶剂中均具有极好的溶解度。例如，25℃下，β-环糊精在水中的溶解度为 1.85g/100mL，麦芽糖基-β-环糊精的溶解度则提高了 80 倍，高达 151g/100mL；在 50% 乙醇中，β-环糊精的溶解度仅为 1.3g/100mL，而麦芽糖基-β-环糊精的溶解度则超过 125g/100mL。此外，在 50% 甲醇、丙酮和乙二醇等溶剂中，麦芽糖基-β-环糊精的溶解度也明显优于 β-环糊精。分支环糊精的良好溶解性，可用于包合油溶性物质或微溶性物质，大大增加了它们的溶解度。

（二）包合性质

分支环糊精与普通环糊精在包合性能上略有不同，可能因为其立体结构发生变化或被侧链部分糖基盖住一部分空腔洞口，从而引起分支环糊精包合性能的改变，如分支环糊精能够包合低分子质量和高挥发性的物质，也对亲水性物质有较好的亲和性，而对大分子质量、强亲脂性分子则表现出较差的包合性能。包合性能主要受到侧链位置和长度的影响，通常单取代、短支链的分支环糊精的包合能力与母体相当，例如，麦芽糖基-β-环糊精的包合能力与普通环糊精类似，并没有因麦芽糖基的引入而降低，且包合物的稳定常数也没有受到侧链麦芽糖基的影响。

（三）酶解性质

普通环糊精难以被细菌、动物、植物中存在的淀粉酶水解，但是可以被米曲霉中的 α-淀粉酶水解。而当葡萄糖键合到环糊精上时，被米曲霉 α-淀粉酶水解的速度下降为原环糊精的 1/10。如果键合两个以上葡萄糖，则几乎不被作用。研究表明，分支环糊精对葡萄糖淀粉酶有抑制作用，因此有望作为探究葡萄糖淀粉酶作用机制的理想底物。

五、工业应用

相比于普通环糊精，分支环糊精的水溶性大大提高，且溶血活性和肌肉刺激比母体环糊精更小，因此在食品、医药、色谱、环保等领域的应用越来越广泛。

（一）在食品领域中的应用

分支环糊精在食品中的应用主要有以下几个方面：防挥发、抗氧化、防光和热分解；保护色素、防潮保湿、排除异味、提高与改善食品组织结构等。例如，控制果蔬汁在加工和储存中发生酶促褐变是果蔬汁生产质量控制的一个重要问题，麦芽糖基-β-环糊精具有很好的抑制酶促褐变能力，尤其是在苹果汁、香蕉汁等由多酚氧化酶所导致的褐变中，效果尤其显著。

（二）在医药领域中的应用

分支环糊精对人体血细胞的溶血活性低于普通环糊精，而且随着侧链葡萄糖单元数目的增加而降低。例如，β-环糊精引起50%溶血作用的浓度为5.3mmol/L，而麦芽糖基-β-环糊精为9.6mmol/L。因此，在医药领域中，使用麦芽糖基-β-环糊精比普通环糊精更加安全。此外，由于溶血性低，对肌肉刺激性小，麦芽糖基-β-环糊精作为药物载体时，可以提高药物分子的生物利用度和稳定性，降低药物分子的毒副作用。分支环糊精上的糖基分支结构在动物组织中还具有特殊的识别受体，因此具有开发靶向药物的潜力。

（三）在其他领域中的应用

在化妆品领域，分支环糊精可降低化妆品中有机分子对皮肤黏膜组织的刺激，增强物质的稳定性，防止营养成分的挥发、氧化。在色谱分析中，分支环糊精可用于分离异构体和对映体，在气相色谱、高效液相色谱以及凝胶电泳等中都有应用。其他诸如环保、农业、新材料等方面分支环糊精的应用也在逐步研究推广中，市场前景可观。

第三节　大　环　糊　精

大环糊精是一类由9个以上葡萄糖单元经 α-1,4糖苷键连接构成的环状糊精的总称。对于大环糊精的命名，目前比较通用的是缩写成CDn，其中CD

为环糊精（cyclodextrin），n 代表聚合度，比如聚合度为 10 的大环糊精可缩写为 CD10[29]。大环糊精的环状结构具有可变性，在其构型中糖苷键的连接有三种方式，即顺式、反式和扭曲构型[30]。例如，9 个葡萄糖单元组成的大环糊精（CD9）呈船型结构，CD10 和 CD14 呈现出扭曲的狭长椭圆鞍型结构，而 CD26 呈现出近似于淀粉螺旋的两个疏水空腔，部分大环糊精环状结构的模型如图 7-9 所示。与普通环糊精相比，大环糊精具有极高的水溶性、低黏度、不易回生等特性，其空腔结构表现出较大的柔性，可根据客体分子形态而发生变化，赋予其更加广泛的应用价值。大环糊精可能成为环糊精产业的潜在增长点，带来显著的经济和社会效益。

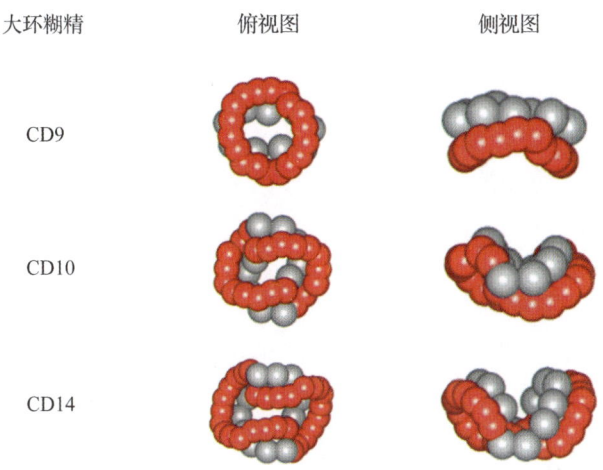

图 7-9　部分大环糊精环状结构模型图

一、生产原理

长期以来，糖基转移酶被认为只能催化分子间转糖基，但最近研究表明，所有的 4-α-糖基转移酶（4-α-glucanotransferase）都能够催化分子内的糖基转移而使淀粉环化，生成环状 α-1,4 葡聚糖，即大环糊精。例如，Terada 等证实麦芽糖基转移酶能够作用于直链淀粉，催化淀粉糖基分子内转糖苷生成大环糊精[31]。除麦芽糖基转移酶之外，CGT 酶在一定条件下也能够催化淀粉生成大环糊精，在催化过程中，刚开始形成的大环糊精聚合度在 50 左右，但随着反应的进行，环糊精的分子越来越小，不同的 CGT 酶所催化形成的最终产物聚合度不同。Terada 等研究了来源于芽孢杆菌 A2-5a 的 CGT 酶，发现其作用于直链淀粉时，可以形成聚合度 9~60 的大环糊精[32]，在反应开始阶段，大环糊精的聚合度较大，随着反应时间的延长，聚合度变小，最终产物主要是 β-环糊精；来源于软化芽孢杆菌的 CGT 酶催化淀粉反应的最初阶段也能生产大环糊精，而最

终产物为 α-环糊精。此外，Takata 等用来自嗜热脂肪芽孢杆菌的淀粉分支酶作用于直链淀粉和支链淀粉，也得到了大环糊精，聚合度分布在 11~50[33]。由此可见，可以通过一系列 4-α-糖基转移酶，如 CGT 酶、麦芽糖基转移酶、淀粉分支酶等作用于淀粉制备大环糊精，而产物的聚合度分布取决于所用酶的种类和反应条件。

二、生产用酶

能够合成大环糊精的酶有很多种，主要包括 CGT 酶、麦芽糖基转移酶、歧化酶类、脱支酶类等，这些酶可统称为 4-α-糖基转移酶。其中，歧化酶又称为 D 酶（D-enzyme，EC 2.4.1.25），能够催化分子内转糖基作用合成聚合度从 17 到上百的大环糊精，它的最小催化供体是麦芽三糖，最小受体是葡萄糖，其催化合成大环糊精受底物聚合度影响较大。Wakao 等采用 D 酶作用于直链淀粉，发现以不同分子质量的直链淀粉为底物时，大环糊精的得率能够从 51.0% 提高到 97.5%，且聚合度均在 17 以上[34]。

麦芽糖基转移酶（maltosyltransferase，EC 2.4.99.25）属于胞内酶，与 D 酶的基因序列具有高度一致性，其最小供体是麦芽糖。不同来源的麦芽糖基转移酶催化 α-1,4 糖苷键产生大环糊精的产率及聚合度有较大差异。例如，来自水生栖热菌的麦芽糖基转移酶能够催化直链淀粉合成大环糊精，产率高达 84%，最小聚合度为 22；而来自大肠杆菌的麦芽糖基转移酶合成大环糊精的最小聚合度为 17，大环糊精产率随反应时间的延长呈下降趋势[35]。除了 D 酶和麦芽糖基转移酶之外，淀粉脱支酶也能够催化淀粉生成大环糊精。例如，来自嗜热脂肪芽孢杆菌 TREC14 的脱支酶能通过分子内及分子间转糖基作用将底物合成具有高度分支的大环糊精，聚合度范围在 18~36[33]。

三、生产工艺

目前大环糊精的酶法制备技术还处于实验室研究阶段，尚未开发出成熟的工业化生产流程。德国莱比锡大学的 Zimmermann 教授带领的研究团队对 CGT 酶作用于豌豆淀粉制备大环糊精的生产工艺进行了探索，其工艺流程如图 7-10 所示，通过对工艺条件进行系统优化，最终大环糊精的产率可达 33.1%[36]。

酶法生产大环糊精相比于化学合成法要简单得多，但是由于 CGT 酶能够同时催化环化、歧化、偶合、水解四种反应，且处于动态平衡状态，较难实现定向合成单一聚合度的大环糊精，因此生产大环糊精的分离纯化技术显得尤为重要。根据现有的研究成果，比较成功的分离方法是通过淀粉酶类（如葡萄糖淀粉酶和支链淀粉酶）将未成环的糊精降解为极限糊精或葡萄糖，并通过酵母菌

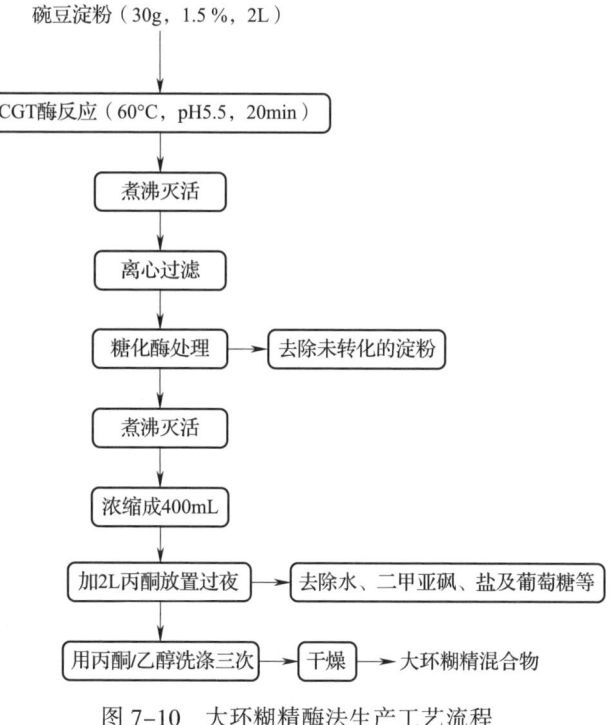

图 7-10 大环糊精酶法生产工艺流程

消耗这些糊精或葡萄糖，然后再通过有机溶剂沉淀去除 α-、β- 和 γ- 环糊精，剩下的就是聚合度不等的大环糊精。如果需要进一步分离大环糊精，常常采用不同的色谱技术，如薄层色谱、高效液相色谱、高效离子色谱等。用高效液相色谱分离大环糊精需要同时联合使用反相色谱柱和氨基柱，并配合示差检测器。Endo 等使用上述两种柱分离大环糊精，分别采用 6% 甲醇和 58% 乙腈进行洗脱，分离得到纯的 CD12；此外还通过高效离子色谱分离纯化了聚合度为 10~21 的大环糊精[37]。尽管大环糊精的分离纯化已经取得了一定研究成果，但由于其处理量小、分离成本高等因素，距离工业化应用尚有一定距离。但如果是生产大环糊精的混合物，则选用适当的淀粉酶和酵母菌进行处理即可，分离的难度和成本大大降低。

四、理化性质

（一）溶解性

大环糊精的水溶液具有旋光性，其黏度稍高于水的黏度。大环糊精的溶解度差异很大，其中 CD9、CD10 和 CD14 的溶解度小于 γ- 环糊精，其他聚合度的大环糊精溶解度均高于 100g/100mL。大环糊精与 α-、β-、γ- 环糊精相比，更容易被酸及酶降解，其中 CD10~CD21 的酸解速率无显著差异，表明大环糊精的 $\alpha-1,4$ 糖苷键断裂速率与聚合度大小无必然联系。此外，大环糊精还具有低黏度和不易回生等特性，可以广泛应用于工业生产。需要注意的是，不同聚合度的大环糊精性质差异较大，即使是同一种大环糊精，也具有环的不稳定性和多变性，因此对大环糊精的理化性质进行进一步的深入研究尤为重要。

（二）包合性质

大环糊精的空腔相对较大，例如 CD9 的长轴为 1.03~1.12nm，短轴为 0.58~0.71nm，CD10 的长轴为 1.258~1.402nm，短轴为 0.645~0.863nm。与普通环糊精相比，大环糊精较大的柔性空腔赋予其独特的包埋能力，能够包埋一些较大的分子。例如，Furuishi 等[38]研究发现 CD9 能够包埋碳簇 C70 并使其具有水溶性，Dodziuk 等[39]采用核磁共振技术研究发现 CD12 对碳纳米管具有独特的包埋特性。包合物的形成不仅与空腔大小有关，而且与客体分子的大小及性质有关。Larsen 等[40]对比研究了 CD9~CD13 形成包合物的能力，其中 CD9 和 CD10 形成包合物的能力最弱，而 CD11~CD13 形成包合物的能力则随聚合度的增加而增强。由于大环糊精的分离纯化较为复杂，也可以采用不同聚合度的混合物对客体物质如醇类、脂肪酸类等进行包合。

五、工业应用

大环糊精具有大小不一、结构各异的疏水空腔，因此可以用于包合成分复杂、分子大小各异的客体分子。由于大环糊精具有高水溶性、低黏度和不易回生的特性，在食品、化工和医药等领域具有广阔的应用前景。

（一）去除食品中的不良风味

由于食品中不良风味的组成比较复杂，采用单一的环糊精难以达到良好的祛味效果，因此大环糊精丰富的空腔结构非常适合食品异味的去除。

（二）改变食品的流变学特性

大环糊精具有特殊的凝胶性能和低黏度性质，可作为食品的抗冻胶和增稠剂，用于低黏度食品的制造。此外，大环糊精由于具有抗回生的特性，还可以作为馒头、面包、调理食品等即食食品的回生抑制剂。

（三）缓释食品中的风味物质

在食品加工过程中，常加入香精香料以改善食品风味，但直接加入香精香料容易挥发，通过大环糊精进行微胶囊包埋，可以达到香气成分缓释的效果，延长香气的滞留时间，更有利于提升食品的风味。

（四）作为淀粉的替代物

在化学工业中，大环糊精作为淀粉的替代物，用于纸张、黏合剂和生物降解塑料中。此外，大环糊精还可以与长链脂肪酸、乙醇和除垢剂等分子更好地形成包合物，添加到相应产品中。

（五）作为药物的包埋剂

大环糊精结构具有多变性和复杂性，其分子构象可随着客体分子而发生适当变化，以形成更为稳定的包合物。在制药工业中，大环糊精可作为药物分子的包埋剂，以保护药物分子不被光照、氧化以及高温等破坏，同时也能够用于药物的缓释和控释等，可以预见大环糊精将会具有更加广泛的工业应用前景。

第四节 直链麦芽低聚糖

直链麦芽低聚糖是一类由 3~10 个 α-D 型吡喃葡萄糖单元以 α-1,4 糖苷键连接而成的链状寡糖聚合体[41]。根据聚合度的不同，直链麦芽低聚糖可分为麦芽三糖（G3）、麦芽四糖（G4）、麦芽五糖（G5）、麦芽六糖（G6）、麦芽七糖（G7）、麦芽八糖（G8）、麦芽九糖（G9）、麦芽十糖（G10）等，其结构如图 7-11 所示。直链麦芽低聚糖作为集营养和功能于一体的新糖源，甜度较低、口感温和、保湿能力强，具有良好的加工特性和独特的生理功效，在食品、医药和精细化工等领域具有广泛的应用前景[42]。

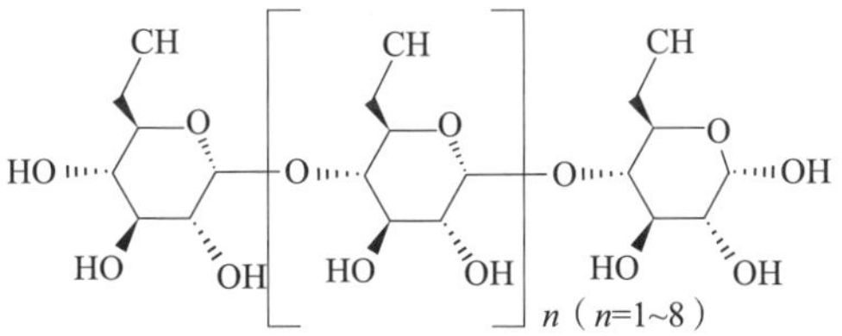

图 7-11 直链麦芽低聚糖结构示意图

一、生产原理

直链麦芽低聚糖的生产主要采用酶法工艺，即通过直链麦芽低聚糖生成酶（maltooligosaccharide-forming amylase，简称 MFA 酶，EC 3.2.1.-）作用于淀粉而成。MFA 酶是生产直链麦芽低聚糖的关键酶制剂，可将淀粉水解成不同聚合度的直链麦芽低聚糖。根据产物合成特点，MFA 酶又可分为麦芽三糖生成酶（G3-淀粉酶）、麦芽四糖生成酶（G4-淀粉酶）、麦芽五糖生成酶（G5-淀粉酶）、麦芽六糖生成酶（G6-淀粉酶）等[39]。该酶作用于直链淀粉时，能够从淀粉分子的非还原性末端切开 α-1,4 糖苷键，从而生成相应聚合度的直链麦芽低聚糖；作用于支链淀粉时，由于 MFA 酶不能水解 α-1,6 糖苷键，因此在酶法生产过程中往往需要与其他能够水解 α-1,6 糖苷键的酶类如普鲁兰酶协同作用，以提高得率。

二、生产用酶

自然界中 MFA 酶的来源非常广泛，存在于少数植物及大部分的微生物中。MFA 酶的微生物来源包括细菌、真菌及少数古菌。例如，在假单胞菌和芽孢杆菌中已鉴定出多种具有不同酶学性质的 MFA 酶，可适应不同条件或产物需求的麦芽低聚糖生产[41]。但是，天然菌株表达淀粉酶时往往存在生产强度低、背景蛋白复杂等问题，为满足研究和应用的需要，通常在基因工程菌中对酶基因进行过量表达。常用的表达系统包括大肠杆菌表达系统、枯草芽孢杆菌表达系统和毕赤酵母菌表达系统。

（一）催化机制

根据水解模式的不同，淀粉酶可分为内切酶和外切酶两大类。典型的内切酶是 α-淀粉酶，可随机切断淀粉分子内部的 α-1,4 糖苷键，形成不同链长的低聚糖和含有 α-1,6 糖苷键的极限糊精；β-淀粉酶和葡萄糖淀粉酶是典型的外切酶，可以从淀粉非还原末端开始降解淀粉。MFA 酶通过内切或外切方式作用于淀粉生成相应的直链麦芽低聚糖（图 7-12），水解机制的不同一定程度上会影响产物特异性[43]。大部分 MFA 酶倾向于内切的作用方式，酶结合底物后首先将淀粉长链水解为链段较短的线性多糖，之后再进一步水解生成特定 DP 值的直链麦芽低聚糖。许多内切型 MFA 酶具有多重主产物，如来自枯草芽孢杆菌 US116 的 MFA 酶主产 G6（30%）和 G7（20%），该酶的最小作用底物是 G7[44]。而外切型 MFA 酶通常只有一种主产物，如来源于珊瑚球菌（Corallococcus sp.）EGB 的 G6-淀粉酶，主产物 G6 比例接近 60%[45]。

部分 MFA 酶还具有内外切相结合的多重水解模式。例如，来源于北里孢菌（Kitasatospora sp.）MK-1785 的 G3-淀粉酶在反应初期倾向于内切型，但随着反应的持续进行，底物中非还原末端组分增加，该酶的作用模式逐渐向外切型转变[46]。此外，少数 MFA 酶还有独特的转糖基反应模式，可将一些特定的直链麦芽低聚糖转移到羟基上。如来源于蛾微杆菌（Microbacterium imperiale）的 G3-淀粉酶可在淀粉水解初始阶段转移 G3 单元，最小的受体为 G4。在来源于北里孢菌和灰色链霉菌（Streptomyces griseus）的 G3-淀粉酶以及来源于施氏假单胞菌的 G4-淀粉酶中同样发现了微弱的转糖基活力。

内切型

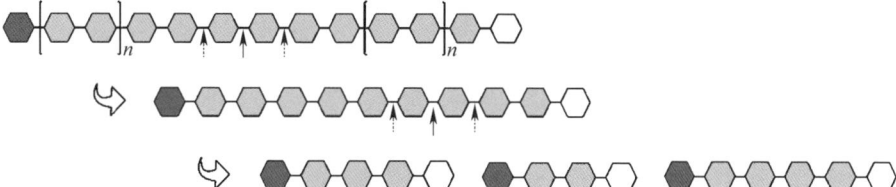

外切型

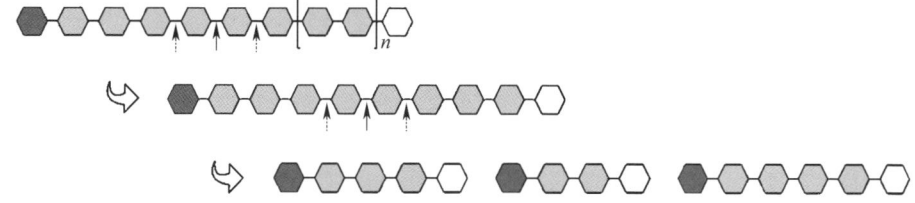

图 7-12　MFA 酶的水解模式[43]
注：非还原末端与还原末端分别用深灰色和白色表示。

（二）结构特征

MFA 酶属于 GH13 家族，其整体结构具有 GH13 家族酶的典型特征，即包含 $(\beta/\alpha)_8$ 桶状结构和催化三联体 Asp（Ⅰ）-Glu-Asp（Ⅱ）。1997 年，研究者首次确定了来源于施氏假单胞菌的 G4- 淀粉酶的晶体结构（PDB ID：2AMG，图 7-13a），这是最早被报道的 MFA 酶晶体结构。其后确定了不同来源的 MFA 晶体结构，包括来源于地衣芽孢杆菌的 G5- 淀粉酶及来源于嗜碱芽孢杆菌 707 的 G6- 淀粉酶。近年来，笔者所在团队陆续报道了来源于嗜热脂肪芽孢杆菌的 MFA 酶（Bst-MFA 酶，PDB：6AG0）和来源于嗜糖假单胞菌（*Pseudomonas saccharophila*）的 MFA 酶（MFA*ps* 酶，PDB：6ITG）的晶体结构（图 7-13），前者主产 G5 和 G6，后者主产 G4[43]。MFA 酶的晶体结构显示该酶含有 A、B、C 三个结构域，其中 A 域呈现典型 $(\beta/\alpha)_8$ 桶状结构，结构域 B 位于 Aβ3 和 Aα3 之间，结构域 C 包含由 4 条 β- 链组成的典型希腊钥匙模体（Greek key motif）。催化残基 Asp 及 Glu 位于活性中心，即 $(\beta/\alpha)_8$ 桶状结构中 β 折叠的 C 末端。此外，MFA 酶的晶体结构中存在多个钙离子结合位点，对稳定蛋白质结构具有重要作用。

Bst-MFA 酶底物结合区域的结构显示，有 2 个阿卡波糖分子位于活性裂缝，并通过氢键和疏水相互作用与 Bst-MFA 酶结合（图 7-14）。基于酶与阿卡波糖在活性裂缝的结合情况，确定了 Bst-MFA 酶的亚位点构成，包括 6 个糖基位点（-6、-5、-4、-3、-2、-1）和 2 个糖苷配基位点（+1、+2）。特别地，在非还原性末端的亚位点 -6、-5 处多个氨基酸残基参与底物结合，例如芳香族氨基酸残基 Trp139 的吲哚基位于这两个亚位点处糖单元的正上方，存在显著的疏水堆积作用,而Gly109与亚位点-5处糖单元以氢键结合(0.30nm)。亚位点-5、-6处酶与底物的结合对于Bst-MFA酶的G5、G6生产具有重要作用[47,48]。

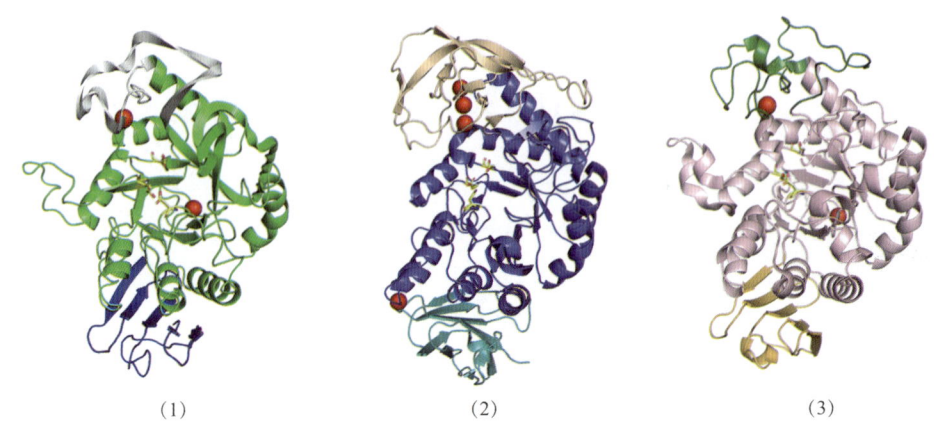

图7-13 MFA酶的晶体结构
(1)G4-淀粉酶 (2)Bst-MFA酶 (3)MFAps酶
注:钙离子以红色表示;催化残基以棍棒模型显示,其碳原子显示为黄色。

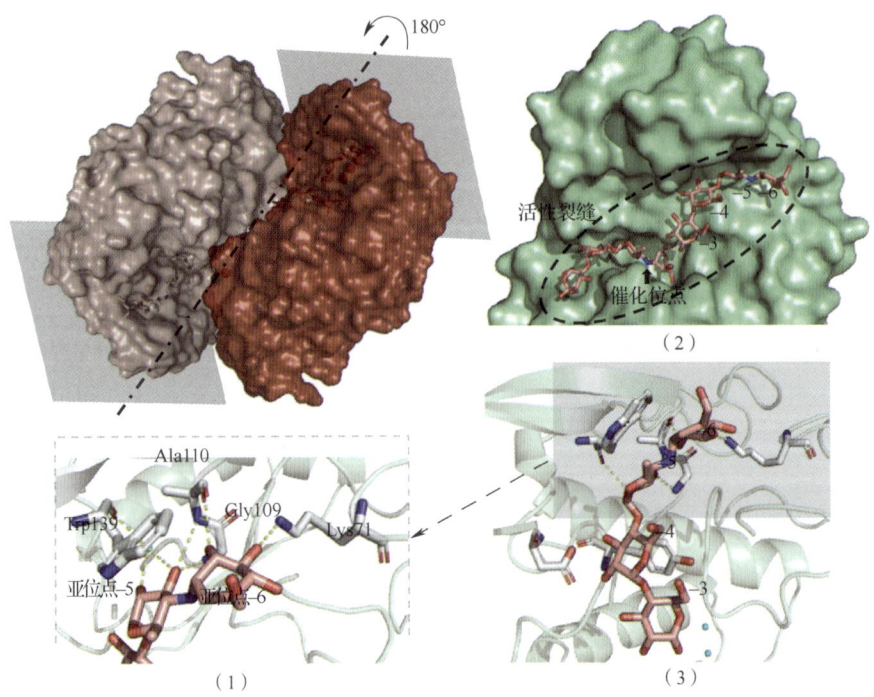

图7-14 Bst-MFA酶的底物结合区域
(1)Bst-MFA酶的分子表面 (2)活性裂缝表面(催化位点标有箭头)
(3)参与亚位点-5或亚位点-6结合的关键残基(灰色)的结构展示

(三)酶学性质

对于MFA酶酶学性质的评价通常包括酶活力、热稳定性和产物特异性。MFA酶的活力直接影响加酶量的多少,高酶活力的MFA酶可减少加酶量,有效节约生产成本。MFA酶的热稳定性会影响酶的储存、运输以及反应等过程。添加多羟基化合物和金属离子等稳定剂可经济且方便地提高酶的热稳定性。例如,Ca^{2+}、Na^+可协同改善Bst-MFA酶的热稳定性:在10mmol/L Ca^{2+}及40mmol/L Na^+存在下,Bst-MFA经80℃保温3h后仍可保留71.1%的残余酶活力[49]。特别地,多羟基化合物如甘油和聚乙二醇可通过从酶分子周围的空间中排除其他聚合物而有助于酶的优先水合,从而稳定蛋白质构象。

MFA酶的产物特异性是生产直链麦芽低聚糖的核心因素。目前报道中,产物特异性最为突出的MFA酶来源于施氏假单胞菌AS22,其主产物G4的比例高达98%[50]。然而大多数MFA酶的产物特异性并不理想,单一产物比例多集中在20%~40%,给单一聚合度的直链麦芽低聚糖制备带来很大挑战。MFA酶的产物特异性受一些因素影响,如MFA酶的天然来源,不同来源的MFA酶有不同的产物特异性,且主产物比例有所差异;内外切模式和反应条件也会对MFA酶的产物特异性产生一定影响。结构特征是影响MFA酶产物特异性的重要内在因素,活性裂缝的亚位点组成和特定的底物结合模式决定了酶的产物分布。

三、生产工艺

直链麦芽低聚糖的生产过程主要包括淀粉液化、糖化、纯化和浓缩等[51],典型的生产工艺流程如图7-15所示。与葡萄糖和麦芽糖的生产工艺相比,最独特的区别在于糖化过程。直链麦芽低聚糖的酶法生产主要依靠MFA酶,目前工业上可分为单酶体系和双酶体系。在单酶体系中,MFA酶可直接酶解液化后的淀粉生成直链麦芽低聚糖,而在双酶体系中,MFA酶和普鲁兰酶共同作用于液化后的淀粉以提高直链麦芽低聚糖的产率[52]。体系中未分解的淀粉和大分子糊精等副产品通过纯化系统去除,之后再通过真空蒸馏进行浓缩,得到直链麦芽低聚糖糖浆,进而通过结晶、过滤与洗涤、干燥等步骤得到直链麦芽低聚糖粉末。

(一)制备工艺条件的选择

直链麦芽低聚糖的酶法生产可从产率、产量、产物选择性和成本等方面评价,并受多种因素的影响[49]。其中底物和酶的种类是影响酶法生产直链麦芽低聚糖的首要因素。在反应初始阶段,高支链比例和短链长的底物比长直链淀粉底物的生产速度更高。因为支链淀粉含有更多的非还原末端,增加了与酶结合的可能性,而长直链结构增加了淀粉链之间的相互作用,使之难以到达酶的活性位点。

MFA 酶和普鲁兰酶协同作用可以提高产量,并且作用于直链淀粉比支链淀粉具有更高产量,这是因为支链淀粉含有较多的 α-1,6 糖苷键,易形成更多极限糊精。除了底物和酶,制备工艺条件也是直链麦芽低聚糖产率和含量的重要影响因素。Yoshifumi 等研究了反应温度对糖化效率的影响,发现温度过高或过低均会使糖化效率下降[53];信成夫等研究发现液化程度、糖化温度和糖化 pH 均会影响 G4 的产率,通过优化上述条件可将产物中 G4 的比例提高至 57.42%[54]。

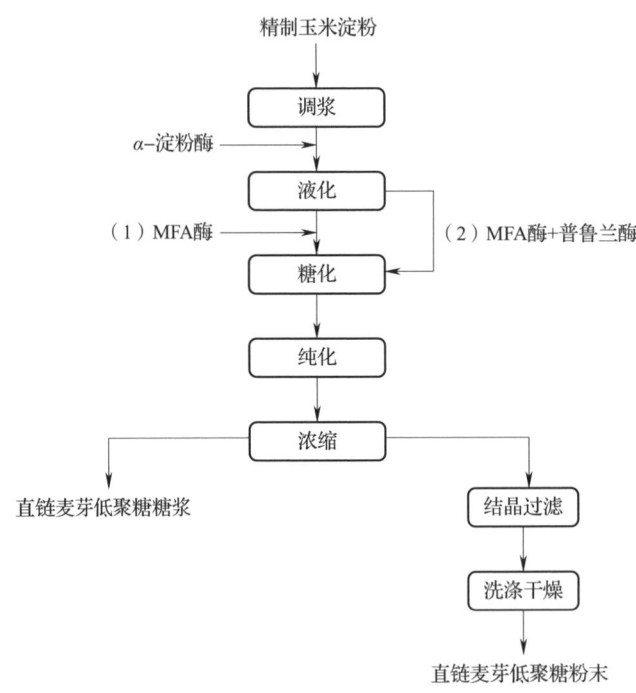

图 7-15 直链麦芽低聚糖酶法生产工艺流程
(1)单酶法 (2)双酶法

(二)特定聚合度直链麦芽低聚糖的定向生产技术

不同聚合度的麦芽低聚糖在加工特性和生理功效上存在一定差异,各有优势。例如,G4 有利于抑制早期动脉粥样硬化的发展,可作为改善人体心血管健康的膳食补充剂;而 G5 则能够显著抑制 T 细胞中 IL-2 的表达,膳食补充可有助于减轻婴儿先天性免疫反应。因此,开发具有特定聚合度的直链麦芽低聚糖有助于其在食品品质改良、精准营养、特殊膳食用食品等方面更广泛地应用。

1. 酶分子改造技术

MFA 酶的产物特异性是影响生产特定聚合度直链麦芽低聚糖的核心因素。产物特异性的高低会直接影响直链麦芽低聚糖的产率、组成比例以及分离成本。因此,提升 MFA 酶的产物特异性对于直链麦芽低聚糖的定向生产具有重要意义。大多数 MFA 酶的产物特异性较差，单一主产物比例多集中在 20% ~ 40%。MFA 酶的产物特异性会受其来源等因素的影响，不同来源的 MFA 酶有不同主产物，且比例有所差异。其次，内外切模式、反应条件也会产生一定影响。

结构特征是影响 MFA 酶产物特异性的重要内在因素，活性裂缝的亚位点组成和特定的底物结合模式决定了 MFA 酶的产物分布。目前关于 MFA 酶产物特异性的改善的报道相对较少，虽然通过反应体系诸如底物浓度、加酶量、温度、pH 等因素的优化能在一定程度上提高主产物的比例，但效果有限。相较之下，蛋白质工程通过改变结构可显著影响 MFA 酶的水解产物，是改善 MFA 酶产物特异性的安全有效手段。谢小芳以来源于嗜热脂肪芽孢杆菌 STB04 的 MFA 酶为研究对象，深入分析影响产物特异性的结构因素，并基于此进行分子改造，获得了产物特异性提高、具有工业应用价值的理想突变体，如图 7-16 所示[48]。139 位点突变减弱了酶与底物在亚位点 -6 的结合，增强了主产 G5 的特异性；109 位点突变增强了酶与底物在亚位点 -6 处的结合，从而增强了主产 G6 的特异性。将两种突变体 Trp139 Tyr 及 Gly109Asp 分别作用于 20%（质量分数）玉米淀粉乳，结果显示，与野生型仅 26.3% 的 G5 比例相比，Trp139 Tyr 的小分子水解产物中 G5 的百分含量可达到 45.2%；与野生型 35.3% 的 G6 比例相比，Gly109Asp 的 G6 占比可达 44.8%。底物转化率均超过 70%，初步体现了 Trp139 Tyr 及 Gly109Asp 的工业应用价值。

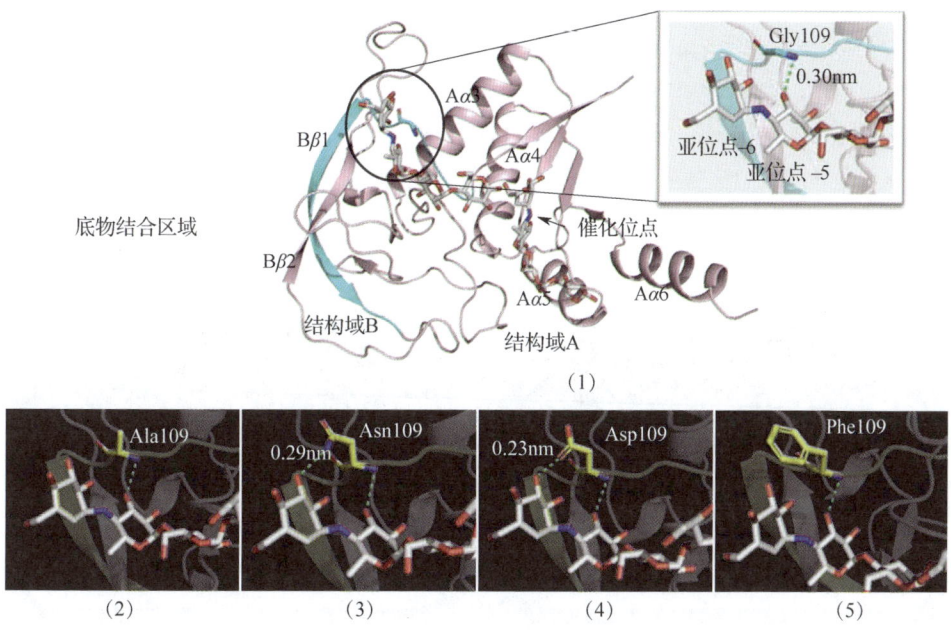

图 7-16　109 位点突变引起的分子间相互作用的变化[48]

（1）野生型　（2）Gly109Ala　（3）Gly109Asn　（4）Gly109Asp　（5）Gly109Phe

注：该图显示了野生型及突变体中阿卡波糖与 109 位残基之间的相对位置及相互作用。阿卡波糖以棍棒模型表示，其碳原子为灰色。

由此可见，采用酶工程技术改善MFA酶的产物特异性，能够实现特定聚合度直链麦芽低聚糖产率的提升。一方面可以提高酶解液中目标产物的浓度，提高产量，另一方面也降低了后续分离纯化的难度，减少能耗。因此，MFA酶产物特异性的提高对于降低直链麦芽低聚糖的生产成本、扩大直链麦芽低聚糖的应用范围具有重要意义。

2. 分离纯化技术

分离纯化技术是特定聚合度直链麦芽低聚糖的定向生产中十分重要的一环。由于MFA酶酶解淀粉的产物为多种直链麦芽低聚糖的混合物，还包含未转化的淀粉、糊精、小分子糖和其他副产物等，因此需要对目的产物进行分离提纯，去除非功能性成分，并提高G3~G6等功能性成分的含量。陈殿宁以高浓度玉米淀粉乳酶解产物为原料，研究了膜分离、色谱分离对产物中G5+G6和G3~G6的分离提纯效果[55]。研究发现，葡聚糖凝胶柱层析分离和钾型离子交换树脂柱层析对直链麦芽低聚糖的分离提纯效果较好。以钾型离子交换树脂为固定相吸附剂，采用模拟移动床（Simulated moving bed，SMB）对直链麦芽低聚糖中的G5+G6进行连续分离提纯，通过优化模拟移动床的分离周期，主产物G5+G6的纯度由49.81%提高至77.13%，且收率高达84.23%。此外，李家成采用模拟移动床技术对酶法制备G4的产物进行分离纯化，以钾型K310离子交换树脂为固定相，以水为洗提剂，对模拟移动床系统操作参数进行优化，如图7-17所示[56]。其中G4的分离过程包括两个阶段：第一个阶段是在洗提剂流速为15mL/min、进料流速为5mL/min、周期时长为1211s时，可最大限度从提取液出口分离出G1~G3；第二个阶段以提余液出口处的中间分离产物（即分离出G1~G3的料液）作为第二次分离的原料，当周期时长为1802s时，可得到G4纯度为81.32%的分离产物，回收率约为68.95%。

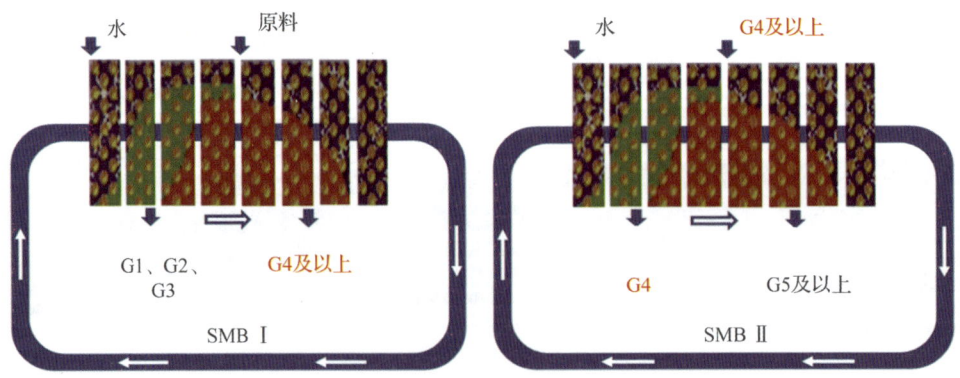

图7-17　模拟移动床分离直链麦芽四糖示意图[56]

3. 酶-膜反应分离技术

酶膜反应分离技术是指在反应过程中或反应结束后通过膜分离技术将产物

或底物与酶分离开的一种新型反应技术[57]，如图 7-18 所示。其原理可概括为在酶促反应过程中，通过将反应体系与膜组件进行耦联，在外部压力驱动下使反应体系中的部分或全部终产物、副产物从反应体系中选择性分离，而酶及大分子底物则被截留，从而达到边生产边分离的生产效果。通过连续不断从反应物中分离产物，一定程度上解除产物抑制效应，从而促进反应持续向正向进行；与此同时，产物在生产过程中通过膜分离得到进一步富集和纯化，一定程度上降低了后续产物分离提纯的操作负荷。

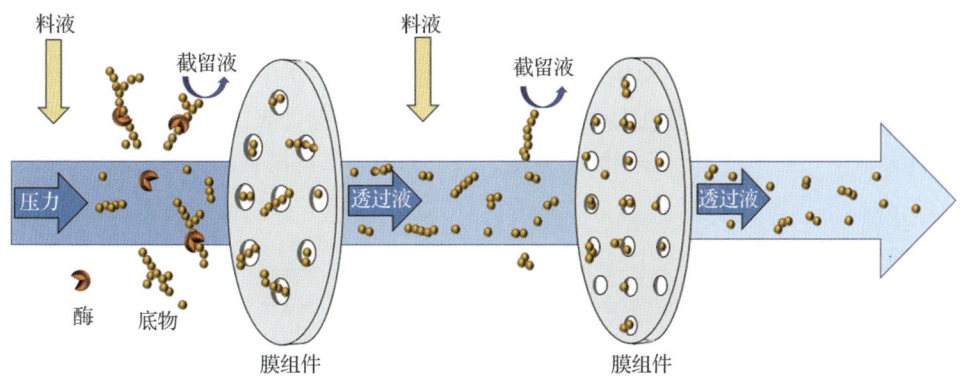

图 7-18　酶膜反应分离技术原理

随着发酵工业和膜分离技术的不断发展，膜反应器越来越受到人们的重视和应用，1992 年 Woo 等首次用循环式生物膜反应器研究不同淀粉底物对 G4 生产能力的影响，由此拉开了酶膜反应器制备淀粉糖的序幕[58]；Gaston 等应用一种来源于枯草芽孢杆菌 DF9R 的 CGT 酶，在膜反应器中将麦芽低聚糖转化率提高至 72%[59]。国内方面利用膜反应器制备淀粉糖的报道相对较少，李志达等最早利用中空纤维膜反应器水解木薯淀粉制备直链麦芽低聚糖，经过优化反应条件后 G3~G6 产率可达 77.6%，证明将膜反应器应用在水解淀粉制备直链麦芽低聚糖工艺中，可大大节省酶的用量和缩短生产周期，提高生产能力[60]。针对传统直链麦芽低聚糖酶法生产工艺中转化率低、分离难度大等不足，陈旭采用酶膜反应分离技术，在以玉米淀粉为底物酶法制备 G5 的传统工艺基础上构建耦合体系，并对生产工艺进行系统优化，从而得到高效制备直链麦芽低聚糖的新型生产体系[61]。其中，膜组件选用截留分子质量 50ku 的多通道管式陶瓷膜，该膜对 MFA 酶蛋白的截留率为 97.01%；通过对生产条件进行系统优化，G1~G7 产率可达到 95.81%，主产物 G5 产率达到 42.64%，渗透端产物回收率达到 95% 以上。相较于传统反应 5h，G1~G7 产率和 G5 产率分别提高了 89.99% 和 153.36%，已达到并超过传统 24h 反应进程，并且省去了后续对产物灭酶的步骤。生产过程中产物经过陶瓷膜的纯化已达到初步分离提纯的效果，可降低后续生产成本。

四、理化性质

(一) 良好的加工适应性

直链麦芽低聚糖的化学性质稳定,储藏稳定性良好,不易降解,其溶液在 pH 3.0 的条件下煮沸 60min 仍没有出现明显分解,可稳定存在于食品、化工产品的加工过程中;抗结晶性良好,可显著抑制蔗糖的结晶反应;成膜性优良,自然状态下即可形成明显的薄膜包裹住内部水分;着色性低,在酸性、加热条件下着色性明显低于食品加工中常用的葡萄糖或果葡糖浆(图 7-19),在有蛋白质或氨基酸存在时可抵抗棕褐色色素生产[62]。因此,直链麦芽低聚糖具有良好的加工适应性,能防止晶体析出、抑制淀粉老化、增加黏稠感、提高食品的感官品质[63]。

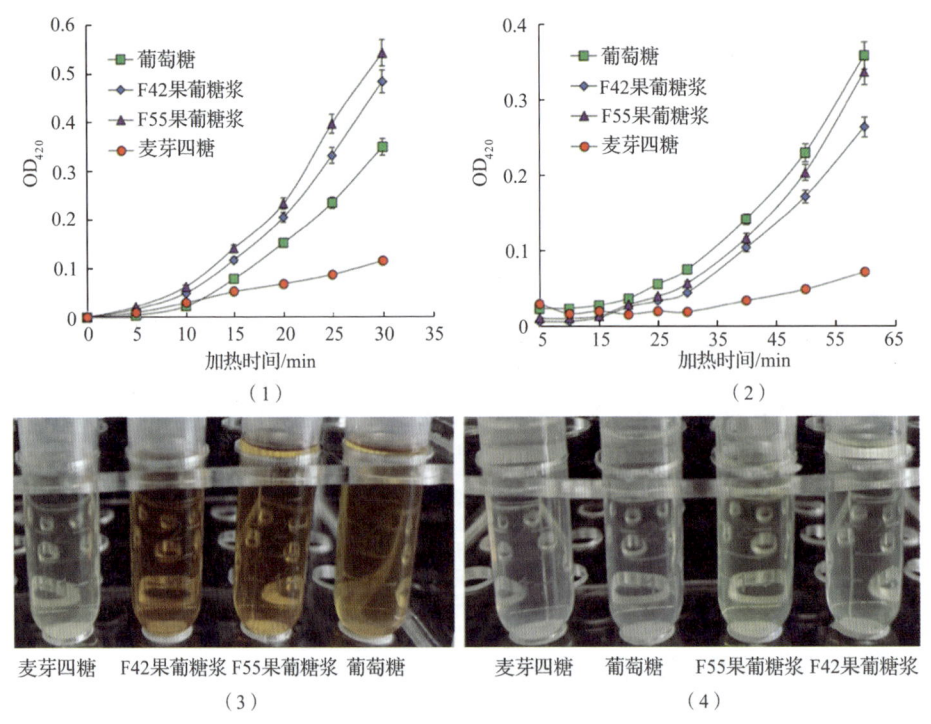

图 7-19　G4 与其他糖类的着色性比较[56]

(1) pH7.5,添加 10g/L 甘氨酸,沸水浴加热后溶液的吸光度　(2) pH7.5,沸水浴加热后溶液的吸光度

(3) pH4.5,添加 10g/L 甘氨酸,115℃高压蒸汽加热后溶液的颜色

(4) pH4.5,115℃高压蒸汽加热后溶液的颜色

(二) 显著的抑菌活性

以不同浓度的 G4 分离产物培养欧文氏菌属(*Erwinia* sp.),从液体培养和固

体培养情况来看，添加浓度为 50g/L 及以上的 G4 分离产物时，液体培养基浑浊度明显下降，固体培养基的菌落生长数也明显减少，且抑菌圈范围明显，说明 G4 对欧文氏菌属显示出优良的抑菌效果（图 7-20）。G4 分离产物对欧文氏菌属生长的抑制作用与葡萄糖、麦芽糖及麦芽糊精等相比十分显著，因此该抑菌活性在珍贵果实、蔬菜和花卉的保鲜中具有巨大的应用潜力，可以制成溶液，均匀喷洒至物品表面再进行包装，结合其优良的成膜性、安全性、无污染性进行广泛应用。

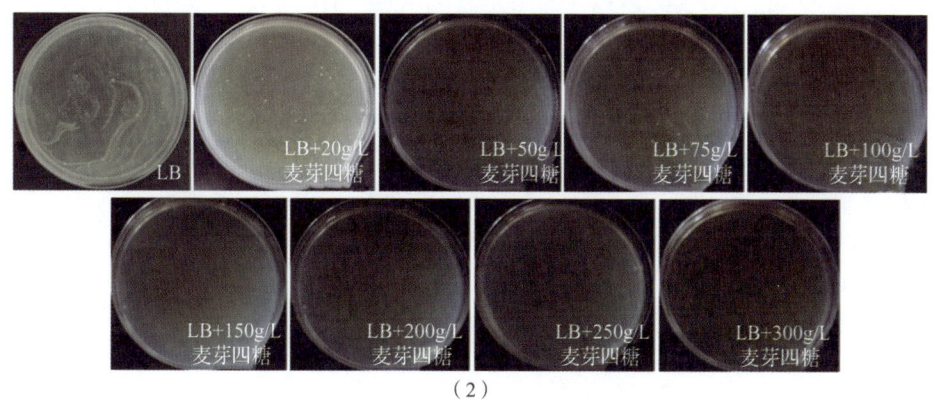

图 7-20 不同浓度 G4 的抑菌活性[56]
（1）液体培养基培养 （2）固体培养基培养

（三）优异的保湿性和抗敏性

G4 具有良好的保水性能和皮肤保湿功效。其在体外低湿条件下可以抑制水分子的散失，在高湿条件下又能够防止水分的过度吸收（图 7-21）；经 G4 分离产物处理后，人皮肤的经皮水分散失值降低，角质层水分含量呈逐渐升高的趋势，使皮肤具有长效保湿的效果。此外，G4 分离产物还具有明显的抗炎抗敏功效，既能显著降低经刺激处理后角质细胞中促炎因子、炎症因子、炎性介质和炎症介质相关合成酶的表达，减少红斑、瘙痒等炎症反应的发生，又能防止角质形成细胞表面的感觉受体被激活，抑制神经反应，达到抗敏效果。

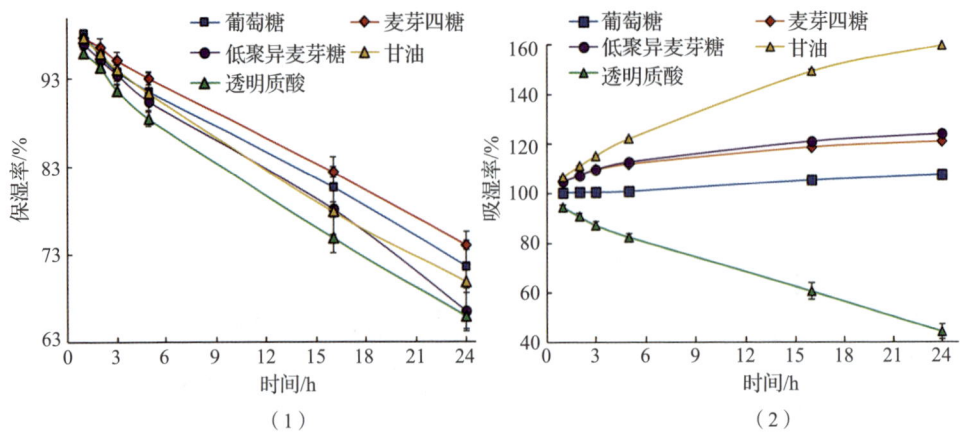

图 7-21　G4 与其他物质的保湿性比较[56]
(1) 不同样品溶液的保湿率　(2) 不同样品粉末的吸湿率

(四) 独特的生理功效

直链麦芽低聚糖还具有许多独特的生理功效,包括:在小肠被小肠上皮细胞的 α-葡萄糖苷酶水解,进入血液后能迅速合成糖原,引起的胰岛素反应和血糖反应比葡萄糖平稳,能长时间为人体供能,对于运动员和一些特殊疾病患者而言是一种理想的能量来源;可促使人体更好地吸收 Ca^{2+},有效预防骨质疏松;不易被细菌发酵利用,且能阻止一些高分子糖在牙齿表面结垢,可预防龋齿;能选择性抑制肠道腐败菌生长而促进益生菌增殖,维护肠道健康。此外,最新研究表明其与另一种血糖反应控制有关,可提供信号促进双糖酶的成熟和转运,有利于其后续的消化,同时诱导小肠上皮细胞分化。

五、工业应用

直链麦芽低聚糖具有良好的加工适应性和独特的生理功效,在食品、医药、化工等多个领域的应用十分广泛。它甜度较低、口感柔和、持水力强、吸湿性小,可以有效抑制晶体结晶,增加食品的抗融性。同时,直链麦芽低聚糖还能够改善肠道环境,保持血糖和胰岛素平衡,缓慢持续供能,增强机体耐力,促进人体对钙的吸收等,可用于婴幼儿及老年人保健食品、运动型饮料生产中。

(一) 在食品领域中的应用

1. 改善甜度和黏度

糖的甜度是一个感官综合评价标准,也被称作比甜度。通常把蔗糖的甜度定为 100,而直链麦芽低聚糖的甜度只有 30,甜度较低,口感温和。所以在食品生产中，直链麦芽低聚糖可以作为蔗糖的替代品，有效降低食品甜度，改善食品品质。直链麦芽低聚糖具有较高的黏度，增稠性较强，载体性能好。生产饮料时可将麦芽低聚糖作为配料，提高口感和感官质量；生产冰淇淋时，直链麦芽低聚糖有利于提高冰淇淋的膨胀率。

2. **防止蔗糖结晶和淀粉老化**

巧克力是可可脂和蔗糖的再制品，在保存不当的条件下，易出现返砂现象，影响其口感、感官质量及其保存性。在巧克力加工中添加直链麦芽低聚糖可有效抑制其返砂现象；在果酱和果冻的生产中添加直链麦芽低聚糖，也可有效防止蔗糖结晶的出现。直链麦芽低聚糖能延缓淀粉老化，有利于保持速冻食品的新鲜度，尤其在速冻面制品方面得到了广泛应用。

3. **增加保湿性和抗融性**

直链麦芽低聚糖具有较好的水溶性，并且能够调节水分平衡，可用于生产粉末醇和非醇饮料、改善食品质地和延长食品货架期；将直链麦芽低聚糖用于冰淇淋和速冻食品中，可起到有效减少冰点下降的作用，使其更易冻结并抗融化。

（二）在医药领域中的应用

1. **为人体持续供能**

直链麦芽低聚糖进入人体后被小肠上皮细胞中的 α-葡萄糖苷酶水解，进入血液后可以迅速合成新糖原，不会引起餐后血糖的迅速升高，且其渗透压较低，可为人体缓慢持续地提供能量，在特殊疾病患者（如肾病患者和胰脏切除病人等）的食疗和功能性运动饮料的开发中有较好的应用前景。

2. **维护肠道健康**

直链麦芽低聚糖能有效抑制人体肠道内梭状芽孢杆菌、肠杆菌和产气荚膜梭菌等有害菌的生长，促进益生菌繁殖，维护肠道健康，同时也可减少老年人肠道发病的概率。

3. **促进人体对钙的吸收**

直链麦芽低聚糖可有效促进婴儿骨骼生长发育及满足中老年人对钙的需要。在婴幼儿食品和中老年食品配方中加入直链麦芽低聚糖可起到很好的营养吸收促进作用。直链麦芽低聚糖可以作为磷酸寡糖合成的前体，促进机体对钙的吸收，能有效预防骨质疏松。此外，直链麦芽低聚糖不易被微生物发酵利用，能阻止一些水不溶性高分子葡聚糖在牙齿表面形成齿垢，具有抗龋齿功能。

4. **在医疗检测中的应用**

G4 和 G5 可作为淀粉酶研究的反应剂，被用于临床医学中测定人血清和尿液中 α-淀粉酶的活性，而 G6 的衍生物可排除血清和尿液中的唾液 α-淀粉酶和胰腺 α-淀粉酶等干扰因子，在新型医疗临床用诊断试剂盒的开发研究中意义重大；G6参与构建的胆固醇和细菌响应性脂质复合物——智能纳米脂质体平台MLP18，可精确递送光敏剂红紫素18，对细菌感染部位进行细菌特异性标记和可视化声动力治疗，能有效消除多药耐药性细菌对人体的威胁[64]。

参考文献

［1］Del E. Cyclodextrins and their uses: A review［J］. Process Biochemistry, 2004, 39（9）: 1033-1046.

［2］张梦柯. 环糊精包合及大分子修饰对其包埋释放行为的影响研究［D］. 无锡: 江南大学, 2019.

［3］Crini G. A history of cyclodextrins［J］. Chemical Reviews, 2014, 114（21）: 10940-10975.

［4］金征宇, 徐学明, 陈寒青, 等. 环糊精化学-制备与应用［M］. 北京: 化学工业出版社, 2009.

［5］李兆丰, 顾正彪, 堵国成, 等. 环糊精葡萄糖基转移酶的结构特征与催化机理［J］. 中国生物工程杂志, 2010, 30（6）: 144-150.

［6］Qi Q, Zimmermann W. Cyclodextrin glucanotransferase: From gene to applications［J］. Applied Microbiology and Biotechnology, 2005, 66（5）: 475-485.

［7］Yamamoto T, Fujiwara S, Tachibana Y, et al. Alteration of product specificity of cyclodextrin glucanotransferase from *Thermococcus* sp. B1001 by site-directed mutagenesis［J］. Journal of Bioscience & Bioengineering, 2000, 89（2）: 206-209.

［8］Li Z, Li B, Gu Z, et al. Extracellular expression and biochemical characterization of α-cyclodextrin glycosyltransferase from *Paenibacillus macerans*［J］. Carbohydrate Research, 2010, 345（7）: 886-892.

［9］Wind D, Liebl W, Buitel M, et al. Cyclodextrin formation by the thermostable α-amylase of *Thermobacterium thermosulfurigenes* EM1 and reclassification of the enzyme as a cyclodextrin glycosyltransferase［J］. Applied and Environmental Microbiology, 1995, 61（4）: 1257-1265.

［10］Sin A, Nakamura A, Kobayashi K, et al. Cloning and sequencing of a cyclodextrin glucanotransferase gene from *Bacillus ohbensis* and its expression in *Escherichia coli*［J］. Applied Microbiology and Biotechnology, 1991, 35（5）: 600-605.

［11］李才明, 黄敏, 顾正彪, 等. 来源于 *Bacillus circulans* 的重组 β-CGT 酶的

分离纯化及其生化性质分析 [J]. 食品与生物技术学报，2018，37（4）：360-368.

[12] Masayasu T, Yoshinori N, Mikio Y. Biochemical and genetic analyses of a novel gamma-cyclodextrin glucanotransferase from an alkalophilic *Bacillus clarkii* 7364 [J]. Journal of Biochemistry, 2003, 133 (3): 17-24.

[13] Hirano K, Ishihara T, et al. Molecular cloning and characterization of a novel gamma-CGTase from alkalophilic *Bacillus* sp [J]. Applied Microbiology and Biotechnology, 2006, 70 (2): 193-201.

[14] Takashi, K, Koki H. Cloning and expression of the *Bacillus subtilis* No. 313 γ-cyclodextrin forming CGTase gene in *Escherichia coli* [J]. Agricultural & Biological Chemistry, 1986, 50 (8): 2161-2162.

[15] 杨国武，李皎，谢薇梅，等. γ-环状糊精葡萄糖基转移酶产生菌32-3-10产酶条件及酶促反应条件的研究 [J]. 工业微生物，2001，31（2）：30-32.

[16] 徐琪. 利用定点突变减弱环糊精葡萄糖基转移酶产物抑制的研究 [D]. 无锡：江南大学，2015.

[17] Fenelon V, Miyoshi J, Mangolim C, et al. Different strategies for cyclodextrin production: Ultrafiltration systems, CGTase immobilization and use of a complexing agent [J]. Carbohydrate Polymers, 2018, 192: 19-27.

[18] Schöffer J, Matte C, Charqueiro D, et al. Directed immobilization of CGTase: The effect of the enzyme orientation on the enzyme activity and its use in packed-bed reactor for continuous production of cyclodextrins [J]. Process Biochemistry, 2017, 58: 120-127.

[19] 童林荟. 环糊精化学-基础与应用 [M]. 北京：科学出版社，2001.

[20] Kfoury M, Landy D, Fourmentin S. Characterization of cyclodextrin/volatile inclusion complexes: A review [J]. Molecules, 2018, 23 (5): 1204.

[21] Cruz-Valenzuela M R, Tapia-Rodriguez M R, Silva-Espinoza B A, et al. Antiradical, antibacterial and oxidative stability of cinnamon leaf oil encapsulated in β-cyclodextrin [J]. Journal of Medicinal Plants and By-product, 2019, 8 (2): 115-123.

[22] Navarro P, Nicolas T, Gabaldon J, et al. Effects of cyclodextrin type on vitamin C, antioxidant activity, and sensory attributes of a mandarin juice enriched with pomegranate and goji berries [J]. Journal of Food Science, 2011, 76 (5): S319-S324.

[23] Loftsson T, Stefánsson E. Cyclodextrins and topical drug delivery to the anterior and posterior segments of the eye [J]. International Journal of

Pharmaceutics, 2017, 531 (2): 413-423.

[24] Szejtli J, Szente L. Elimination of bitter, disgusting tastes of drugs and foods by cyclodextrins [J]. European Journal of Pharmaceutics and Biopharmaceutics, 2005, 61 (3): 115-125.

[25] 李泽西. 环糊精-三丁酸甘油酯包合体系的酶法构建、表征及其包合机理研究 [D]. 无锡: 江南大学, 2020.

[26] 刘彤晖. 一步法制备环糊精-植物精油包合物及其抑菌特性研究 [D]. 无锡: 江南大学, 2021.

[27] 崔波, 金征宇. 麦芽糖基（α-1→6）β-环糊精的酶法合成和结构鉴定 [J]. 高等学校化学学报, 2007, 28 (2): 283-285.

[28] 沈汪洋, 金征宇. 半乳糖基-β-环糊精合成与结构研究 [J]. 食品科学, 2011, 32 (12): 57-59.

[29] 王金鹏. 4α糖基转移酶环化活性定向控制及其大环糊精产物的分离及应用研究 [D]. 无锡: 江南大学, 2011.

[30] Gotsev M, Ivanov P. Molecular dynamics of large-ring cyclodextrins: Principal component analysis of the conformational interconversions [J]. Journal of Physical Chemistry B, 2009, 113: 5752-5759.

[31] Terada Y, Fujii Y, Takaha T, et al. *Thermus aquaticus* ATCC 33923 amylomaltase gene cloning and expression and enzyme characterization: Production of cycloamylose [J]. Applied and Environmental Microbiology, 1999, 65 (3): 910-915.

[32] Terada Y, Yanase M, Takaha T, et al. Cyclodextrins are not the major cyclic *alpha*-1, 4-glucans produced by the initial action of cyclodextrin glucanotransferase on amylose [J]. Journal of Biological Chemistry, 1997, 272: 15729-15733.

[33] Takata H, Takaha T, Okada S, et al. Structure of the cyclic glucan produced fromamylopectin by *Bacillus Stearothermophilus* branching enzyme [J]. Carbohydrate Research, 1996, 295: 91-101.

[34] Wakao M, Fukase K, Kusumoto S. Chemical synthesis of cyclodextrins by using intramolecular glycosylation [J]. Journal of Organic Chemistry, 2002, 67: 8182-8190.

[35] Fukami T, Mugishima A, Suzuki T, et al. Enhancement of water solubility of fullerene by cogrinding with mixture of cycloamyloses, novel cyclic α-1, 4-glucans, via solid-solid mechanochemical reaction [J]. Chemical Pharmaceutical Bulletin, 2004, 52: 961-964.

[36] Zimmermann Q. Effect of ethanol on the synthesis of large-ring cyclodextrins

［37］Endo T, Ueda H. Isolation, purification, and characterization of cyclomaltododecaose (ν -cyclodextrin) [J]. Carbohydrate Research, 1995, 269: 369-373.

［38］Furuishi T, Endo T, Nagase H, et al. Solubilization of C70 into water by complexation with δ -cyclodextrin [J]. Chemical Pharmaceutical Bulletin, 1998, 46: 1658-1659.

［39］Dodziuk H, Ejchart A, Anczewski W, et al. Water solubilization, determination of the number of different types of single-wall carbon nanotubes and their partial separation with respect to diameters by complexation with η -cyclodextrin [J]. Chemical Communications, 2003, (8): 986-987.

［40］Larsen K, Endo T. Inclusion complex formation constants of α -, β -, γ -, δ -, ε -, ζ -, η - and θ -cyclodextrins determined with capillary zone electrophoresis [J]. Carbohydrate Research, 1998, 309: 153-159.

［41］Pan S, Ding N, Ren J, et al. Maltooligosaccharide-forming amylase: Characteristics, preparation, and application [J]. Biotechnology Advance, 2017, 35 (5): 619-632.

［42］张百胜. 麦芽低聚糖在食品生产中的应用 [J]. 农产品加工（学刊）, 2007, (7): 108-109.

［43］张梓芊. 来源于 *Pseudomonas saccharophila* 的麦芽四糖生成酶的分泌表达及其结构与性质研究 [D]. 无锡：江南大学, 2019.

［44］Messaoud E B, Ali M B, Elleuch N, et al. Purification and properties of a maltoheptaose- and maltohexaose-forming amylase produced by *Bacillus subtilis* US116 [J]. Enzyme and Microbial Technology, 2004, 34 (7): 662-666.

［45］Li Z, Wu J, Zhang B, et al. AmyM, a novel maltohexaose-forming α -amylase from *Corallococcus* sp. strain EGB [J]. Applied and Environmental Microbiology, 2015, 81 (6): 1977-1987.

［46］Masahiro, Kamon, Jun-ichi, et al. Characterization and gene cloning of a maltotriose-forming exo-amylase from *Kitasatospora* sp. MK-1785 [J]. Applied Microbiology and Biotechnology, 2015, 99 (11): 4743-4753.

［47］Xie X, Qiu G, Zhang Z, et al. Importance of Trp139 in the product specificity of a maltooligosaccharide-forming amylase from *Bacillus stearothermophilus* STB04 [J]. Applied Microbiology and Biotechnology, 2019, 103: 9433-9442.

[48] Xie X, Ban X, Gu Z, et al. Structure-based engineering of a maltooligosaccharide-forming amylase to enhance product specificity [J]. Journal of Agricultural and Food Chemistry, 2020, 68: 838-844.

[49] 潘思惠. 直链麦芽低聚糖生成酶在枯草芽孢杆菌中的分泌表达、酶学性质与产物研究 [D]. 无锡: 江南大学, 2018.

[50] Maalej H, Ayed B, Ghorbel-Bellaaj O, et al. Production and biochemical characterization of a high maltotetraose (G4) producing amylase from *Pseudomonas stutzeri* AS22 [J]. Biomed Research International, 2015, 2014(3): 156438.

[51] Kimura T, Nakakuki T. Maltotetraose, a new saccharide of tertiary property [J]. Starch-Stärke, 1990, 42(4): 151-157.

[52] Woo G, Mccord J. Bioconversion of starches into maltotetraose using *Pseudomonas stutzeri* maltotetraohydrolase in a membrane recycle bioreactor: Effect of multiple enzyme systems and mass balance study [J]. Enzyme and Microbial Technology, 1994, 16(12): 1016-1020.

[53] Yoshifumi O, Ayana N, Atsushi K. Effect of temperature on saccharification and oligosaccharide production efficiency in koji amazake [J]. Journal of Bioscience and Bioengineering, 2019, 127(5): 570-574.

[54] 信成夫, 景文利. 麦芽四糖生产工艺的研究 [J]. 中国食品添加剂, 2016, (10): 149-153.

[55] 陈殿宁. 酶解高浓度玉米淀粉乳制备直链麦芽低聚糖的研究 [D]. 无锡: 江南大学, 2019.

[56] 李家宬. 直链麦芽四糖的酶法制备、分离纯化及理化功能特性研究 [D]. 无锡: 江南大学, 2021.

[57] Rios G, Belleville M, Paolucci D, et al. Progress in enzymatic membrane reactors-A review [J]. Journal of Membrane Science, 2004, 242(1-2): 189-196.

[58] Woo G J, McCord J D. Bioconversion of unmodified native starches by *Pseudomonas stutzeri* maltotetraohydrolase: Effect of starch type [J]. Applied Microbiology and Biotechnology, 1993, 38(5): 586-591.

[59] Gaston J, Costa H, Rossi A, et al. Maltooligosaccharides production catalysed by cyclodextrin glycosyltransferase from *Bacillus circulans* DF 9R in batch and continuous operation [J]. Process Biochemistry, 2012, 47(12): 2562-2565.

[60] 李志达, 李昊, 黄椿鉴, 等. 中空纤维酶膜反应器制取麦芽低聚糖工艺的优化试验研究 [J]. 福州大学学报(自然科学版), 1998, (5): 102-

106.

[61] 陈旭, 李才明, 李兆丰, 等. 酶膜反应器制备直链麦芽低聚糖过程中膜污染机制及再生研究 [J]. 食品与发酵工业, 2021, 12 (47): 36-42.

[62] 朱明, 吴嘉根. 麦芽四糖的性质及在食品中的应用 [J]. 冷饮与速冻食品工业, 1999, 5 (4): 23-24.

[63] Li J, Ban X, Gu Z, et al. Preparation and antibacterial activity of a novel maltotetraose product [J]. Process Biochemistry, 2021, 108: 8-17.

[64] Pang X, Xiao C, Cheng Y, et al. Bacteria-responsive nanoliposomes as smart sonotheranostics for multidrug resistant bacterial infections [J]. ACS Nano, 2019, 13 (2): 2427-2438.

第八章
淀粉的生物改性

淀粉是由葡萄糖分子聚合而成的高分子化合物，普遍存在于多种植物器官中，具有来源广泛、价格低廉、生物可降解等优点，已被广泛应用于工业生产。然而，由于天然淀粉存在一些固有的缺陷，如水溶性差、易老化、不易成膜、稳定性差等，在食品、造纸、化工、医药等行业应用时受到了极大的限制。因此，有必要对天然淀粉进行改性处理，以改善其应用性能。在淀粉改性的各种方法中，基于淀粉酶的生物改性具有独特的优势。

第一节 概　　述

一、淀粉改性的目的

淀粉的改性是指在淀粉固有特性的基础上，利用加热、酸、碱、氧化剂、酶制剂以及具有各种官能团的有机反应试剂来改变淀粉的天然性质，增强某些功能或引入新的特性。其目的主要在于改善天然淀粉的加工性能和营养价值[1]，一般主要从以下几个方面进行考虑。

1. 改善蒸煮特性

通过变性改变原淀粉的蒸煮特性，降低淀粉的糊化温度，提高其增稠及质构调整的能力。

2. 延缓老化

通过空间位阻或离子作用，阻碍淀粉分子间以氢键形成的缩合，提高其稳定性，从而延缓老化。

3. 增强稳定性

高温杀菌、机械搅拌、泵送原料、酸性环境都容易造成淀粉分子的分解或剪切稀化现象，使得淀粉黏度下降，失去增稠、稳定及质构调整作用。在冷冻食品中应用时，温度波动也会使淀粉糊析出水分，从而导致产品品质下降。因此，需要对淀粉进行交联改性或稳定化处理，以提高其稳定性。

4. 改善透明性及光泽

淀粉在一些凝胶类及奶油类食品中应用时，需要具备良好的凝胶透明性及光泽，从而使产品具有较好的视觉吸引力。

5. 调控营养特性

淀粉本身具有一定的营养特性，是食品中主要的供能物质之一。但其具有较高的热量，且在体内消化速率较快，易导致餐后血糖迅速升高，不适于一些特定人群如糖尿病、肥胖及高脂血症患者等长期食用，也不符合现代的健康饮食理念。此时可通过对淀粉进行物理或生物改性的方法制备消化性降低的低热量淀粉产品，以满足各类人群的营养健康需求。

根据上述目的，选择不同技术手段对淀粉进行改性，可以克服天然淀粉存在的缺点，进而提高淀粉在工业上的应用价值，并促进淀粉改性技术的发展。

二、淀粉改性的方法

目前，按照改性的技术方法及改性后淀粉的变化情况，可将淀粉的改性分为化学改性、物理改性、生物改性及复合改性四类。

（一）化学改性

化学改性是目前淀粉改性中应用最多最广泛的一种方法，其一般利用衍生化反应来实现，如淀粉的醚化、酯化、交联、氧化、阳离子化和接枝反应等，通过采用不同的化学试剂和淀粉进行反应，达到改变其结构和性质的目的。化学改性主要依靠化学试剂，对设备的特定需求较少，因此可较好地应用于工业中进行大规模的改性处理。但由于化学试剂在添加过程中易产生残留，通常会伴随着环境污染问题，在食品领域的应用也具有一定的局限性。

（二）物理改性

物理改性主要是通过物理方式（如微波、湿热处理、挤压、预糊化、超声波、辐射、球磨等）改变天然淀粉的微晶结构和理化性质等，有效增强淀粉的实际使用性能，是一种快捷、有效的淀粉处理技术。改性过程一般不涉及化学试剂的添加，经物理手段得到的改性淀粉具有安全性高、清洁标签等优势，且操作较为简单，但部分物理改性方法对设备的要求较高。

（三）生物改性

随着生物技术的创新发展，生物改性方法在淀粉改性中的应用日益增多。生物改性方法主要是利用各类酶制剂处理淀粉，改变淀粉的颗粒结构或分子结构等，进而满足工业应用的需要，具有安全、绿色、低碳等优势。目前，通过生物改性技术制备的淀粉主要有多孔淀粉、脱支淀粉、高支化淀粉等。

（四）复合改性

在针对某些特定行业的生产需求时，单独的改性处理已无法满足实际需求，需要采用多种改性方法结合处理，这种方式称为复合改性。复合改性是指采用两种或两种以上的方法进行处理，根据实际情况选择不同的改性处理方法，这样不仅可以缩短反应时间、提高反应效率、使改性过程更具针对性，同时还能减少副产物的生成，降低成本，进而实现大批量生产，并且采用复合改性得到的改性淀粉还可以同时具备每种改性淀粉各自的优点。

三、生物改性的优势

近年来，随着淀粉酶制剂开发和应用技术的发展，淀粉的生物改性也逐步得到重视。相比于常用的化学及物理改性方法，生物改性主要具有以下优势。

1. 反应条件温和

大多数淀粉酶的最适 pH 在 5~8，最适反应温度在 50~90℃，一般不涉及极端高温、强酸、强碱等反应环境，反应过程相对温和。

2. 专一性强

每种淀粉酶都会专一性地催化一种或一类反应，能够有针对性地改变淀粉的特定区域或结构。

3. 安全绿色

生物改性主要是将酶制剂添加至淀粉溶液中进行反应，改性过程一般不涉及有机试剂、危险试剂等的使用，且酶制剂均来源于常用的工业微生物，具有一定的安全保障，对环境的污染较小。

4. 成本低

淀粉酶可通过微生物进行大批量的发酵生产，培养基组分价格低廉，且由于酶的催化效率高，在改性过程中添加量极少，一次发酵所得的酶液可供多次改性使用，故而生物改性的成本也相对较低。

四、生物改性常用的技术手段

生物改性的核心在于，根据淀粉的来源、结构、理化性质及加工需要，采用不同的淀粉酶催化，改变淀粉的结构及淀粉糊的性质，从而改善淀粉的加工性能或营养特性，提高产品附加值，以拓宽淀粉的应用范围。目前，已有多种淀粉酶被广泛应用于淀粉的生物改性，由于不同淀粉酶对淀粉的作用方式不同，改性后产物的结构、功能及用途也存在差异。根据淀粉酶作用方式的差异，本书将淀粉的生物改性主要归纳为三类：颗粒淀粉的酶解修饰、淀粉的脱支修饰以及淀粉的高支化修饰。

第二节 颗粒淀粉的酶解修饰

常规的化学或物理改性主要是针对淀粉颗粒进行改性处理，近年来，随着生物改性在淀粉改性中的广泛应用。采用酶法改性淀粉颗粒的技术手段逐渐兴起，由此衍生出了颗粒淀粉酶解修饰的改性方法，制备得到的典型产物为多孔淀粉。

多孔淀粉（又称有孔淀粉，porous starch 或 microporous starch）是一种新型变性淀粉，其主要是利用机械力、物理场、淀粉酶等的作用使淀粉颗粒由表面至内部形成孔洞而得到的一种淀粉衍生物。其中，利用生淀粉酶等对颗粒淀粉进行酶解修饰制备得到的多孔淀粉为中空颗粒，孔密度适中，孔径深，成孔效果好，具备较大的吸附能力，因而具有较好的应用价值。

一、改性原理

应用生淀粉酶对颗粒淀粉进行酶解修饰时，首先作用于淀粉颗粒表面的不规则部分以及较容易水解的无定形区；随着水解的进行，淀粉颗粒的溶胀使得生淀粉酶能接近颗粒内部，水解速度进一步提高。由于生淀粉酶的作用，淀粉颗粒表面首先会形成一个个很浅的凹坑，再沿着径向逐步向颗粒中心推进，然后在中心附近相互融合，形成一个中空结构，但仍保持颗粒的基本形状。通过这种表面改性可以提高淀粉颗粒的吸附能力，并改善其理化性质，得到的多孔淀粉具有广泛的应用前景。

二、改性用酶

生淀粉酶是指可直接酶解未经糊化淀粉颗粒的一类酶，一些来源的 α-淀粉酶、β-淀粉酶、葡萄糖淀粉酶、普鲁兰酶等都能够作用于淀粉颗粒[2]。由于生淀粉酶可直接对颗粒淀粉进行酶解修饰，改性过程中淀粉未经糊化，改性后的淀粉仍以颗粒形式存在，大部分结晶结构没有受到影响，因而具有一定的经济价值和低碳节能的优势，目前已得到广泛研究。

（一）催化机制

生淀粉酶从开始与生淀粉颗粒接触到最后降解的过程如图 8-1 所示。在实际生产中，常使用多种淀粉酶共同酶解淀粉颗粒，以达到较理想的改性效果[3]。

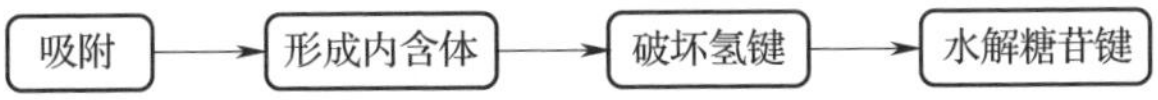

吸附 → 形成内含体 → 破坏氢键 → 水解糖苷键

图 8-1　生淀粉水解过程图

目前工业中常用的生淀粉酶主要包括来源于川崎曲霉（*Aspergillus kawachi*）的 α-淀粉酶和来源于黑曲霉的葡萄糖淀粉酶。其中来源于川崎曲霉的 α-淀粉酶是耐酸性的 α-淀粉酶，其 N 末端的 479 个氨基酸中包含了淀粉吸附位点，因此具有较强的水解淀粉颗粒的活性；来源于黑曲霉的葡萄糖淀粉酶的 SBD 则

折叠成 β- 桶状（β-barrel）结构，并且具有两个结合位点。这两种酶单独作用于淀粉颗粒，酶解效果十分有限，但两者具有互补的活性，同时对颗粒淀粉进行酶解修饰时，能够迅速使淀粉颗粒空化成洞。其主要作用方式为：生淀粉酶首先吸附在淀粉颗粒表面，水解淀粉颗粒后表面出现孔洞结构，然后通过孔道通道进入淀粉颗粒内部，从淀粉颗粒内部水解淀粉[4]，利用葡萄糖淀粉酶的外切活力能够使淀粉的表面形成无数个小孔并且将小孔深入颗粒内部，而 α- 淀粉酶的内切活力则能够扩大小孔，因此两种酶协同催化颗粒淀粉能连续释放葡萄糖，使淀粉颗粒迅速空化成洞。

（二）结构特征

生淀粉酶主要作用于淀粉颗粒的非还原性末端的 α-1,4 糖苷键和 α-1,6 糖苷键，生成葡萄糖等小分子糖类。这种酶解作用与其本身的结构密切相关。研究发现，生淀粉酶的结构大致分为三部分，分别为 GA I、GA II 和 GA III，其中只有 GA III 具有酶解生淀粉的作用，而 GA I、GA II 只能够作用糊化后的淀粉，不能或只能轻微降解生淀粉。有研究者对 GA III 的结构进行解析，发现 GA III 主要是由三个功能区域组成，即催化域、淀粉结合域以及连接前面二者的 O- 糖基化连接域[5]，其立体结构模型如图 8-2 所示。

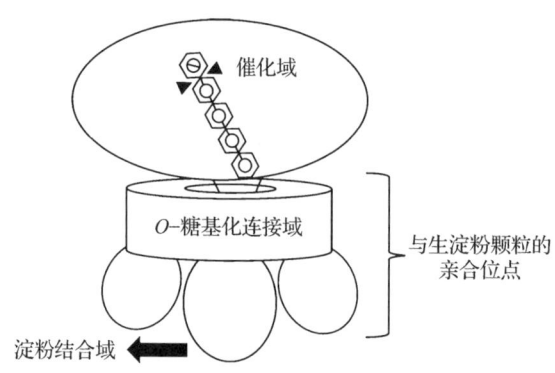

图 8-2　生淀粉酶的结构示意图[5]

（三）酶学性质

由于生淀粉酶直接作用于颗粒淀粉，因此作用温度都低于淀粉的糊化温度，已发现的大多数生淀粉酶的最适温度在 40~65℃。部分生淀粉酶如来源于芽孢杆菌 TS-23 的生淀粉酶最适温度为 70℃，来源于芽孢杆菌 WN11 的生淀粉酶最适温度为 75~80℃，来源于芽孢杆菌 I-3 的生淀粉酶最适作用温度为 80℃[6~8]。

已报道的生淀粉酶的最适 pH 大多在偏酸性范围内（pH 4.0~6.0），仅有来源于芽孢杆菌 IMD 370 和芽孢杆菌 TS-23 的两种生淀粉酶最适 pH 偏碱性，分别是 pH 8.0 和 pH 9.0。其中，来源于炭黑曲霉（*Aspergillus carbonarius*）、芽孢杆菌 IMD434、芽孢杆菌 YX-1 和青霉（*Penicillium* sp.）X-1 的生淀粉酶具有良好的 pH 稳定性。也有一些生淀粉酶的 pH 稳定性随温度的变化而变化，如厚壁芽孢杆菌来源的生淀粉酶，在 10℃下可在 pH 7~10 保持稳定，而 60℃时在 pH 7.0 下最稳定[6~15]。

三、改性工艺

（一）改性过程

目前，主要采用葡萄糖淀粉酶和 α-淀粉酶按特定比例稀释混合后协同作用于淀粉颗粒，对其进行酶解修饰。两种酶首先水解淀粉颗粒的无定形区以及不规则区域，形成从颗粒表面一直延伸到淀粉内部的大量细小微孔，再深入酶解淀粉颗粒的结晶区，最终形成纵横贯穿的多孔结构，因此具有较大的吸附量。制备多孔淀粉的主要工艺流程如图 8-3 所示。

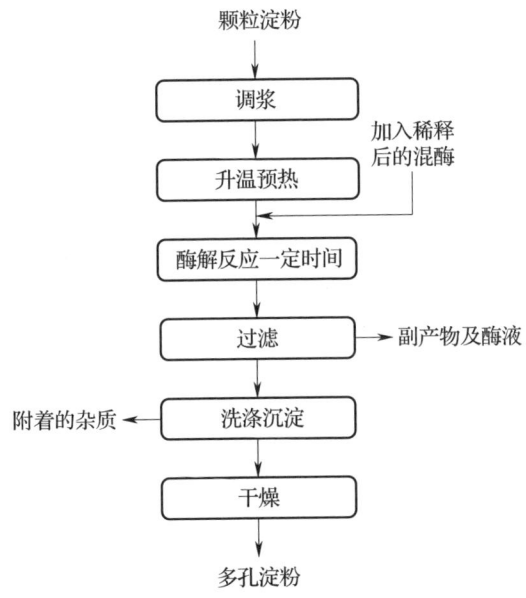

图 8-3 多孔淀粉酶法制备工艺流程

（二）影响因素

颗粒淀粉酶解修饰的主要影响因素包括：淀粉原料的种类、淀粉酶的种类及添加量、反应条件及预处理方法。以制备多孔淀粉为例，酶解的条件是影响改性效果的核心因素,直接影响着多孔淀粉的孔径、孔深以及孔数。水解程度是制备多孔淀粉的重要控制指标。如果水解程度小,淀粉的比表面积就小,造成多孔淀粉的吸附能力不足;如果水解程度过大,微孔可能会坍塌,颗粒结构不完整,多孔淀粉的得率低,造成其稳定性下降。在制备多孔淀粉的过程中可通过控制酶解条件来调节淀粉的水解程度,以得到优良的多孔淀粉。

1. 淀粉原料的种类

淀粉酶的水解能力受到淀粉底物的影响,包括淀粉的来源、直链和支链淀粉的含量、淀粉粒径、淀粉颗粒的晶体结构及天然的颗粒结构等。来源不同的淀粉对酶的敏感性不一致,一般谷物类淀粉敏感性比根茎类强。而香蕉、百合和莲子等来源的淀粉具有较强的抗酶解性,经生淀粉酶作用后,表面也只能形成鳞片状结构,并不能形成微孔。直链淀粉可以保持颗粒的完整性,直链淀粉含量越高的颗粒越不容易水解。此外,淀粉的粒径直接影响着酶的吸附量,研究表明,颗粒较小的淀粉可利用表面区域较大,能够吸附更多的酶,因此更易被酶解。一些淀粉颗粒表面的天然孔还可以促进酶的作用,这些天然孔能够为酶的作用提供初始位点,酶吸附在这些位点上,使孔径不断增大,最终促使酶分子进入到淀粉颗粒的内部,继续发挥作用。

2. 淀粉酶的种类

不同种类的酶对淀粉颗粒有着不同的修饰效果,一些酶能水解大部分淀粉颗粒,而有些却只能侵蚀淀粉的表面部分。有研究发现,α-淀粉酶和葡萄糖淀粉酶协同催化能更有效地修饰颗粒淀粉。其中,葡萄糖淀粉酶具有外切作用,能够从淀粉非还原末端依次切下α-1,4糖苷键,从而酶解淀粉颗粒表面的不规则部分和无定形区,使淀粉颗粒表面逐渐出现小孔;α-淀粉酶能够随淀粉的溶胀进入淀粉颗粒内部,发挥内切作用,其能够随机水解淀粉的α-1,4糖苷键,产生更多的非还原性末端,为葡萄糖淀粉酶提供新的底物。在两种酶的协同作用下,水解逐渐向淀粉内部推进,最后在淀粉内部形成中空结构,即形成多孔结构。

3. 反应条件

温度和pH都会影响酶的活性。在低温下,淀粉酶的活性通常很低,甚至不具有水解淀粉颗粒的活性;而温度过高则容易使酶失活,并造成部分淀粉发生糊化,无法形成多孔结构。pH过低或者过高也会使酶的活性降低,只有在适宜的pH范围内,生淀粉酶才能具有较高活性。此外,水解时间也会影响颗粒淀粉酶解修饰的效果,水解时间短,多孔状结构没有充分形成,这时候的孔既浅又小,但是水解时间过长,会造成水解过度,导致多孔淀粉的结构崩塌,甚至会使淀粉全部水解成葡萄糖。因此控制反应条件对水解淀粉起着至关重要的作用,可根据不同的实际需求,通过改变反应时间、反应温度、pH等来控制淀粉的水解程度,从而调控多孔淀粉的孔数、孔径以及孔深。

4. 预处理方法

近年来,许多研究者还发现,采用物理或化学方法对淀粉进行预处理后,可显著提高其酶解修饰的效率,缩短改性时间,并降低加酶量,还可进一步增强多孔淀粉的吸附能力,改善其理化性能。因此,采用其他手段对淀粉进行预处理以及预处理方法的选择对颗粒淀粉的酶解修饰也十分重要。目前,已有报道的预处理方法主要包括:机械方法、超声处理、微波处理、交联改性等。

(1)机械方法　主要是用球磨的方法处理淀粉,使淀粉的表面形貌和理化性质等发生变化,表面会出现一些裂缝,同时会有部分破碎,而且淀粉内部的氢键会遭到破坏,进而使得颗粒结晶度减少。除此之外,通过球磨处理后,淀粉颗粒的分散性较好,比表面积增大,更容易被酶水解。

(2)超声处理　利用超声波本身的机械震荡以及磁力作用,改变淀粉的颗粒形貌和理化性质。淀粉在经过超声处理后,表面会出现不同程度的凹坑或者小孔,且这些小孔或者凹坑会随超声时间延长而增多。经超声处理后,淀粉易被酶水解,制备得到的多孔淀粉形貌比较完整,吸附性能良好。

(3)微波处理　通过微波改变淀粉颗粒的无定形区结构,进而极大地改善淀粉对酶的敏感度。利用微波对酶解前的淀粉颗粒进行预处理,可使得最终多孔淀粉的吸附性能更好,吸油率更高,成孔性更佳,且生产效率明显提升。

(4)交联改性　利用淀粉酶对淀粉颗粒进行酶解修饰,会使淀粉颗粒结构遭到一定程度的破坏,结构强度下降,容易崩塌,可通过化学交联来增强其结构稳定性。有研究者先对淀粉颗粒进行交联改性,再进行酶解修饰,这样制备得到的多孔淀粉性能明显改善,且结构稳定。

以上这些预处理方法对淀粉颗粒的状态、结晶度、糊化性质等均产生不同的影响,对酶解修饰所得多孔淀粉的吸附能力、比表面积和总孔容积等性能的改善程度也有所差别。在实际应用过程中,应根据生产需求以及成本因素等综合考虑,选择最合适的预处理方法。

四、理化性质

多孔淀粉的微孔直径在 $0.5 \sim 1.5\mu m$,微孔布满整个淀粉颗粒表面,并由表面向中心深入,孔的容积占颗粒体积的 50% 左右。基于此结构特征,多孔淀粉通常具有很强的吸附能力,可以吸附除膏状物质以外的任何形态的物质。这是因为天然淀粉颗粒依靠颗粒表面原子或原子团微弱化合价产生的吸附力吸附物质,当被吸附物受到更大吸引力时吸附物就会解体而多孔淀粉因具有凹孔,能将被吸附物吸入孔的内壁,吸附较牢固,使吸附物不易脱离。与原淀粉相比,多孔淀粉具有以下特性:① 较大的比表面积和比孔容;② 颗粒密度和堆积密度降低;③ 良好的吸油、吸水能力;④ 在水或其他溶剂中不仅能保持较高的结构完整性，还具有良好的机械强度。与其他吸附剂（活性炭等）相比，多孔淀粉除了具有优良的吸附性能料外，还具有以下一些优点：① 原料廉价易得，生产成本低；② 制备工艺简单易行；③ 加工过程基本不涉及化学试剂，安全性高；④ 可生物降解，绿色环保；⑤ 使用剂量的限制较小，应用广泛。

五、工业应用

颗粒淀粉酶解修饰得到的多孔淀粉作为一种新型有机吸附剂、微胶囊芯材及脂肪替代物，主要具有以下几种作用：① 增强客体分子稳定性，避免其受光、热、空气和化学环境的影响 [如二十二碳六烯酸（DHA）、二十碳五烯酸（EPA）、维生素 E、维生素 A、维生素 D、β - 胡萝卜素、番茄红素等]；② 防止客体分子挥发，保留其有效成分（如香料、天冬甜素、酸味剂、香辛料、酶、调味料等）；③ 改善客体分子溶解度，提高其溶解性；④ 掩盖药品、食品中的苦、臭等不良风味（如肽类、中药提取物、灵芝、人参、芦荟的苦味，豆制品的豆腥味，海产品的海腥味等）；⑤ 提高客体分子的生物利用度，通过吸附作用防止其散失并控制其在体内缓慢释放；⑥ 制备新型凝血材料，利用多孔淀粉能快速吸收水分并与外界形成隔绝层的特点，增加血液黏稠度，将大量红细胞、血小板、凝血因子等聚集在淀粉颗粒表面，进而达到止血效果；⑦ 药品、食品的粉末化、片剂化，使之便于运输、保存和使用。基于上述特点，多孔淀粉可以广泛应用于医药、农业、食品和化妆品等领域。

（一）在医药工业中的应用

多孔淀粉在医药工业中可用于提高药物有效成分的生物利用度，控制其在体内缓慢释放。例如，Jiang 等用多孔淀粉作为洛伐他汀的包埋载体，发现口服这种经多孔淀粉包埋的药物的释药效果，优于直接服用洛伐他汀或者服用胶囊制剂。这主要是由于多孔淀粉具有缓释性，可以黏附在生物胃肠道中，控制药物有效成分在胃肠道的释放速率和停留时间[16]。此外，由于多孔淀粉具有快速吸收水分并与外界形成隔绝层的特点，可以用于制备新型凝血材料。例如，席朝云等制备了氨甲环酸多孔淀粉，发现其止血效果比单独使用多孔淀粉或者单独使用云南白药更为显著[17]。

（二）在食品工业中的应用

1. 封闭不良气味

多孔淀粉可以作为载体来封闭和掩盖食品中的不良风味物质，并有效控制风味物质的释放，从而提高食物的食用品质。例如，大豆多肽营养价值很高，在体内易消化被人体所吸收，可以降低血压和胆固醇，在食品、医药领域很受欢迎，可是大豆多肽有苦味，限制了其在食品中的应用，而 Takanori 等通过将 20g 大豆多肽用 100g 多孔玉米淀粉进行吸附，再采用玉米蛋白对其进行包埋，大大降低了大豆多肽的苦味[18]。

2. 提高物质的稳定性

食品中的一些物质不稳定，在空气中易氧化、分解或遇光退化，如 DHA、维生素 A、维生素 B、维生素 E、胡萝卜素、番茄红素等，利用多孔淀粉将目的物质吸附，再对其进行包埋，可有效保护目的物质。例如，Xu 等将含有 DHA 的鱼油用多孔淀粉进行吸附，然后用玉米醇溶蛋白对吸附以后的多孔淀粉进行包埋处理，使得氧气不能透过玉米蛋白薄膜，有效防止 DHA 氧化的同时还可以封闭鱼腥味。并且，体外的胃蛋白酶消化实验还表明人的消化系统可以成功分解微胶囊化的鱼油，并将 DHA 释放[19]。

（三）在化妆品行业中的应用

多孔淀粉还可用于对化妆品中的多种成分如保湿剂、表面活性剂、维生素、杀菌剂等进行有效吸附。据 Hirohisa 等报道，经多孔淀粉吸附以后能够降低化妆品成分对肌肤的刺激，还能够提高其产品的涂抹性、滑爽感和保湿性等性能，更重要的是可以在涂抹的过程中不断按摩，在此过程中摩擦生热，即可以释放吸附在孔中的各种功能性成分[20]。

（四）在造纸工业中的应用

在造纸过程中添加多孔淀粉还有利于改善纸张的质量并吸附多余的油墨。例如，Nobuyoshi 等在造纸过程中向涂布料里面添加多孔淀粉后，发现纸张的表面强度进一步增强，纸张的质量也有所提高[21]。Noritaka 等在印刷油墨的过程中添加多孔淀粉后，发现过多的印刷剂黏附油墨和出现残墨等问题都能够被解决[22]。

第三节　淀粉的脱支修饰

直链淀粉在低温下易重结晶，生成抗酶解性强的抗性淀粉。这种抗性淀粉具有低持水能力等加工特性，可以用于改善食品的加工品质来增加食品脆度、膨胀性等。更重要的是，其摄入不会引起血糖的急剧升高，并且作为一种益生元能够促进肠道蠕动、改善肠道菌群，维持肠道健康，是一种优质的膳食纤维。由直链淀粉回生得到的抗性淀粉是国内外研究较多的抗性淀粉种类，此类抗性淀粉主要通过酶法脱支修饰支链淀粉后生成的直链淀粉再回生得到。目前，在酶法脱支过程中用到的淀粉脱支酶主要以普鲁兰酶和异淀粉酶为代表，其能够高效地水解支链淀粉中的 α-1,6 糖苷键,进而得到具有特定理化特性、适宜于特定加工工艺的高直链淀粉产物。

一、改性原理

淀粉经糊化后原来的完整颗粒结构遭到严重破坏,分子结晶区的大多数氢键发生断裂,直链与支链淀粉分子因颗粒的膨胀破碎而充分游离出来,此时加入淀粉脱支酶水解淀粉中的 α-1,6 糖苷键,对淀粉进行脱支处理,产生大量的线性淀粉链,其易于移动形成有序排列。在一定温度条件下,脱支后的淀粉溶液将出现一定程度的凝沉,此时分散的淀粉分子链将重新聚集、缠结和折叠,最终形成新的淀粉晶体,理化特性也会随之发生改变。

二、改性用酶

(一)普鲁兰酶

普鲁兰酶(pullulanase, EC 3.2.1.41)是一类能够水解普鲁兰多糖中 α-1,6 糖苷键的淀粉酶,也可以作用于支链淀粉、糖原等底物。普鲁兰酶的来源比较广泛,其中微生物来源的普鲁兰酶一直是脱支酶研究的热点。目前,肺炎克雷伯菌(*Klebsiella pneumoniae*)、产酸克雷伯菌(*Klebsiella oxytoca*)、海栖热孢菌(*Thermotoga maritima*)、厌氧芽孢杆菌(*Anoxybacillus* sp.)等来源的普鲁兰酶已通过酶与底物共结晶获得蛋白质晶体并成功解析。肺炎克雷伯菌来源的普鲁兰酶属于 I 型普鲁兰酶,是当前研究最为深入的一种普鲁兰酶,同时该来源的普鲁兰酶也是使用最多的一种淀粉脱支酶,已实现了商业化生产和应用。

1. 催化机制

根据普鲁兰酶的水解模式及产物进行分类,可将普鲁兰酶分为 I 型普鲁兰酶和 II 型普鲁兰酶两大类。其中,I 型普鲁兰酶只能够水解支链淀粉、普鲁兰多糖、糖原等分支底物中的 α-1,6 糖苷键,无法水解 α-1,4 糖苷键;而 II 型普鲁兰酶具有双水解功能,不仅能够水解底物中的 α-1,6 糖苷键,还具有一定的 α-1,4 糖苷键水解活力。但 I 型普鲁兰酶和 II 型普鲁兰酶均不能作用于 α- 极限糊精、异麦芽糖和异麦芽三糖等短分支底物[23]。

通过解析肺炎克雷伯菌来源的普鲁兰酶晶体结构发现,其在结合 G4 底物后,催化凹槽处两个平行排列的麦芽四糖[24]。如图 8-4 所示,+1 位葡萄糖单元的 O6 原子和 -1 位葡萄糖单元的 O1 原子距离为 0.35nm,但是 +1 亚位点的葡萄糖单元 C4-O5-C6-O6 的转角改变可以使两个原子距离缩短至 1.3Å。当 +1 位葡萄糖单元的 O6 原子与 -1 位葡萄糖单元的 O1 原子足够近时,底物的构象就

成为通过 α-1,6 糖苷键相连的分支底物。在该位点处存在的 Glu706 和 Asp677 侧链分别作为催化过程中的质子供体和亲核体,这两个关键氨基酸与底物的 +1 和 -1 两个葡萄糖环之间形成氢键,使得分支底物能够与 Glu706 和 Asp677 相互作用形成共价中间态,完成水解 α-1,6 糖苷键的过程。

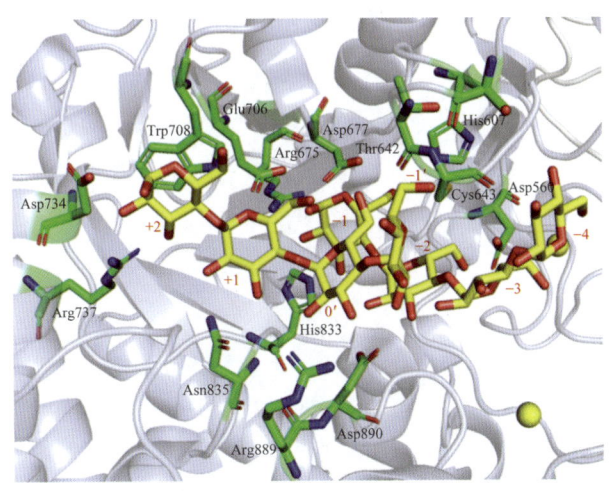

图 8-4 肺炎克雷伯菌来源的普鲁兰酶的催化位点[24]

注:绿色棍状模型为与麦芽四糖有氢键作用力的氨基酸残基;
黄色棍状模型为麦芽四糖分子;黄色球体为 Ca^{2+}。

2. 结构特征

利用葡萄糖、麦芽糖、异麦芽糖、G3 和 G4 等不同底物与肺炎克雷伯菌来源的普鲁兰酶共结晶,进一步分析酶与不同底物的相互作用[24],还发现肺炎克雷伯菌来源的普鲁兰酶包括 5 个结构域,分别为结构域 N1、结构域 N2、结构域 N3、结构域 A 和结构域 C(图 8-5)。

图 8-5 显示结合 G4 的整体结构,这个酶整体的体积是 $10.2nm \times 6.5nm \times 7.1nm$。结构域 N1、结构域 N2 和结构域 A 域包围着一个直径为 2.5nm 的空腔,其中结构域 A 的催化凹槽和结构域 N1 的碳水化合物结合位点均暴露在这个空腔中。结构域 N1、结构域 N2、结构域 N3 和结构域 C 均呈现 β- 三明治结构,分别为 5β/3β、4β/4β、3β/4β 和 5β/3β,结构域 A 有一个 $(β/α)_8$ 桶状结构。结构域 N2、结构域 N3、结构域 A 和结构域 C 之间通过氢键和范德华力维持稳定结构。而结构域 N1 区域的平均 B- 因子(B-factor)值最高,具有较高的灵活性,只有在结合麦芽糖、G3 和 G4 时能够解析出来,与其他结构域之间没有氢键作用力。就结构而言,普鲁兰酶与异淀粉酶的相似度较低。普鲁兰酶的结构域 N3 比异淀粉酶的结构域 N 要小,但结构域 A 区域比异淀粉酶大。原因是 Aβ2 和 Aα2 之间的环状结构中多出了 60 个氨基酸残基,Aα6 和 Aβ7 之间多出了 50 个氨基酸残基。这些结构的区别可能导致了不同淀粉脱支酶催化机制的差异。

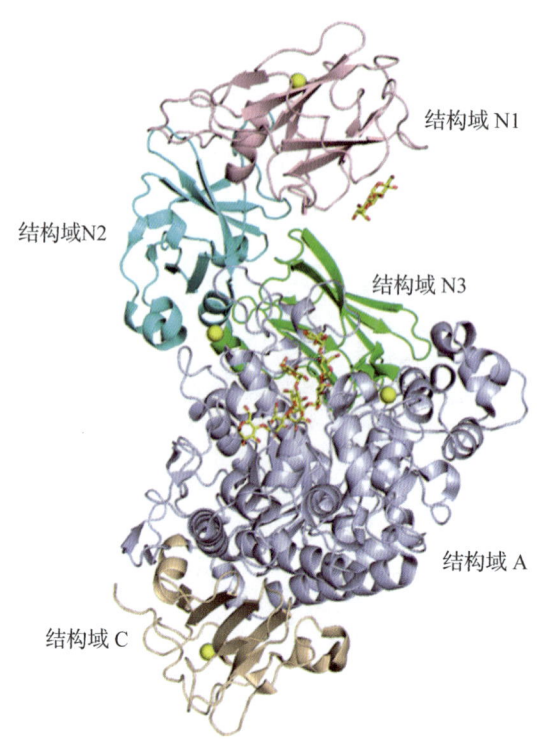

图 8-5　肺炎克雷伯菌来源的普鲁兰酶整体结构[24]

注：粉红色区域为结构域 N1；天蓝色区域为结构域 N2；绿色区域为结构域 N3；
亮蓝色区域为结构域 A；麦色区域为结构域 C；黄色球体为钙离子；
黄色棍状模型为结合的底物（麦芽糖和麦芽四糖）。

3. 酶学性质

大部分普鲁兰酶来源于微生物，当前研究中常见普鲁兰酶的来源及酶学性质如表 8-1 所示[27]。不同来源的普鲁兰酶，最适温度和最适 pH 范围差异较大。多数普鲁兰酶最适反应温度在 50~70℃，个别来源的普鲁兰酶最适反应温度在 80℃以上，具有较高的热稳定性。多数普鲁兰酶的最适 pH 偏中性，pH 在 5.0~7.0。目前研究最为成熟的普鲁兰酶为肺炎克雷伯菌来源的普鲁兰酶，其最适温度为 50℃，最适 pH 为 6.0。研究表明，肺炎克雷伯菌来源的普鲁兰酶具有高脱支活力、较宽的反应温度和 pH，是目前应用最广泛的脱支酶之一。

普鲁兰酶的底物特异性与异淀粉酶不同，其对大分子支链淀粉的脱支效率低，对高 DE 值麦芽糊精的脱支效率高。在制糖工艺中，高浓度的淀粉需要先进行液化增加淀粉溶解度，再进行糖化过程。液化后的淀粉分子质量较小，更适宜对小分子麦芽糊精脱支效率高的普鲁兰酶作用，因此普鲁兰酶在制糖（葡萄糖、麦芽糖和麦芽低聚糖）、酿酒、生产乙醇、淀粉改性等方面的应用多于异淀粉酶。

表 8-1　　常见普鲁兰酶的来源及其酶学性质[27]

类型及来源	最适温度/℃	最适pH	比酶活/(U/mg)	类型及来源	最适温度/℃	最适pH	比酶活/(U/mg)
I型普鲁兰酶				**II型普鲁兰酶**			
格氏厌氧分枝杆菌（*Anaerobranca gottschalkii*）	70	8.0	56	碱湖生菌（*Alkalilimnicola* sp.）NM-DCM-1	50	9.5	599
嗜酸普鲁兰芽孢杆菌（*Bacillus acidopullulyticus*）	60	5.0	1097	环状芽孢杆菌 F-2	50	7.0	1400
蜡样芽孢杆菌	60	6.0	44.7	巨大芽孢杆菌（*Bacillus megaterium*）Y103	45	6.5	—
黄卡氏芽孢杆菌（*Bacillus flavocaldarius*）	80	7.0	54	芽孢杆菌 DSM 405	70	6.0	11000
巨大芽孢杆菌	55	6.5	83	芽孢杆菌 KSM-1378	50	8.5	83
嗜热脂肪芽孢杆菌	60	7.0	50	嗜热脂肪芽孢杆菌（*Geobacillus stearothermophilus*）L4	65	5.5	967
长野芽孢杆菌（*Bacillus naganoensis*）	62	5.0	700	嗜热地杆菌 NP33	60	7.0	795
假坚芽孢杆菌（*Bacillus pseudofirmus*）703	45	7.0	270	黑水虻（*Hermetia illucens*）	40	9.0	228
芽孢杆菌 CICIM 263	70	6.5	74	嗜淀粉乳杆菌（*Lactobacillus amylophilus*）GV6	37	6.5	7
枯草芽孢杆菌 DR8806	70	9.5	25.6	嗜热厌氧乙醇杆菌（*Thermoanaerobacter ethanolicus*）39E	60	5.5	480
黏硫还原球菌（*Desulfurococcus mucosus*）	80	5.0	26	热解糖高温厌氧杆菌（*Thermoanaerobacterium thermosaccharolyticum*）DSM 571	65	5.0	14
嗜热地芽孢杆菌（*Geobacillus kaustophilus*）DSM7263	65	6.0	65	嗜热栖热菌 HB27	70	6.5	280
肺炎克雷伯菌	50	6.0	1160	柯恩氏菌（*Cohnella* sp.）A01 00831	60	6.0	119
海栖热孢菌	90	5.9	130	柯恩氏菌 A01 01133	70	8.0	53
乳酸乳球菌（*Lactococcus lactis*）IBB 500	45	4.5	2551	沃斯氏热球菌（*Pyrococcus woesei*）	100	6.0	35

（二）异淀粉酶

异淀粉酶（isoamylase，EC 3.2.1.68）最初是从马铃薯块茎和水稻胚乳中发现的，其能够水解支链淀粉的 α-1,6 糖苷键，生成线性淀粉链。目前，异淀粉酶的主要来源有植物和微生物，其中植物来源的有马铃薯、水稻和玉米等来源的异淀粉酶，在植物细胞内参与淀粉的合成。微生物来源的异淀粉酶研究最多的是淀粉样假单胞菌（*Pseudomonas amyloderamosa*）来源的异淀粉酶，经过二十多年的研究与改造，该异淀粉酶已实现商业化。

1. 催化机制

目前，虽然淀粉样假单胞菌来源的异淀粉酶与底物共结晶的结构尚未得到，无法分析其与底物作用的方式，但其他来源异淀粉酶与底物共结晶的复合结构也具有一定的参考价值。Sim 等研究了衣藻（*Chlamydomonas*）来源的异淀粉酶，并通过晶体浸泡法成功实现酶与麦芽七糖（G7）底物的结合，分析了酶与底物的催化过程 [图 8-6（1）][26]。通过对 X-射线衍射的晶体进行解析发现，G7 底物结合在酶的催化凹槽中；整个 G7 底物与 Glu640、Arg450、Asp620、His619、Asn704、Tyr314、Tyr706、Arg389、Trp229 和 Thr228 氨基酸残基的侧链及 Tyr331、Gly417、Asn387 和 Tyr315 的主链通过氢键相互作用。通过分析与 G7 相互作用的氨基酸残基的 B-factor 和氢键作用力大小，发现 G7 的 G1、G2 和 G3 部分与酶结合最为稳定。G7 在催化凹槽处形成"S"构象，并且在 G3 和 G4 之间出现一个明显的扭转，G7、G6、G5 和 G4 糖环的 O6 基团朝向同一个方向，G3、G2 和 G1 糖环的 O6 朝向另一个方向。G1 与 Asp452 残基相连，被扭转为半椅形结构。这个 G7 构象通过与 Asp562 与 Glu620 之间分别形成氢键以及与 Tyr331 之间形成 π 键堆积作用而保持稳定。保守的氨基酸残基 Asp620 和 Asp452 在催化过程中起着亲核体的作用，Glu527 在催化过程中起着质子供体作用。在衣藻来源的异淀粉酶晶体结构中还存在另一个无催化功能的碳水化合物结合位点 [图 8-6（2）]，通过电子云密度分析得出该位点处有一个 G3 分子，该 G3 通过与 Trp757 和 Trp767 氨基酸侧链的芳香环形成的堆积作用保持稳定，而 G3 的构象轻微弯曲则意味着该位点具有识别支链淀粉底物的作用。

2. 结构特征

淀粉样假单胞菌来源的异淀粉酶包含三个结构域，其结构如图 8-7 所示，分别为结构域 N、结构域 A 和结构域 C[27]。除了结构域 N 之外，异淀粉酶的总体结构和 α-淀粉酶相似。结构域 N 包括 160 个氨基酸，前半部分（残基 1~83）形成 6 个 β 链和一个短的 α-螺旋。Nβ1、Nβ2 和 Nβ5 链之间形成的氢键网络与 Nβ3、Nβ4 和 Nβ6 链之间形成的氢键网络组成了两个 β-折叠，呈现典型的 β-三明治结构；这个结构域的后半部分没有 α-螺旋和 β-折叠，为环状结构。与其他能够作用分支底物的酶如普鲁兰酶、淀粉分支酶比对，相似度最高的区域在 Nβ1、Nβ2 和 Nβ6 位置以及结构域 N 和结构域 A 两个域的交界处。

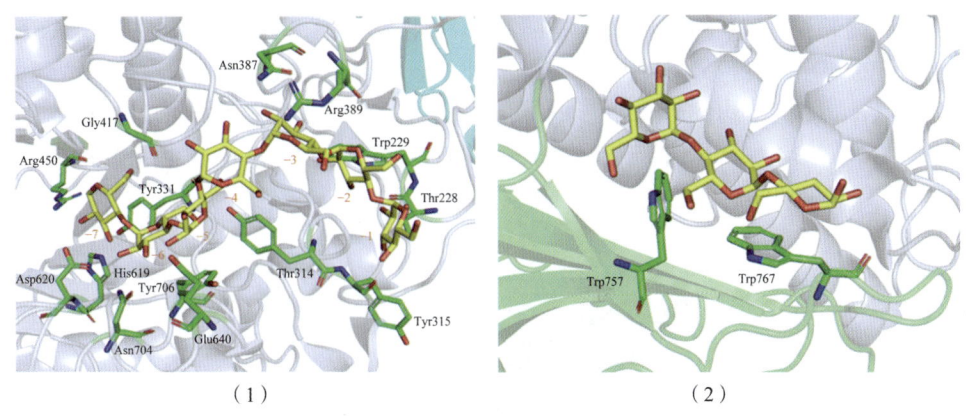

（1）　　　　　　　　　　　　　　　（2）

图 8-6　衣藻来源的异淀粉酶结构示意图[26]
（1）催化位点　（2）底物结合位点
注：绿色棍状模型代表与底物相互作用的氨基酸残基；黄色棍状模型为底物（G7 或 G3）。

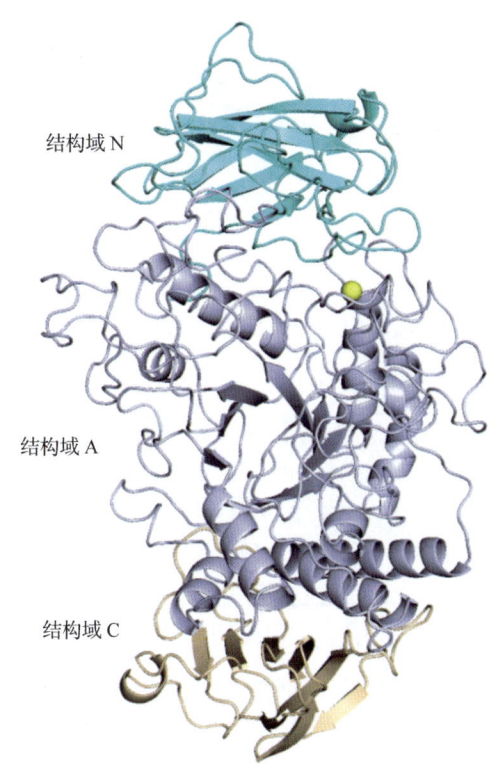

图 8-7　淀粉样假单胞菌来源的异淀粉酶的整体结构[27]
注：天蓝色区域为结构域 N，亮蓝色区域为结构域 A，麦色区域为结构域 C，黄色球体为钙离子。

结构域 A 由 468 个氨基酸残基组成。它包括 8 个平行的 β 链形成的桶状结构和 7 个围绕在 β- 桶状结构周围的 α- 螺旋，如图 8-8 所示。这个桶状结

构和 α 淀粉酶家族中的（β/α）$_8$ 桶状结构十分相似，但是缺失 Aβ5 和 Aβ6 链之间的 α-螺旋。另外结构中还有额外的 α-螺旋结构，如 Aα1a，Aα6a 和 Aα7a。β-桶状结构的 C 末端形成了催化凹槽的底部，是催化凹槽重要的一部分。Aβ3、Aβ4 和 Aβ5 位于催化凹槽的同一侧，其他的 β 链在催化凹槽的另一侧。有催化功能的保守氨基酸残基位于催化凹槽的末端区域。

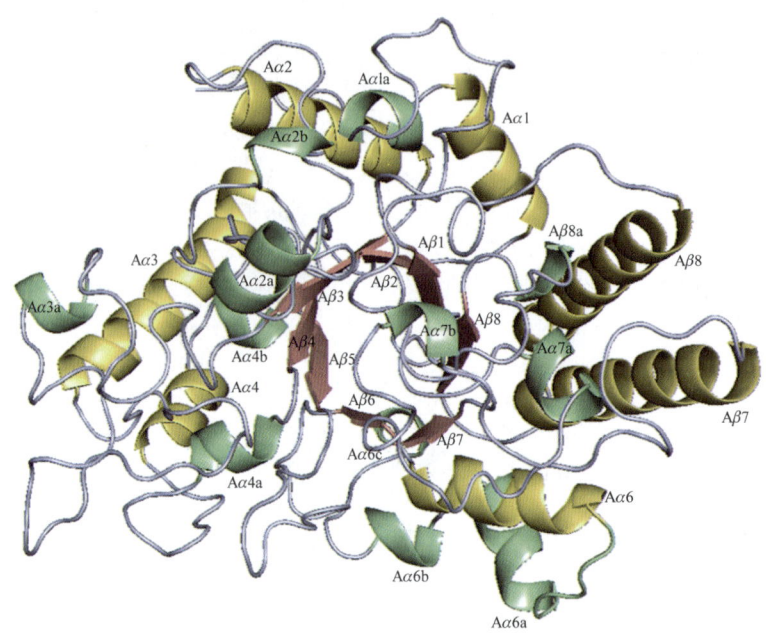

图 8-8　淀粉样假单胞菌来源的异淀粉酶结构域 A 的拓扑图[27]

在结构域 A 中，氨基酸残基 161~176 形成的一个长环状结构连接结构域 N 和结构域 A。这个环状结构形成了一个贯穿（β/α）$_8$ 桶状结构的桥梁，在不含有结构域 N 的 α-淀粉酶中，该环状结构也不存在。结构域 C 由 122 个氨基酸残基组成，该结构域含有 8 条 β 链，其中 6 个反向平行的 β 链（Cβ1、Cβ2、Cβ3、Cβ5、Cβ6 和 Cβ8）形成典型的希腊钥匙拓扑结构（Greek key typology），另外 2 个 β 链（Cβ4 和 Cβ7）形成发卡结构。结构域 A 和结构域 C 两个结构域之间没有氢键相互作用，其作用力主要为疏水相互作用力。

在淀粉样假单胞菌来源的异淀粉酶结构中，结构域 N 和结构域 C 交界处含有一个 Ca^{2+} 结合位点，推测是对结构域 N 和结构域 C 构象起到稳定作用。其他 α-淀粉酶如 TAKA 淀粉酶中，一个保守的 Ca^{2+} 位于结构域 A 和结构域 B 的交界处，而在异淀粉酶中该位点被 Asn344 的侧链占据，与 Glu327 和 Asn338 的侧链形成氢键以维持该区域构象稳定。

3. 酶学性质

目前研究中常见的异淀粉酶来源及其酶学性质如表 8-2 所示。其中商业化的淀粉样假单胞菌来源的异淀粉酶最适温度为 40~52℃，最适 pH 为 3.5，具有范围较宽的 pH 稳定性（pH 2.5~7.5），可在不同 pH 环境下发挥催化作用；但该酶不能耐受高温，在 60℃下保温 10min 后酶活力完全丧失。相比于普鲁兰酶，异淀粉酶对支链淀粉、糖原等大分子具有较高的脱支效率，因此常用于淀粉的脱支修饰。

表 8-2　　常见的异淀粉酶来源及酶学性质

来源	最适温度/℃	最适 pH	pH 稳定性	温度稳定性	比酶活/(U/mg)
水稻	40	6.5~7.5	—	10~40℃下稳定	51
芽孢杆菌属	65~70	6.5	pH 6.5~10.5 下保存酶活力保留 50% 以上	40℃下稳定，<30℃或>65℃失活	469
马铃薯	—	5.5~6.0	—	只在 45℃下稳定	8
淀粉样假单胞菌	40~52	3.5	2.5~7.5	60℃下保温 10min 酶活完全丧失	59100

（三）糊精脱支酶与低聚糖脱支酶

除异淀粉酶和普鲁兰酶之外，还有两类淀粉脱支酶，即糊精脱支酶（amylo-1,6-glucosidase，EC 3.2.1.33）和低聚糖脱支酶（oligo-1,6-glucosidase，EC 3.2.1.10），这两类酶只特异性水解 α-1,6 糖苷键，无 α-1,4 糖苷键水解活力。目前关于这两类脱支酶的研究较少，尚无明确的定义和区分标准。特别的是，糊精脱支酶与低聚糖脱支酶均具有较强的底物特异性，两者主要的区别在于，糊精脱支酶对中等 DE 值麦芽糊精（如 DE 4~10）有较高的脱支活力，对大分子支链淀粉和高 DE 值麦芽糊精催化效率低；而低聚糖脱支酶对低聚糖等小分子（DE>19）中 α-1,6 糖苷键的水解效率最高，但对大分子支链淀粉和 DE 值较低的麦芽糊精脱支效率低。其中，来源于硫矿硫化叶菌（*Sulfolobus solfataricus*）[28, 29]和革马耐热球菌（*Thermococcus gammatolerans*）的糊精脱支酶对中等 DE 值麦芽糊精显示出较高的脱支活力，来源于类芽孢杆菌和蜡样芽孢杆菌的低聚糖脱支酶则对低聚糖分支中的 α-1,6 糖苷键显示较高的脱支活力。根据这两种脱支酶催化特性的区别，可将其应用于不同的领域。例如，糊精脱支酶可替代普鲁兰酶应用到麦芽糖和麦芽低聚糖等生产工艺的淀粉糖化工序中，由于其对中等 DE 值（4~10）麦芽糊精的脱支效率较高，并且不存在 α-1,4 糖苷键水解活力，因此无需像普鲁兰酶一样严格控制加酶量和反应时间。低聚糖脱支酶可应用于葡萄糖的生产或酿酒等工业中，在淀粉糖化的后期，反应趋于平衡，但仍存在异麦芽糖、潘糖、异麦芽三糖等副产物，此时添加低聚糖脱支酶能够进一步水解这些小分子副产物，有效提升淀粉转化率和葡萄糖纯度。

三、改性工艺

（一）改性过程

目前，淀粉的脱支修饰方法很多，图 8-9 展示了其中一种常见的工艺流程。在改性过程中，可通过控制酶反应条件和淀粉回生条件，制备具有不同理化性质的脱支淀粉。

（二）影响因素

淀粉脱支修饰的主要影响因素包括：淀粉来源、淀粉脱支酶的种类及添加量、脱支时间等。通过调控酶反应的条件，可以制备得到具有不同脱支程度、不同理化性质的脱支淀粉。

1. 淀粉来源

不同来源的淀粉中直链/支链比值、相对分子质量、支链淀粉链长分布不同，分子结构的差异直接影响着淀粉脱支改性的效率。其中，蜡质玉米淀粉由于支链淀粉含量高，在加热糊化之后糊液稳定、不易形成凝胶，使得淀粉脱支酶可对其进行充分脱支，因此是理想的淀粉原料之一。完全脱支的糯质玉米淀粉相对分子质量分布范围较窄，能够形成高结晶度的晶体；而

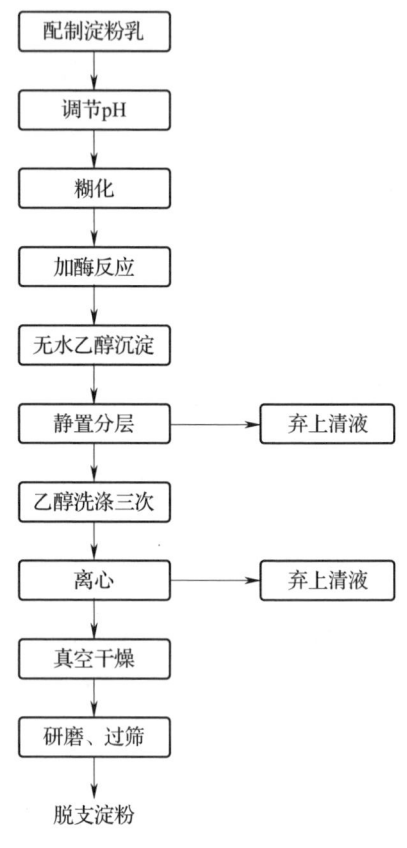

图 8-9 脱支淀粉酶法制备工艺流程

含有直链淀粉的脱支淀粉，相对分子质量分布范围较宽，所形成的晶体结晶度相对较低。

2. 淀粉脱支酶的种类

淀粉脱支酶的特异性影响着脱支产物的质量。其中，Ⅰ型普鲁兰酶和异淀粉酶是理想的改性脱支酶，能够高效、专一地水解淀粉分子的 α-1,6 糖苷键。但由于目前大部分普鲁兰酶为Ⅱ型普鲁兰酶，同时具有水解 α-1,4 糖苷键和 α-1,6 糖苷键活力，使用该类型淀粉脱支时，需严格控制加酶量和脱支时间，过度的脱支修饰容易使淀粉彻底酶解转化为小分子糖。

3. 加酶量

由于酶在较高温度下容易逐渐失活，较低的加酶量可能会导致淀粉脱支效

果不理想。随着加酶量的增加，脱支淀粉中线性短链淀粉含量逐渐增加，脱支淀粉的平均分子质量逐渐降低，淀粉脱支所需的反应时间也会相应缩短。但如果加酶量过高，一方面会造成生产成本增加，另一方面也容易引起底物的过度水解。因此，选择合适的加酶量对脱支修饰尤为重要。

4. 脱支时间

脱支时间是影响淀粉脱支修饰效果的另一个关键因素。脱支时间过短可能会导致淀粉脱支酶无法反应完全，使得改性效果变差；而时间过长时，一方面酶在较高温度下容易逐渐失活，另一方面长时间的反应也会带来较多的能量消耗，使得生产成本进一步增加。因此，如何让淀粉脱支酶在短时间内对底物进行充分脱支，是实际生产过程中需要考虑的关键问题之一。

5. 其他因素

在淀粉脱支修饰的过程中，还可以通过控制淀粉浓度及回生条件，制备具有不同理化性质的脱支淀粉。有研究者发现，低底物浓度、长侧链、低贮存温度倾向于生成 B 型晶体结构的脱支淀粉，而高底物浓度、短侧链、高贮存温度倾向于生成 A 型晶体。此外，低贮存温度下制备的脱支淀粉具有较大颗粒结构，糊化温度较低，并具有较高的消化率，而高贮存温度下制备的脱支淀粉糊化温度较高[30]（图 8-10）。

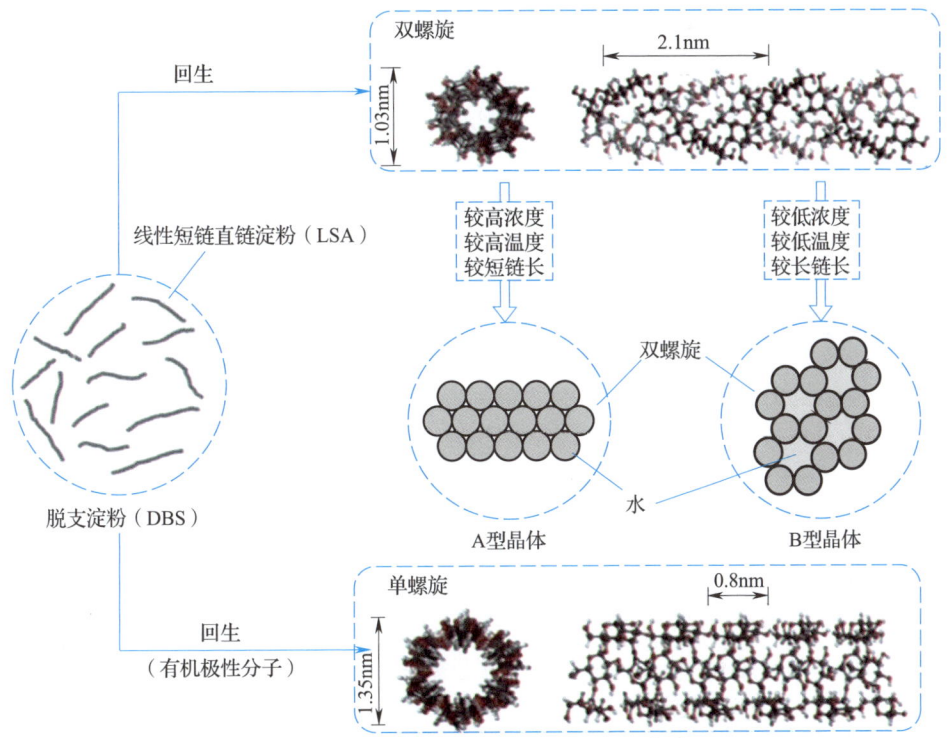

图 8-10 脱支淀粉晶型结构示意图[32]

回生条件也是影响脱支淀粉性质的重要因素，例如，Miao 等研究发现，将脱支糯性玉米淀粉置于4℃下回生4d，脱支淀粉的晶型结构由 B 型转变为 B 型和 V 型混合晶体结构[31]。

四、理化性质

（一）结构特性

脱支改性能够对淀粉的结构，如颗粒结构、晶型结构与螺旋结构等产生影响，从而克服原淀粉颗粒间的机械弹性，增加淀粉的流动性，改善淀粉压实性能。

1. 颗粒结构

脱支淀粉制备过程中，原淀粉的颗粒结构遭到破坏，脱支淀粉分子相互聚集、缠结，重新形成疏松多孔的颗粒结构，具有较大的比表面积，压实性能较好。研究发现颗粒结构与干燥方式密切相关，热风干燥获得的颗粒结构较致密，而冷冻干燥获得的颗粒质地疏松、多孔；通过喷雾干燥可以获得球状颗粒[32]。

2. 晶型结构

脱支淀粉中的晶型结构具有较强的抗酶解能力，而无定型结构有利于凝胶结构的形成，二者能够影响片剂的缓释性能。脱支淀粉中的线性短链淀粉分子小，具有较强的分子运动性，易于发生分子链的重排、缠结、聚集，进而发生重结晶作用，形成晶体结构。在低温下，无规则卷曲状态的线性短链淀粉通过氢键作用能够快速聚集、缠结，形成双螺旋结构和规则的晶体结构。

3. 螺旋结构

脱支淀粉中线性短链淀粉的平均链长在 DP 20~30，可以形成螺旋结构。研究发现，链长较长的脱支淀粉能够形成更强的双螺旋结构，晶体结构更加规则，而链长较短的脱支淀粉会形成具有部分规则结构的不完美晶体。当有极性小分子如乙醇、脂质等存在时，脱支淀粉分子能够与它们形成单螺旋结构的聚合物。

（二）理化特性

脱支修饰会对淀粉的理化性质产生影响，主要包括回生性能、凝胶性能和抗消化性能等。

1. 回生性能

线性短链能够增强脱支淀粉的回生能力，促进晶体结构的生成，从而增强抗酶解能力。脱支淀粉中的低相对分子质量成分，如线性短链淀粉、直链淀粉、低相对分子质量葡聚糖等，具有较强的分子移动能力，是增强其回生性能的主要因素。此外，脱支改性还可以提高淀粉糊化的起始温度、峰值温度和终止温度，直链淀粉含量更高的脱支淀粉通常具有较好的热稳定性，其熔融温度高于脱支蜡质淀粉。

2. 凝胶性能

脱支淀粉通常具有较好的亲水性能，能够在冷水中部分溶解，并能够持留水分，形成凝胶结构。其中，由于长链和大分子的持水能力强，形成的凝胶结构水分含量高，质地较软；而短链长的线性短链淀粉则能够形成质地致密的凝胶结构。

3. 抗消化性能

脱支改性能够增加淀粉的抗酶解能力，其中的线性短链淀粉能够促进回生形成晶体，增加淀粉中的 SDS 和 RS 含量。此外，凝胶结构的形成也有助于酶的侵蚀降解，进而增加脱支淀粉中 SDS 和 RS 含量。其中，回生条件、分子结构以及分子间相互作用均能够影响晶体结构的形成，进而改变淀粉的抗酶解能力。研究发现，脱支淀粉中的无定型结构和不规则的晶体能够增加 SDS 含量，而规则的晶体能够增加 RS 含量。直链淀粉含量和脱支程度较高的脱支淀粉的 RDS 含量均较低，而 SDS 和 RS 含量较高。此外，增加脱支酶的用量，缩短酶解时间，也能够获得高 SDS 产品，而延长酶解时间则能够增加其 RS 含量。

五、工业应用

目前，淀粉的脱支修饰已经被用于葡萄糖浆、高麦芽糖浆、海藻糖、环糊精、抗性淀粉等淀粉深加工产物的生产中，并广泛应用于焙烤、酿酒和洗涤剂等领域。

（一）在生产葡萄糖浆中的应用

目前，工业上生产葡萄糖浆主要是淀粉经过液化后，再用糖化酶进行糖化而获得。由于糖化酶对 α-1,6 糖苷键的水解速率很低，为了葡萄糖浆工业生产过程中 α-1,6 糖苷键的水解效率，常加入普鲁兰酶，利用其与糖化酶的协同作用，可以快速脱支，减少糖化酶的用量和副反应的发生，进而缩短糖化时间，提高淀粉利用率和淀粉底物的浓度，并最终提高生产效率[33, 34]。

（二）在生产高麦芽糖浆中的应用

由于 β-淀粉酶不能水解淀粉中的 α-1,6 糖苷键，不添加淀粉脱支酶时，最终糖化产物中麦芽糖的最大含量约为 60%，且会有大量 β-极限糊精和其他低聚糖生成。而添加普鲁兰酶进行脱支修饰后，麦芽糖的产量则会明显增加，能够得到麦芽糖含量 80% 以上的超高麦芽糖浆[35, 36]。

（三）在生产环糊精中的应用

淀粉的脱支修饰还可以应用于环糊精和分支环糊精的工业化生产。环糊精是 CGT 酶对淀粉等底物进行环化反应而获得的,由于 CGT 酶不能水解淀粉分支点,单独使用时,环糊精转化率一般在 40%～60%[37];如果添加合适的淀粉脱支酶,如普鲁兰酶,环糊精的转化率可以达到 80% 以上[38]。

(四)在生产抗性淀粉中的应用

淀粉脱支修饰形成的线性短链在低温下容易回生,形成结晶结构,从而产生抗消化性能,是一类Ⅲ型抗性淀粉。目前已有学者使用普鲁兰酶对淀粉进行改性来生产抗性淀粉,并发现改性原料中直链淀粉与支链淀粉的占比是生产抗性淀粉最重要的指标。脱支后生成的直链淀粉、糊精等产物易回生形成致密的双螺旋结构,从而使得 α-淀粉酶无法作用于抗性淀粉的 α-1,4 糖苷键[39]。其中,Li 等使用嗜酸普鲁兰芽孢杆菌来源的普鲁兰酶对燕麦和油莎豆中的淀粉进行脱支,可显著降低淀粉的消化率和黏弹性[40,41];Shi 等在合适的工艺条件下使用普鲁兰酶对小麦淀粉进行脱支处理,能够将抗性淀粉的含量提高至 80.50%;Li 等对糯质玉米淀粉脱支,可以将抗性淀粉的含量提高至 70.70%[42,43]。此外,Hu 等通过使用异淀粉酶进行脱支改性,可以获得含量达 74.74% 的直链淀粉,并且表现出糊化温度升高、水溶性增强等特性[44]。

第四节 淀粉的高支化修饰

由于天然淀粉具有 α-1,4 糖苷键比例较高、长直链较多等特点,使得其存在诸多缺点,如稳定性差、溶解度低、易老化、黏度大等,极大地限制了其应用,且 α-1,4 糖苷键极易被人体内的淀粉酶水解进而使得淀粉被快速消化,也会引起机体血糖的快速升高并产生高血糖、高血压等慢性疾病的风险,因此,近年来通过酶法高支化修饰提高淀粉的 α-1,6 糖苷键占比及短分支度已成为淀粉生物改性方向的焦点所在。相比于天然淀粉,利用高支化修饰不仅可以使淀粉的短期回生值及长期回生焓值降低,在稳定性、抗回生性等方面得到显著增强,还可进一步提高淀粉的抗消化性,并有助于改善餐后血糖负荷,对非胰岛素依赖型糖尿病和心血管疾病等可实现辅助治疗作用,在运动饮料、淀粉基功能性食品等领域均展现出良好的应用前景,其酶法制备工艺和结构特性也受到各界学者的广泛关注。

一、改性原理

淀粉的高支化修饰主要是利用淀粉分支酶、4,6-α-葡萄糖基转移酶等糖基转移酶特异性水解 α-葡聚糖链中的 α-1,4 糖苷键,并将水解下来的链段与

受体链以 α-1,6 糖苷键的形式连接在一起形成新的分支,有效修饰淀粉结构,从而提高淀粉分子的分支度。改性后得到的高支化淀粉 α-1,6 糖苷键含量明显增加,且短分支的比例上升、长分支比例降低,直链淀粉含量减少,这些结构变化赋予了高支化淀粉独特的理化性质。

以淀粉分支酶为例,根据 Hizukuri 提出的支链淀粉结构模型,推测其改性淀粉的机制如图 8-11 所示。淀粉分支酶可能倾向于水解淀粉分子的 B 链外链,

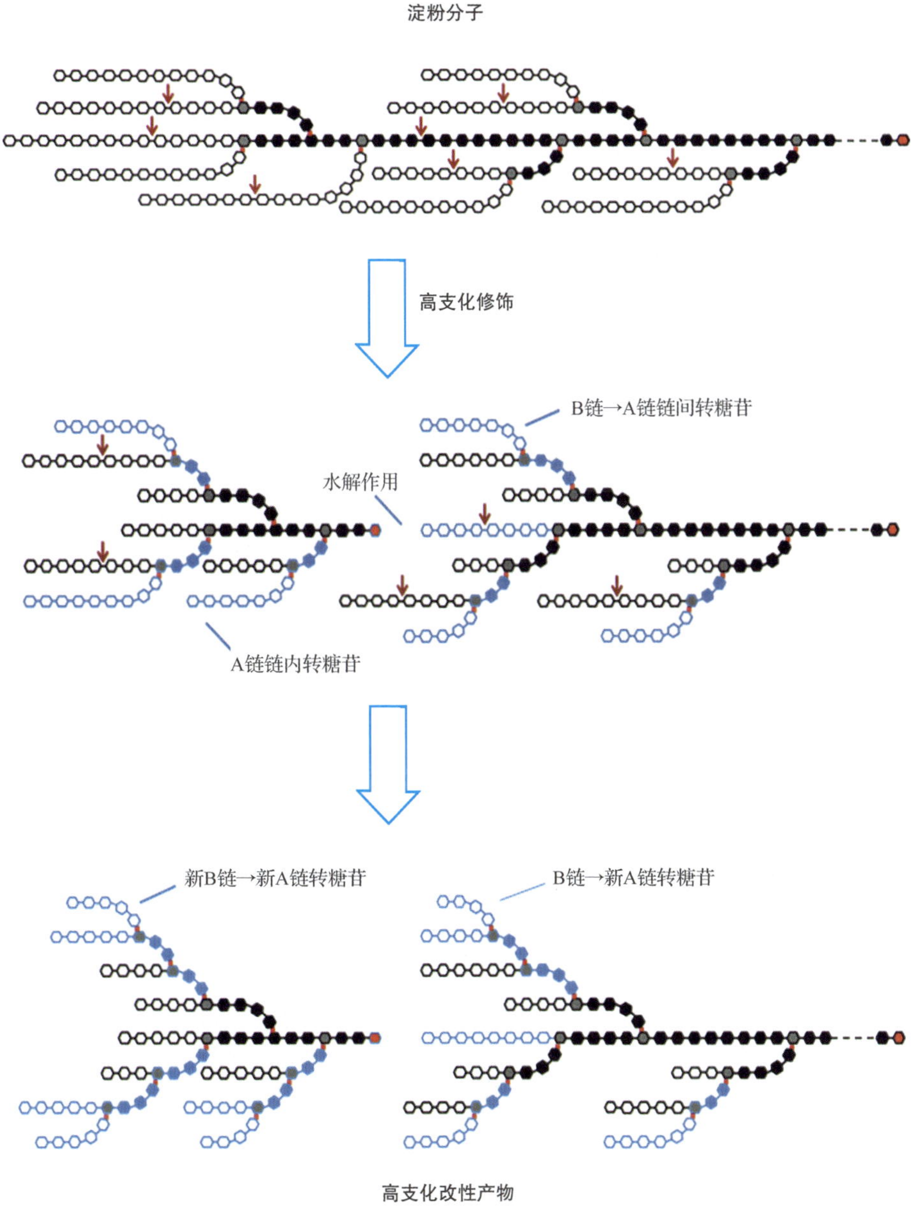

图 8-11 高支化改性影响淀粉消化特性的机制[45]

并将其重新连接于 A 链,这一过程使得受体链转变为 B 链,供体链成为新 A 链,随后 B 链的长外链继续被水解,并连接于新 A 链上,经过反复交替的 B 链外链至 A 链上的转糖基反应,产物中 α-1,6 糖苷键比例上升,平均外链长、直链淀粉含量、直链淀粉及支链淀粉相对分子质量均降低,短分支比例及内链比例增加,淀粉结晶结构破坏,分子无序排列,颗粒内部结构充分暴露,进而生成一种内链骨架紧密、外链缩短、高度分支的短簇状分子产物,从而改变淀粉的理化性质。

二、改性用酶

(一)淀粉分支酶

淀粉分支酶(1,4-α-glucan branching enzyme,GBE,EC 2.4.1.18)属于 α-淀粉酶家族,是一种直接参与淀粉生物合成的糖基转移酶。淀粉分支酶能催化淀粉分子中 α-1,4 糖苷键的断裂,产生具有非还原末端的短链,通过转糖苷作用将切割下的短链以 α-1,6 糖苷键的形式连接于受体链上,因此,可在受体链上形成新的分支点,从而对淀粉进行高支化修饰。

淀粉分支酶广泛分布于植物、动物、微生物中。植物来源的淀粉分支酶在改性淀粉过程中涉及多种同工酶的协同催化,很难简便地应用于工业化生产中,动物来源的淀粉分支酶在发酵生产过程中异源表达相对较复杂。相比于这两种来源的淀粉分支酶,微生物来源的淀粉分支酶具有相对简便的催化方式和异源表达方法,因而在工业化应用中展现出巨大的优势。

1. 催化机制

GBE 能够催化淀粉分子中 α-1,4 糖苷键的水解,产生线性短链,并通过转糖苷作用将其以 α-1,6 糖苷键的形式重新连接于受体链上,形成新的分支点[46]。根据转糖苷反应过程中受体链的不同,GBE 具有三种催化作用方式,分别是链间转苷、链内转苷及链内环化[47](图 8-12)。若供体链和受体链源自不同糖苷链,为链间转苷;若供体链和受体链源自同一条糖苷链,为链内转苷;若将供体链自身作为受体链,则为链内环化。除此之外,大多数 GBE 还具有一定的水解活力[48],即无法将水解 α-1,4 糖苷键切割下的片段重新连接于受体链。

根据 Feng 等报道的来源于大肠杆菌的 GBE 与线性低聚糖结合的 X-射线晶体结构[49],如图 8-13 所示,发现其有 6 个麦芽低聚糖结合位点,结合位点 1~3 位于 (β/α)$_8$ 中心催化域,结合位点 4 位于氨基末端结构域,结合位点 5、6 位于 C 末端结构域,没有结合位点位于活性中心,这与其他 GH13 家族来源的淀粉酶一致。同时发现只有 G6 或 G7 能够与其结合,说明来源于大肠杆菌的 GBE 不能转移链段长度小于 6 的葡聚糖链。

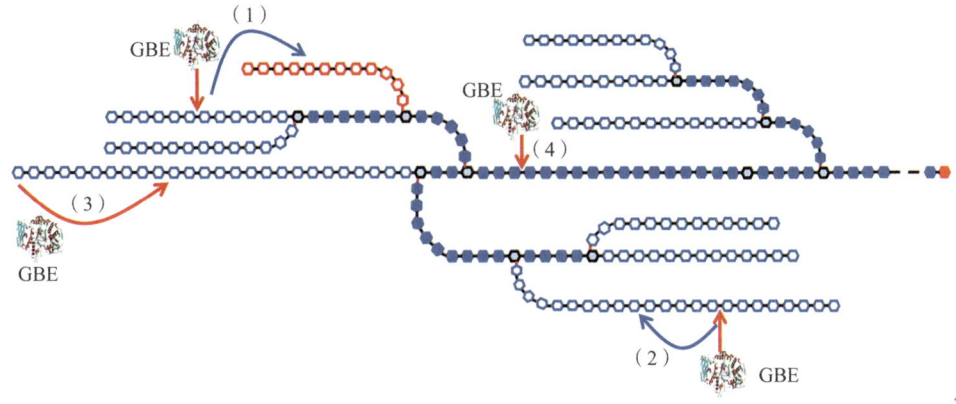

图 8-12　淀粉分支酶作用方式示意图[45]
（1）链间转苷　（2）链内转苷　（3）链内环化　（4）水解作用

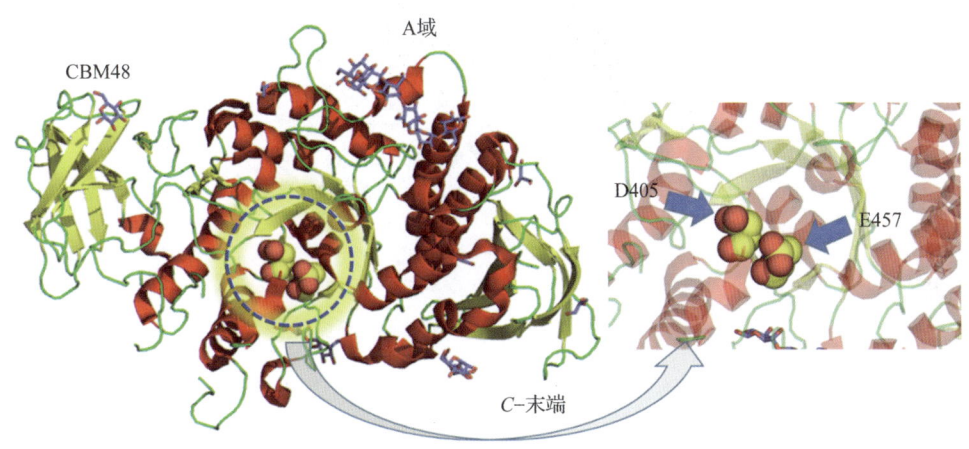

图 8-13　来源于大肠杆菌的 GBE 与线性低聚糖结合位点的模拟图[47]

微生物来源的 GBE 对于不同链长的低聚糖常表现出不同的偏好性。例如，来源于创伤弧菌（*Vibrio vulnificus*）的淀粉分支酶更倾向于转移 DP 3~5 的短链[50]；来源于美洲红景天菌（*Rhodothermus obamensis*）的淀粉分支酶更倾向于转移 DP 3~8 的短链[51]；来源于地热奇球菌（*Deinococcus geothermalis*）和耐辐射奇球菌的淀粉分支酶主要转移 DP 4~17 的短链，其中以 DP 6~7 的短链居多[52]；来源于溶纤维丁酸弧菌（*Butyrivibrio fibrisolvens*）的淀粉分支酶转移 DP 5~10 的短链，其中以转移 DP 7 的短链最多[53]；来源于格氏厌氧分枝杆菌的淀粉分支酶可以转移 DP 6~60 的寡聚糖链[54]；来源于嗜热栖热菌的淀粉分支酶对于转移 DP 4~16 的寡聚糖链有明显喜好[55]。

2. 结构特征

根据氨基酸序列相似度进行分类，大多数 GBE 属于 GH13 家族的亚族 8（真核生物）或者亚族9（细菌），近年来还发现了属于GH57家族的超嗜热菌来源的GBE。目前存在于蛋白质数据库中的GBE晶体结构如图8-14所示，具有3大结构域，分别是中心催化域A、氨基末端结构域（B域）和羧基末端结构域（C域）。这三大结构域分别具有不同的功能：中心催化域A大多为由（β/α）组成的桶状结构，与酶的催化活性密切相关，羧基末端结构域与最适底物及催化能力有关，氨基末端则决定GBE转移链段的长度，同时也是获得最大酶活所必需的；B域主要为由β-三明治（β-sandwich）结构组成的一个氨基末端，可能与其转移链段的长度有关；C域主要为由β-三明治结构组成的一个羧基末端，可能与底物的结合及催化反应相关。在来源于大肠杆菌的淀粉分支酶中，三个结构域通过两个环状结构连接。

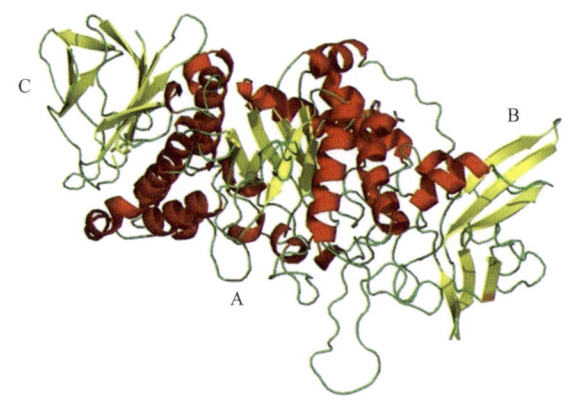

图8-14　来源于大肠杆菌的淀粉分支酶结构图[56]

此外，淀粉分支酶还具有一些不同于其他α-淀粉酶的特殊结构，可能与其催化特性相关。例如，相比于其他α-淀粉酶，淀粉分支酶各个连接域之间的环状结构相对较短。其中一个环状结构包含18个氨基酸残基（223~240位），连接结构域B与结构域A的（β/α）桶状结构；另一个环状结构包含13个氨基酸残基（613~625位），连接结构域A与结构域C，这种结构可能更利于淀粉分支酶与长链底物的结合。不同于其他GH13的成员，淀粉分支酶的（β/α）桶状结构缺失了H5（位于β5和β6之间的α-螺旋），这种不完整的（β/α）桶状结构也存在于异淀粉酶中[56]。

大多数来源于GH13家族的淀粉分支酶还存在一种特殊的结构单元，称为碳水化合物结合模块48（Carbohydrate-binding module 48，CBM48）[57]，包含部分结构域A和部分结构域C在内的约100多个氨基酸残基。CBM48为淀粉分支酶中的碳水化合物结合结构单元，该种结构也存在于GH13其他成员之中，例如，普鲁兰酶（GH13-12，GH13-13，GH13-14）和异淀粉酶（GH13-11）。来源于GH13-8的淀粉分支酶缺失了该种结构，而来源于GH13-9的淀粉分支酶的CBM48结构通常位于其氨基末端的远端处。此外，来源于GH57的淀粉分支酶与来源于GH13的淀粉分支酶结构相似，也同样具有负责催化功能的（β/α）桶状结构、主要由α-螺旋组成的结构域B和结构域C[58]。

3. 酶学性质

由于淀粉酶对糊化淀粉的催化效率明显高于颗粒淀粉，在淀粉生物改性过程中使用较高的反应温度效果较好。因此，对淀粉高支化修饰时，通常需要GBE具有良好的热稳定性。然而，大多数GBE主要是从嗜中温微生物中获得，热稳定性通常较差。例如，来源于变异链球菌（*Streptococcus mutans*）的GBE只有在不超过40℃的条件下才能检测到活性[59]；来源于结核分枝杆菌的GBE仅在37℃以下才表现出热稳定性，在55℃下培育会导致90%的活性丧失，而在50℃孵育30min后，其活性会完全消失[60]。与来自嗜中温微生物的GBE相比，一些极端微生物来源的GBE具有更高的耐热性。例如，来自极端嗜热细菌风产液菌（*Aquifex aeolicus*）的GBE（其95%以不溶形式存在于细胞中）在75℃培养时仍具有活性[61]；来自柯达热球菌（*Thermococcus kodakaraensis*）的GBE，在高达90℃的温度下是仍保持较高的活力[58]，而来自嗜热栖热菌的GBE也具有相似的高温耐受性，在80℃培养1h后仍能保持全部活性[55]。

高pH耐受性有利于酶在工业过程中的应用。一些细菌来源的GBE表现出相对较高的pH耐受性。例如，来源于变异链球菌的GBE在pH为4.0~8.0的条件下培养1h仍相对稳定[59]；来源于海洋红嗜热盐菌（*Rhodothermus marinus*）的GBE在pH 5.0~8.0的条件下培养12h，仍可保留最大活性的70%以上[62]。相比之下，来自地热奇球菌和耐辐射奇球菌的GBE仅在pH 7.0~9.0相对窄的范围内有活性[52]；来自创伤弧菌的GBE在pH 7.0~8.0条件下表现出最大的活性，但当pH低于7.0或高于8.0时，其活性也会下降[50]。

（二）4，6-α-葡萄糖基转移酶

4，6-α-葡萄糖基转移酶（4，6-α-glucanotransferase，4，6-α-GTase，EC 2.4.1.-）主要是利用淀粉衍生的低聚糖作为底物，如异麦芽糖或者异麦芽三糖，合成具有高比例α-1，6糖苷键的α-葡聚糖，一般同时具有α-淀粉酶和葡聚糖蔗糖酶的特征[63]。4，6-α-GTase与葡聚糖蔗糖酶具有45%~50%的序列同一性，但形成了系统发育上不同的GH70亚家族，其在核心结构域一些环状结构中的氨基酸具有明显差异[64]。

4，6-α-GTase主要切割底物中α-1，4糖苷键连接的葡萄糖单元，并将这些单元转移到受体的非还原端，以线性方式形成α-1，6糖苷键连接，最终将淀粉或淀粉水解物转化为异麦芽糖或麦芽多糖（图8-15）。与GBE不同，4，6-α-Gtase同时具有歧化作用（裂解α-1，4糖苷键、合成α-1，4糖苷键和α-1，6糖苷键）和α-1，6聚合作用，对G4和更大的麦芽低聚糖底物具有活性[65]。

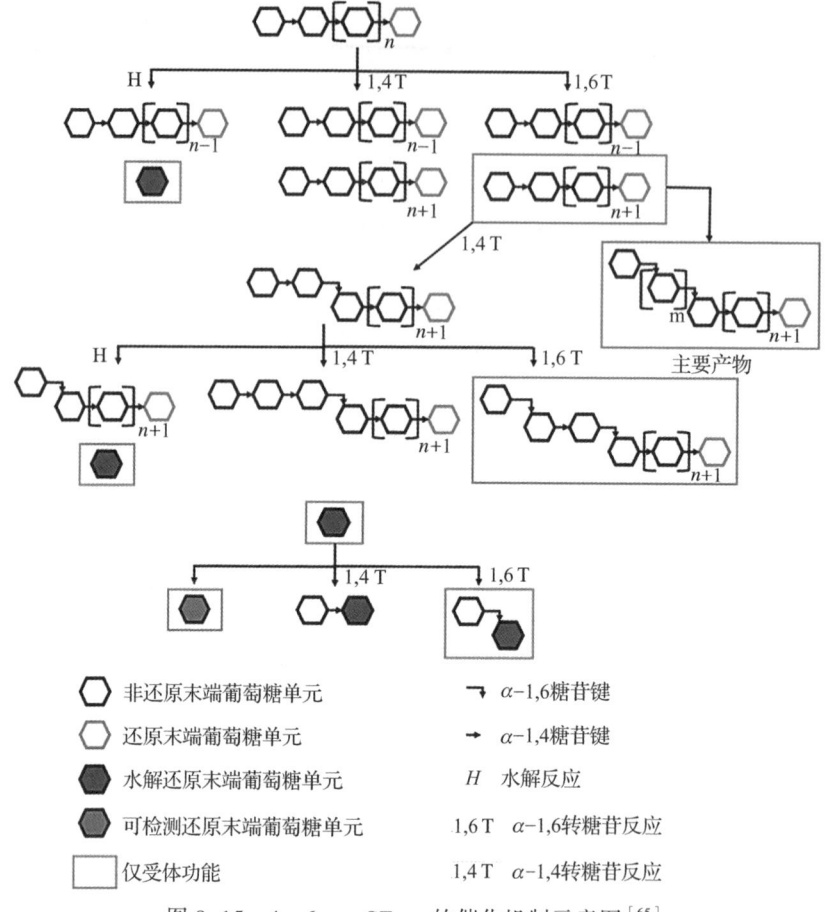

图8-15 4,6-α-GTase的催化机制示意图[65]

晶体结构分析表明,4,6-α-GTase显示出与GH13 α-淀粉酶和GH70葡聚糖蔗糖酶的结构相似性。然而在活性位点附近三个环的分布和包含这些环的区域序列比对表明,它们对4,6-α-GTase是独特的,并且更为保守[63]。如图8-16所示,4,6-α-GTase的晶体结构显示两个分子处于不对称单元。多肽从氮末端残基(Nt)形成结构域Ⅳ(黄色)、B(绿色)和A(蓝色)的氮末端片段,然后形成结构域C(紫色)和结构域A、B和Ⅳ朝向碳末端残基(Ct)的碳末端片段。

三、改性工艺

(一)改性过程

目前,淀粉的高支化修饰主要是利用糖基转移酶(如GBE、4,6-α-GTase等),在适宜温度及pH条件下持续搅拌并催化淀粉反应一定时间,反应结束后,纯化精制，收集固形物经干燥、研磨、过筛后即可得到淀粉的高支化修饰产物。根据改性过程中淀粉状态的差异，淀粉的高支化修饰主要分为两种形式：对颗粒淀粉的改性、对糊化淀粉的改性，其工艺流程如图 8-17 所示。

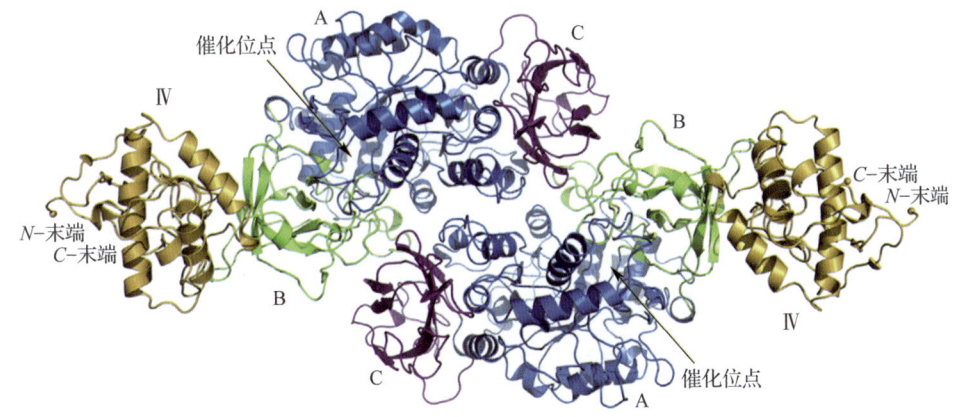

图 8-16 4,6-α-GTase 晶体结构[63]

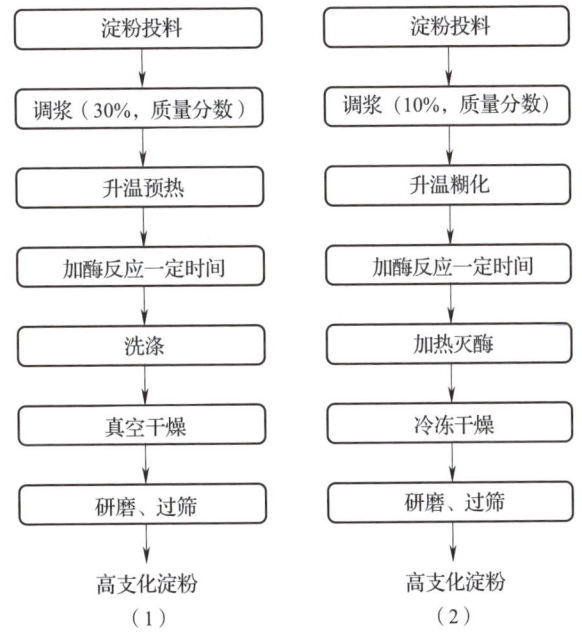

图 8-17 高支化淀粉酶法制备工艺流程
（1）颗粒淀粉的高支化修饰 （2）糊化淀粉的高支化修饰

（二）影响因素

1. 淀粉状态

目前，根据原料状态的不同，淀粉的高支化修饰主要分为对颗粒淀粉的修饰和对糊化淀粉的修饰。针对不同状态的淀粉原料，其高支化修饰的效果也有所差别。研究表明，经 GBE 改性处理后，颗粒淀粉与糊化淀粉均表现出 $\alpha-1,6$ 糖苷键含量、支链淀粉相对分子质量增加，直链淀粉含量和相对分子质量减少的趋势，且改性处理后淀粉消化速率均下降，慢消化淀粉及抗性淀粉的含量增多。但不同的是，相较于颗粒淀粉而言，以糊化淀粉为底物进行高支化改性时，GBE 更倾向于对相对较短的游离分子链段进行转苷作用，生成更短簇的分支结构。其产物中直链淀粉和支链淀粉的相对分子质量更低，这不仅使得体系空间位阻增加，还在一定程度上降低了消化酶作用的连续性，从而可以更显著地降低产物的消化速率。

2. 底物种类

不同种类的淀粉在直链淀粉/支链淀粉比例、分支度、支链淀粉链长分布等方面均存在差异，因此底物种类也会对高支化修饰效果产生影响。针对不同种类的淀粉原料，糖基转移酶倾向水解及转糖苷的链段长度也不尽相同。例如，有研究表明，以木薯淀粉及蜡质玉米淀粉为底物时，GBE 更倾向于水解 DP 25~36、DP>36 的中长链段，并将水解所得较短（DP<13）的片段进行重连；而以玉米淀粉为底物时，则更倾向于水解 DP>13 的各种链段，并将切下的短链（DP<13）及部分中长链（DP 25~36）进行重连[66]。此外，当淀粉原料的分支度较低、直链淀粉含量较高时，高支化修饰的效果也会更为显著。

3. 酶的来源

由于不同来源的糖基转移酶对转移链段的倾向性不同，其改性淀粉的产物在分支度、精细结构等方面也会存在差异，并最终体现在产物的消化性上。例如，Zhang 等利用柯达热球菌 KOD1、海洋红嗜热盐菌和移动石袍菌（*Petrotoga mobilis*）三种微生物来源的 GBE 分别作用于豌豆、玉米、马铃薯、大米、糯米、木薯等不同来源的淀粉，能够分别得到分支度低（4.9%~6.2%）、中（10.1%~10.9%）和高（12.5% 和 13.1%）的一系列麦芽糊精，并发现产物的慢消化特性随分支度上升和内链缩短而增强[66]。

4. 调控策略

相比于图 8-18 所示的常规工艺，笔者所在研究团队发现，先利用来源于美洲红景天菌 STB05 的 GBE 改性颗粒淀粉，淀粉加热糊化后，再使用另一种来源于热葡萄糖苷地杆菌（*Geobacillus thermoglucosidans*）STB02 的 GBE 进行改性，其转糖苷效率明显增强，使得最终制得的产物拥有更为紧密且高度分支的内链和大量短外链，呈现出一种短簇状的分子结构，消化速率也大幅减缓。同时，随着第二阶段改性时间的增加，产物的分支程度进一步提升[67~69]。此外，通过加入其他类型的淀粉酶进行协同处理，例如在 GBE 处理后，加入 β-淀粉酶也可使产物中的 $\alpha-1,6$ 糖苷键含量进一步增加，从而使得产物的消化性显著降低。

四、理化性质

(一) 结构特性

1. 淀粉的颗粒形态

淀粉的颗粒形态是淀粉最基础的结构特性之一,而随着高支化修饰的持续进行,颗粒形态也会发生一定的变化,进而影响到淀粉的应用性能。以 GBE 改性木薯淀粉为例,如图 8-18 所示,天然木薯淀粉颗粒通常为圆形,带有不规则的截短结构,呈现出"D字形",经高支化改性后,逐渐出现凹槽,颗粒结构的完整性逐渐被破坏,呈现出不规则形状,而改性时间不同,颗粒表面的破损程度也会有所不同。

图 8-18 高支化修饰对木薯淀粉颗粒形态的影响[70]
(1) 木薯原淀粉 (2) 改性 4h (3) 改性 6h (4) 改性 8h (5) 改性 10h

2. α-1,6 糖苷键相对含量

淀粉分子是由 α-D-葡萄糖经 α-1,4 和 α-1,6 两种糖苷键连接而成的多糖。经 GBE 改性后,淀粉 α-1,6 糖苷键比例会有所提升。以 GBE 改性玉米淀粉为例,图 8-19 所示为高支化修饰不同时间后玉米淀粉的核磁共振氢谱图,对 α-1,4 糖苷键和 α-1,6 糖苷键的峰面积进行积分计算,得到 α-1,6 糖苷键比例,发现高支化玉米淀粉的 α-1,6 糖苷键比例增加,且随着高支化修饰时间的延长,其增加幅度增大。当作用 10h 时,α-1,6 糖苷键比例由 4.8% 增加至 7.9%，增加幅度为 64.6%，说明这种高支化修饰能够增加淀粉的 α-1,6 糖苷键含量。

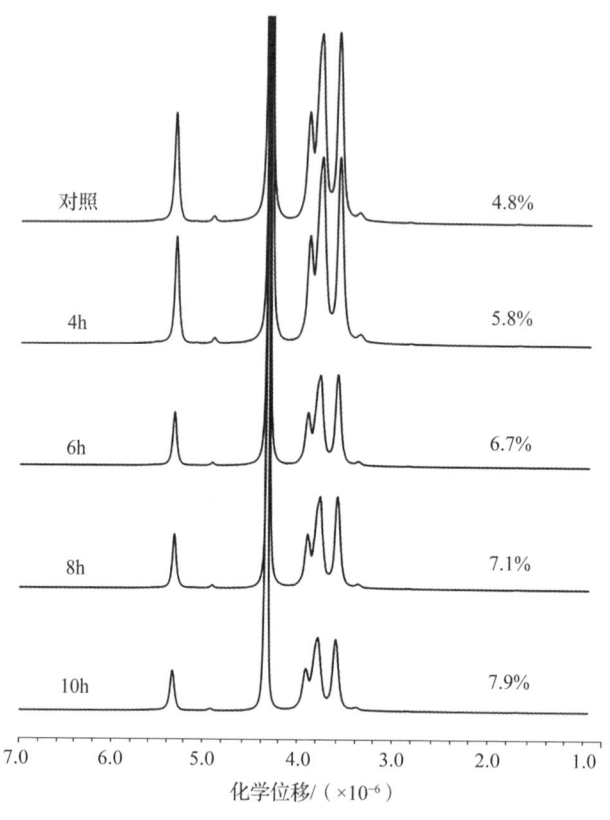

图 8-19 高支化修饰对玉米淀粉分支度的影响[71]

3. 直链淀粉含量

以 GBE 改性玉米淀粉为例，经高支化修饰后，淀粉中的直链淀粉含量减少，且随着作用时间的延长，直链淀粉含量降低越明显。当作用 10h 后，玉米淀粉的直链淀粉含量降低了 29.5%[71]。这表明高支化修饰作用水解了直链淀粉中 α-1,4 糖苷键，所切下的链段或转接至支链淀粉分子上，使支链淀粉分支增加，或转接至直链淀粉分子上，使直链淀粉趋向于支链淀粉的结构。

4. 分子质量分布

以 GBE 改性玉米淀粉为例，淀粉经高支化修饰后，直链淀粉的重均分子质量（weight-average molecular mass，M_w）随着处理时间的增加呈现降低趋势，而支链淀粉的 M_w 则随处理时间的延长而增大[71]。由此推测，高支化修饰主要是通过将直链淀粉分子中的 α-1,4 糖苷键切开，并将切下的链段通过 α-1,6 糖苷键连接至支链淀粉分子上，导致直链淀粉 M_w 减小，支链淀粉 M_w 增大。此外，随着高支化修饰时间的延长，高支化淀粉产物的分散系数也逐渐增大，当处理10h后，其PI值由1.174增加至1.328，增加幅度为13.1%，说明体系中大分子与小分子的分布更加不均匀，显示出较宽的分子质量分布。

5. 支链淀粉链长分布情况

以GBE改性玉米淀粉为例，如表8-3所示，淀粉经高支化修饰后，DP 3~12的链段含量显著增加，而DP 25~36和DP>36的链段含量减少，DP 13~24的链段含量几乎无变化，随着高支化修饰时间的延长，此现象越明显。由此推断，GBE作用于玉米淀粉时会水解支链淀粉中较长的链段，并将水解下的线性链段通过α-1,6糖苷键转接至淀粉分子上，从而导致DP 25~36和DP>36的链段含量减少。

表8-3　　　　　　　高支化修饰对玉米淀粉链长分布的影响[71]

样品	链长分布/%			
	DP 3~12	DP 13~24	DP 25~36	DP>36
对照	33.1	45.9	12.3	8.7
4h	34.5	46.0	11.9	7.6
6h	36.1	46.1	10.9	6.9
8h	38.2	46.2	9.2	6.4
10h	40.0	46.3	8.2	5.5

（二）理化特性

1. 回生性能

（1）短期回生　淀粉糊化后冷却初期，直链淀粉分子由于几乎无分支结构，空间位阻小，因此易于定向迁移，通过氢键相互作用缔合在一起，形成三维凝胶网络结构，导致淀粉糊体系的黏弹性发生变化。而经高支化修饰后，淀粉回生过程中凝胶形成的速率会有所降低，凝胶网络结构的强度被抑制，如图8-20所示，玉米淀粉经GBE高支化修饰后，储能模量（G'）显著降低，且随着高支化修饰时间的延长，其降低幅度增大。这说明经高支化修饰处理后，淀粉的短期回生得到了显著的延缓。

（2）长期回生　淀粉样品在储藏过程中发生回生，淀粉体系形成许多不完美、异质性的晶体结构。以GBE改性玉米淀粉为例，如表8-4所示，经高支化修饰后，淀粉储藏28d后的回生焓值（ΔH_r）均有不同程度的降低，且处理时间越长，ΔH_r降低幅度越大。当处理时间达到10h时，ΔH_r降低了22.3%，表明GBE处理能够有效抑制淀粉的长期回生。推测其机制可能是：高支化改性过程中，支链淀粉中较长链段的α-1,4糖苷键被水解，使原链变短，同时切

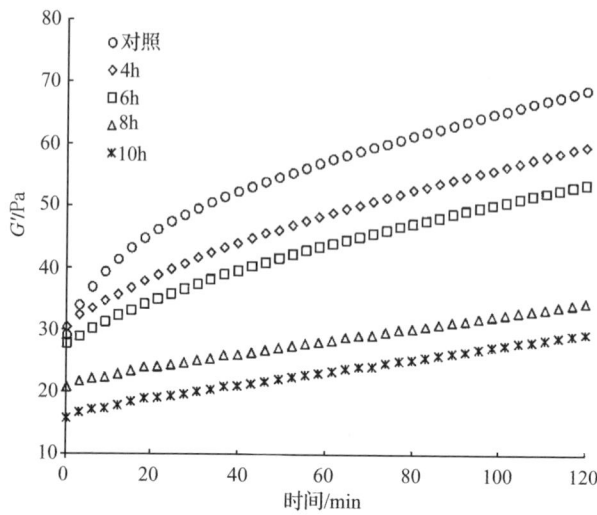

图8-20 高支化修饰对玉米淀粉短期回生储能模量的影响[71]

下的短链可能会接至支链淀粉分子上,使得高支化淀粉中长链含量减少,短链含量增加,而研究表明淀粉长期回生主要由支链淀粉重结晶引起,支链淀粉侧链较短则不易重结晶,因此,淀粉经高支化改性后,其长期回生受到一定的抑制。

表8-4　高支化修饰对玉米淀粉回生焓值的影响[71]

样品	储藏 28d ΔH_r/(J/g)
对照	6.64 ± 0.12
4h	6.01 ± 0.36
6h	5.68 ± 0.21
8h	5.42 ± 0.18
10h	5.16 ± 0.21

2. 流变学特性

对于淀粉糊而言,其网状结构会随剪切速率的增大而被破坏,且当剪切速率逐渐降低时,网状结构的恢复速率比破坏速率慢,流动曲线不能回复到原来的曲线,从而会形成一个闭合的触变环。以GBE改性木薯淀粉为例,如图8-21所示,经高支化修饰后,淀粉糊的触变环面积随高支化修饰时间的增加而减小,这表明淀粉糊的结构损失和时间依赖性均降低,即高支化修饰提升了淀粉糊的剪切抵抗力。

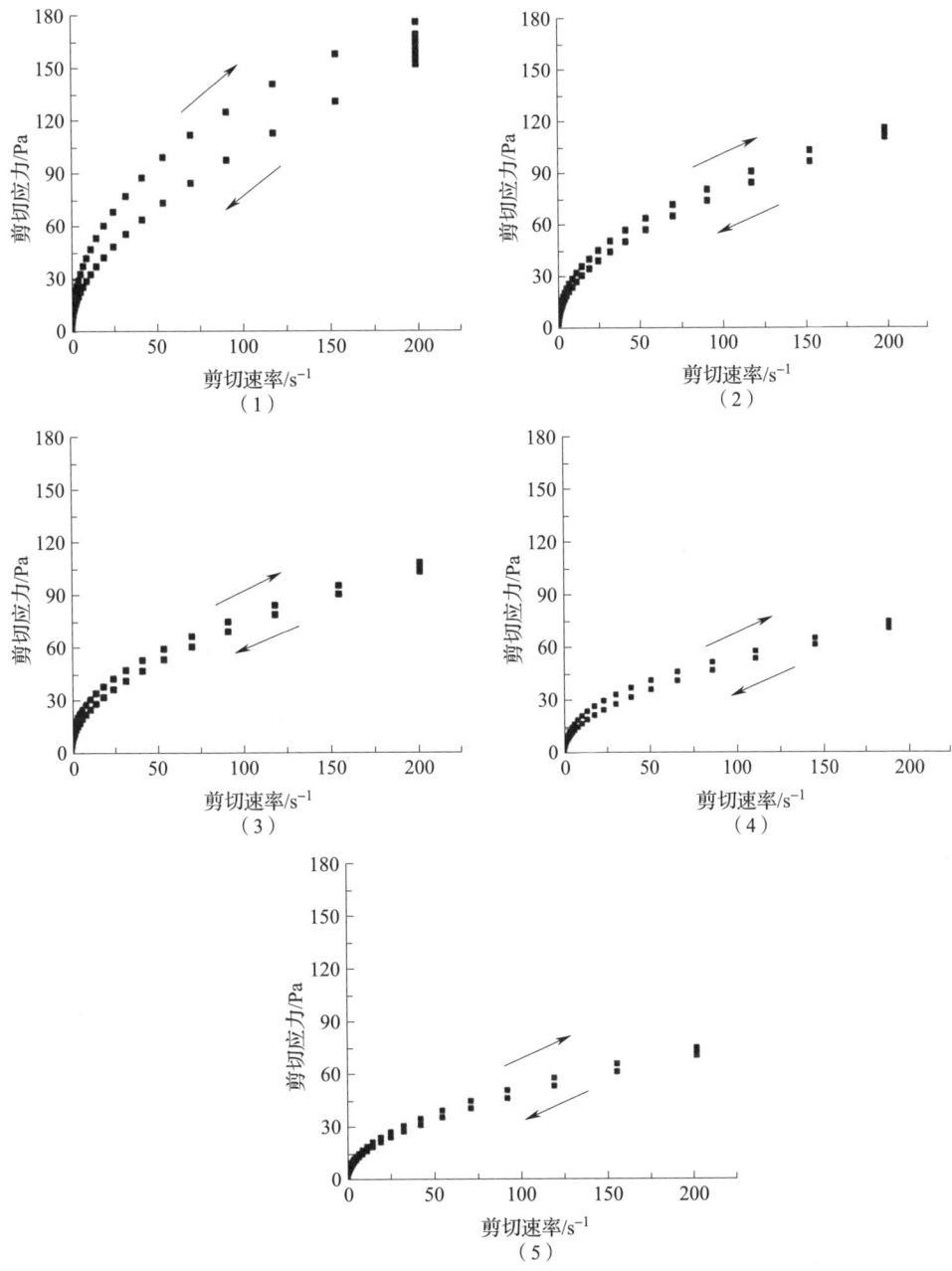

图 8-21 高支化修饰对木薯淀粉触变环的影响[71]
(1) 木薯原淀粉　(2) 改性 4h　(3) 改性 6h　(4) 改性 8h　(5) 改性 10h

淀粉糊在剪切速率由高速转变为低速再恢复至高速的过程中的表观黏度变化能反映出凝胶结构的抗剪切能力。如图 8-22 所示，经高支化修饰后，淀粉糊的结构恢复力显著提升，表明凝胶受剪切破坏后更容易恢复到剪切前的初始状态，抗剪切能力有所增加。

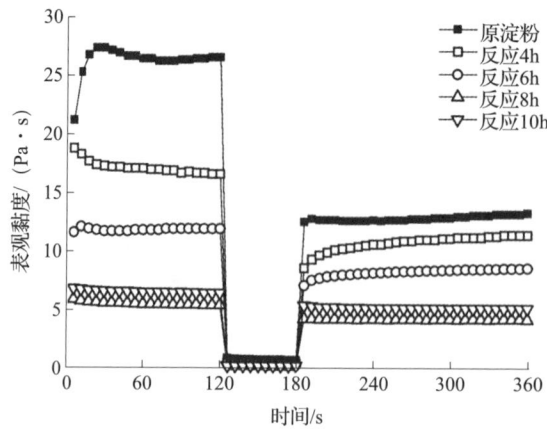

图 8-22　高支化修饰对高支化木薯淀粉结构恢复力的影响[70]

3. 消化性能

随着生活水平的日益改善，人们对食品的营养价值需求也逐渐提高，淀粉作为提供人体每日所需能量的最主要膳食物质之一，其极易引起餐后血糖水平升高的缺点极大限制了淀粉在食品中的应用，更是成为了高血糖人群及肥胖人群最抵触的物质之一，故对淀粉进行特定的结构修饰十分重要。由于淀粉高支化修饰具有工艺简单、副产物少、产物得率高等特点，许多研究者开始致力于利用糖基转移酶对淀粉消化性能进行调控。例如，Zhang 等[66]利用来源于柯达热球菌、海洋红嗜热盐菌和移动石袍菌的 GBE 分别作用于豌豆、玉米、马铃薯、大米、糯米、木薯等不同来源的淀粉，能够分别得到分支度为 5%～13% 的一系列麦芽糊精，发现产物的慢消化特性随分支度上升和内链缩短而增强。Jung 等[72]利用三种不同来源的 GBE 制备得到了不同链段长度的簇状支链淀粉，发现短链分支（DP=6.65）的簇状支链淀粉具有极强的水溶性，而中等分支（DP=14.1）的簇状支链淀粉诱导小鼠肠道菌群的改变。

除此之外，笔者所在研究团队近年来也一直致力于利用 GBE 调控玉米淀粉的消化性能，并通过体外模拟消化、动物实验等方式对其产物的消化性能进行了系统性评价。以 GBE 改性玉米淀粉为例，通过 Englyst 法分析淀粉高支化修饰后的体外消化性变化。如表 8-5 所示，经高支化修饰后，玉米淀粉体外消化性显著降低，快消化淀粉比例低降至 66.5%，慢消化淀粉比例升至 18.2%，由此说明高支化修饰能够有效延缓淀粉消化。

表 8-5　高支化修饰对玉米淀粉体外消化性能的影响[45]

样品	快消化淀粉/%	慢消化淀粉/%	抗性淀粉/%
玉米原淀粉	93.2 ± 3.3	5.3 ± 1.9	1.5 ± 0.6
高支化玉米淀粉	66.5 ± 0.3	18.2 ± 0.5	15.2 ± 0.9

目前，关于淀粉高支化修饰产物在真实胃肠道环境内消化特性的相关研究较少，认知程度有限。Lee 等利用来源于美洲红景天菌的 GBE 对糯质玉米淀粉进行高支化修饰，并通过 Sprague-Dawley 大鼠模型研究其引起的血糖应答，发现相比于摄入葡萄糖的大鼠，摄入等量高支化麦芽糊精的大鼠峰值血糖明显更低[73]，但其峰值血糖是否低于摄入原淀粉或普通麦芽糊精的大鼠，仍是未知的。笔者所在研究团队利用来源于热葡萄糖苷地杆菌的 GBE 对普通玉米淀粉进行高支化修饰，并通过美国癌症研究所（Institute of Cancer Research，ICR）小鼠模型研究其引起的血糖应答和胰岛素波动情况，发现相比于对照，高支化淀粉引起的峰值血糖降低 22.5%，峰值胰岛素水平降低 40.5%（图 8-23）[74]。这些结果直接证明，淀粉经高支化修饰后得到的产物具有较好的慢消化特性，能够降低小鼠餐后血糖稳态调节对胰岛素的需求程度，为机体带来诸多潜在的健康益处，具有较好的应用价值。

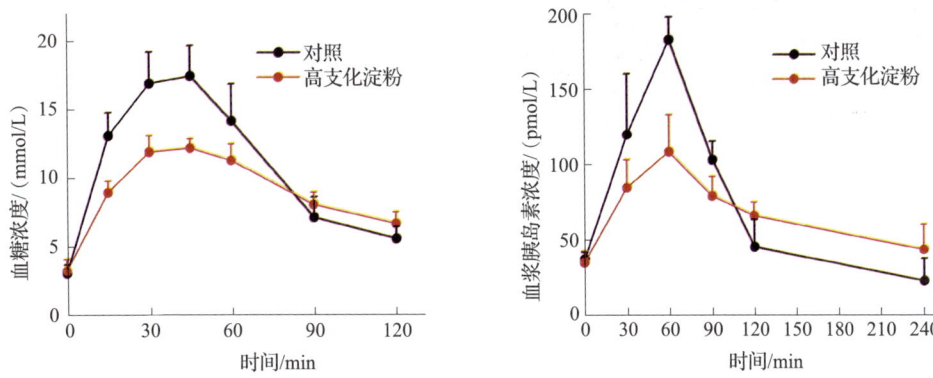

图 8-23　高支化修饰产物引起的 ICR 小鼠餐后血糖及胰岛素含量的变化[74]

4. 溶液稳定性

麦芽糊精作为一种淀粉衍生物，在食品及医药工业中具有广泛的应用价值，但其易聚集老化、凝沉性强、黏度稳定性及冻融稳定性差等一系列缺陷却在一定程度上限制了其应用场景。此时，通过糖基转移酶催化分子中 α-1,4 糖苷键的断裂，并合成新的 α-1,6 糖苷键，可以提升产物分支度，显著抑制麦芽糊精的回生，使得麦芽糊精的凝沉性降低，透明度稳定性、黏度稳定性及冻融稳定性均增强，进而有效解决溶液稳定性的问题。

由于麦芽糊精溶液稳定性较差，在静置时极易发生回生沉降进而呈现出白色乳浊液的状态，故通过观察改性麦芽糊精溶液在储存过程中透明度的变化可以最直观地表征高支化修饰对麦芽糊精稳定性的改善效果。如图 8-24 中所示，普通麦芽糊精溶液（30%，质量分数）在 4℃储存 4d 后完全浑浊；而经过高支化修饰的麦芽糊精溶液透明度稳定性明显提升，在 4℃下储存 30d 仍可维持透明度在 80% 以上。由此可见，高支化修饰可极大地改善麦芽糊精的溶液稳定性，进而拓宽麦芽糊精在食品行业中的应用范围，并有效提高含麦芽糊精饮料的外观及口感，延长产品的货架期。

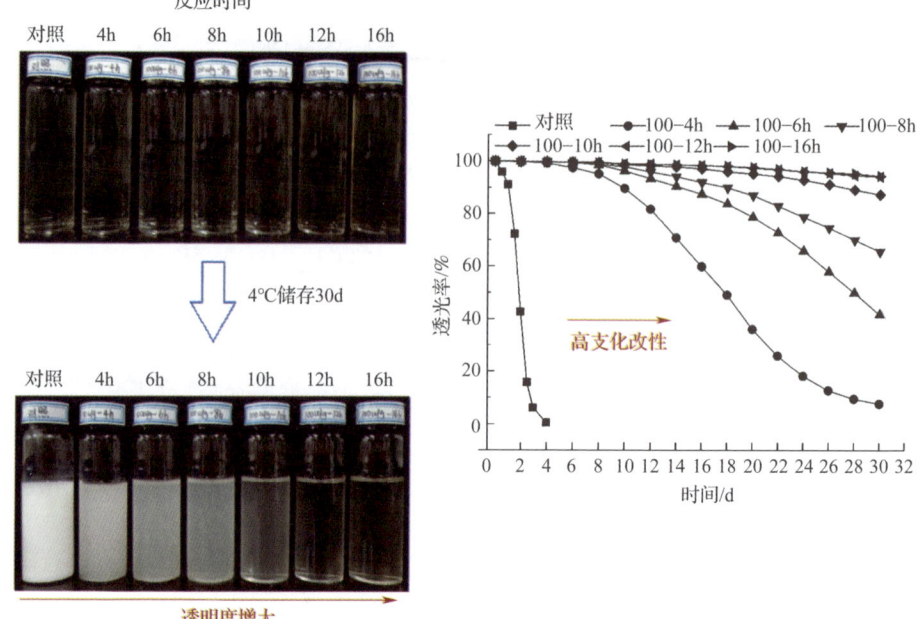

图 8-24　高支化修饰对麦芽糊精溶液透明度稳定性的影响[75]

麦芽糊精可作为脂肪替代品添加于冷冻甜品，其在储存及运输过程中难免会经历反复冻融，但普通麦芽糊精冻融稳定性较差，在反复冻融过程中，会逐渐析出沉淀，影响冷冻甜品的质构及口感，因此，冻融稳定性差也是限制麦芽糊精应用的常见问题之一。如表 8-6 所示，在 1~5 次冻融循环过程中，普通麦芽糊精溶液（20%，质量分数）的沉降析出率随冻融次数的增加而增大，经过 5 次冻融循环后，原麦芽糊精的沉降析出率高达 97.30%，几乎全部析出；而经过高支化修饰的麦芽糊精溶液在经过 5 次冻融循环后沉降析出率可降至 0.45%，说明高支化修饰可以显著提升麦芽糊精的冻融稳定性，进而可使得麦芽糊精作为脂肪替代品所制得的冷冻甜品在储存及运输过程中即使经历反复冻融后也极少会沉降析出，产品初始的质构及口感因此得以较好地维持。

表 8-6　高支化修饰对麦芽糊精溶液冻融稳定性的影响[75]

冻融循环次数	麦芽糊精溶液沉淀析出率 /%				
	对照	4h	8h	12h	16h
1	21.00 ± 0.47	0.30 ± 0.03	0.50 ± 0.04	0.65 ± 0.04	0.45 ± 0.06
2	51.25 ± 1.06	0.65 ± 0.04	0.65 ± 0.04	0.60 ± 0.08	1.00 ± 0.05
3	72.75 ± 1.63	0.90 ± 0.05	0.70 ± 0.08	0.90 ± 0.01	0.90 ± 0.08
4	91.25 ± 1.34	5.10 ± 0.17	0.85 ± 0.03	0.85 ± 0.06	1.00 ± 0.01
5	97.30 ± 0.62	10.55 ± 0.16	1.15 ± 0.04	0.85 ± 0.08	0.45 ± 0.05

五、工业应用

淀粉的酶法高支化修饰主要通过糖基转移酶催化 α-1,4 糖苷键的水解和 α-1,6 糖苷键的生成,从而有效修饰淀粉的结构和性质。这个过程既不会引入新的化学基团,也不会产生其他类型的糖苷键,仅发生 α-1,4、α-1,6 糖苷键的重组装,因此具有工艺简单、副产物少、产物得率高等显著优势,在食品、化工等工业领域已展现出巨大的市场潜力,可用于生产具备独特性质的产物,包括高支化淀粉、高支化糊精和环状葡聚糖等。此外,由于 GBE、4,6-α-葡萄糖基转移酶的转糖苷机制具有差异,制得的高支化修饰产物理化性质及应用领域也不同。

(一)用于慢消化淀粉和慢消化糊精的生产

慢消化淀粉及慢消化糊精是一类新型的低血糖生成指数的淀粉衍生物,两者的主要差别在于相对分子质量的不同,但都可以缓慢吸收、持续释放能量,有利于降低餐后血糖、改善血脂,对一些饮食相关的慢性疾病,如糖尿病、心血管疾病和肥胖等代谢综合征具有辅助治疗作用[69]。通过 GBE 催化淀粉高支化修饰可以制得这种慢消化淀粉衍生物,与快消化碳水化合物相比,其被人体摄入后可缓慢消化并持续释放能量,可在较长时间内维持饱腹感,从而避免摄入过多的热量,对肥胖等慢性疾病具有预防和控制作用[76];同时,慢消化淀粉及慢消化糊精不会导致血糖水平短期内急剧升高,有助于改善餐后血糖负荷,对于非胰岛素依赖型糖尿病和心血管疾病具有辅助治疗作用,并且可以降低结肠癌的发病率,能一定程度辅助调节人的认知和情绪,因此可以满足消费者对食品营养及健康的需求,在食品领域具有广阔的应用前景[77]。

作为一类淀粉衍生物,慢消化淀粉或慢消化糊精可以添加至谷类食物、烘焙食品、淀粉基类零食、饮料等中。其中低 DE 值的慢消化糊精可产生类似脂肪的口感,可作为脂肪替代品在冰淇淋等食物中使用[78]。此外,溶解性和流动性大幅改善的慢消化糊精也可替代常用于食品工业中的麦芽糊精,减弱普通麦芽糊精引起的餐后血糖波动,使食品更符合当代消费者对健康食品的需求[76]。Gourineni 等[79,80]将慢消化碳水化合物添加至布丁、能量棒、乳粉中,可制得低血糖生成指数的食品。

(二)用于抗性淀粉和抗性糊精的生产

在健康或特殊膳食的加工上,淀粉的高支化修饰也发挥着重要的作用。Ren 等[81]利用 GBE 对木薯淀粉进行高支化修饰,使快消化淀粉含量降低了 14.5%,并生成抗消化的环状糊精,使木薯淀粉的血糖指数显著降低,从而更加适合糖尿病患者的食用；同样地，Jo 等[82]用 GBE 和淀粉蔗糖酶协同处理甘薯淀粉，使其慢消化淀粉和抗性淀粉含量显著增加，其产物可作为血糖平衡的调节剂。此外，还有一部分研究表明，利用 4,6-α-葡萄糖基转移酶切割直链淀粉中的 α-1,4 糖苷键，在非还原端形成连续的 α-1,6 糖苷键，可用于合成高度分支的 α-葡聚糖，对 α-淀粉酶的消化也具有明显的抗性。柏玉香等[63]利用来自罗伊氏乳杆菌（*Lactobacillus reuteri*）121 的 4,6-α-葡萄糖基转移酶改性淀粉，可以得到一种具有益生潜力的水溶性膳食纤维。利用截断 N 端但高表达的全活性 4,6-α-葡萄糖基转移酶改性薯类淀粉，包括红薯淀粉、木薯淀粉和马铃薯淀粉，对产物结构和性质的测定结果表明，4,6-α-葡萄糖基转移酶改性分别使红薯淀粉、木薯淀粉和马铃薯淀粉中 α-1,6 糖苷键比例提升至 20.7%、19.5% 和 26.6%；产物相对分子质量减小，分子质量分布变广；DP>24 的链段比例降低，聚合度 6~12 的链段比例大大增加。吴敬等[83]采用快速黏度分析仪、流变仪和差示扫描量热仪等仪器对 4,6-α-葡萄糖基转移酶改性后的产物进行测定时，还发现其黏度大幅下降，表现出更多的流体行为，短期回生和长期回生也有所减慢，所得产物可用于开发能维持饱腹感、持续释放能量、避免血糖剧烈波动并且适合普通人群日常食用的淀粉衍生产品，极大地顺应了当今食品发展的趋势，具有广阔的市场应用前景。

（三）用于高品质清洁标签淀粉的生产

随着全球生活水平的提高，消费者更加倾向于产品是否标注了天然、绿色、健康、安全、营养等标签，而清洁标签产品的问世，恰好满足了消费者的需要。清洁标签产品的要求主要包含以下三个方面：① 产品成分：天然、有机、安全、无不熟悉的成分、无化学/农药残留、无过敏原、非转基因；② 产品配料表：配料越少越好，简单易懂，所有的配料须全部列明；③ 产品制作过程：简单加工、透明、真实、可信任。基于此，在"大健康"的时代背景下，积极响应市场需求、生产符合清洁标签概念的高品质淀粉及其衍生产品成为淀粉行业未来的重要发展方向。利用酶法改性淀粉，生产高品质的清洁标签淀粉也成为如今一大研究热点。

对淀粉进行高支化修饰能有效增强淀粉的稳定性及抗老化性等性能，例如，Li 等[84]用 GBE 改性玉米淀粉增加了支链淀粉的比例，对玉米淀粉的短期回生和长期回生都起到了延缓的效果，这是由于支链淀粉的重结晶速率远小于直链淀粉。Li 等[85]通过在冷冻面团的制备过程中添加玉米淀粉经高支化修饰后形成的短簇状麦芽糊精作为面团品质改良剂，还可以显著增加冷冻面团的比容，降低其硬度，并为酵母菌细胞提供更多的冷冻保护，使得面团在冷冻 8 周后具有更高的弹性模量和更连续的面筋网络结构，进而更好地满足实际的工业需求。在烘焙工业上，Wu 等[86]在小麦面包制作的过程中加入 GBE，还可使面包的比容增加、面包心的硬度降低、面包的老化速度减慢、面包屑的含量减少。通过高支化修饰还可以显著改善淀粉基产品的流变性能，例如，李雅迪[70]将GBE高支化修饰后的木薯淀粉作为增稠剂应用于番茄酱的生产，发现其可替代黄原胶，改善番茄酱的组织状态，提高番茄酱的整体感官值，而且增强了番茄酱体系中的触变性，赋予酱体一定的质构特性，使得番茄酱的坚实度和黏性指数增加，进而可以较好维持番茄酱的储藏稳定性，并最终提高了番茄酱的使用性能。此外，高支化修饰还可用于生产应用性能更好、稳定性更佳的高品质麦芽糊精。王哲[75]发现使用来源于美洲红景天菌STB05的GBE催化麦芽糊精的高支化修饰，可以有效改善麦芽糊精的黏度稳定性、凝沉性及冻融稳定性，并使得改性后的麦芽糊精溶液在4℃下储存30d后仍保持澄清透明，透明度稳定性显著提高。

淀粉是人类膳食结构中最常见的碳水化合物，也是摄入量最大的营养素之一，是维持人体生命活动的重要能量来源。此外，淀粉还是一种绿色可再生的加工原料，在食品、医药、化工等领域应用广泛。尤其在食品工业，淀粉及其衍生物已成为乳制品、加工肉制品、方便食品、冷冻食品、软饮料等食品加工中重要的辅料和添加剂，对食品的感官品质和营养品质影响很大。在未来，利用高支化修饰精准调控淀粉产品的理化性质，实现高品质、清洁标签淀粉基产品的高效绿色制备，将成为淀粉行业高质量发展的新方向。

参 考 文 献

[1] 赵凯. 淀粉非化学改性技术[M]. 北京：化学工业出版社，2008.

[2] Goto M, Kuwano E, Kanlayakrit W, et al. Role of the carbohydrate moiety of a glucoamylase from *Aspergillus kawachi* in the digestion of raw starch[J]. Bioscience, Biotechnology, and Biochemistry, 1995, 59 (1): 16-20.

[3] 韦荣霞. 生淀粉糖化酶的分离纯化及酶学性质研究[D]. 无锡：江南大学，2013.

[4] 肖长清, 戚天胜, 赵海. 生淀粉糖化酶产生菌 *Aspergillus niger* 的分离筛选及其产酶条件[J]. 应用与环境生物学报，2006，12 (1): 76-79.

[5] 朱文优, 王新惠, 张超. 糖化酶的结构及催化机制的研究进展[J]. 酿酒，2009，1: 21-23.

[6] Lin L, Chyau C C, Hsu W H. Production and properties of a raw-starch-degrading amylase from the thermophilic and alkaliphilic *Bacillus* sp. TS-23[J]. Biotechnology and Applied Biochemistry, 1998, 28: 61-68.

[7] Mamo G, Gessesse A. Purification and characterization of two raw-starch-

digesting thermostable α-amylases from a thermophilic *Bacillus*［J］. Enzyme and Microbial Technology, 1999, 25（3-5）: 433-438.

［8］Goyal N, Gupta J K, Soni S K. A novel raw starch digesting thermostable α-amylase from *Bacillus* sp I-3 and its use in the direct hydrolysis of raw potato starch［J］. Enzyme and Microbial Technology, 2005, 37（7）: 723-734.

［9］Gawande B N, Goel A, Patkar A Y, et al. Purification and properties of a novel raw starch degrading cyclomaltodextrin glucanotransferase from *Bacillus firmus*［J］. Applied Microbiology and Biotechnology, 1999, 51（4）: 504-509.

［10］Yamamoto K, Zhang Z, Kobayashi S. Cycloamylose（cyclodextrin）glucanotransferase degrades intact granules of potato raw starch［J］. Journal of Agricultural and Food Chemistry, 2000, 48（3）: 962-966.

［11］Gawande B N, Patkar A Y. Purification and properties of a novel raw starch degrading-cyclodextrin glycosyltransferase from *Klebsiella pneumoniae* AS-22［J］. Enzyme and Microbial Technology, 2001, 28（9-10）: 735-743.

［12］Okolo B N, Ire F S, Ezeogu L I, et al. Purification and some properties of a novel raw starch-digesting amylase from *Aspergillus carbonarius*［J］. Journal of the Science of Food and Agriculture, 2001, 81（3）: 329-336.

［13］Hamilton L M, Kelly C T, Fogarty W M. Production and properties of the raw starch-digesting alpha-amylase of *Bacillus* sp IMD 435［J］. Process Biochemistry, 1999, 35（1-2）: 27-31.

［14］Liu X, Xu Y. A novel raw starch digesting α-amylase from a newly isolated *Bacillus* sp YX-1: Purification and characterization［J］. Bioresource Technology, 2008, 99（10）: 4315-4320.

［15］Sun H, Ge X, Zhang W. Production of a novel raw-starch-digesting glucoamylase by *Penicillium* sp X-1 under solid state fermentation and its use in direct hydrolysis of raw starch［J］. World Journal of Microbiology and Biotechnology, 2007, 23（5）: 603-613.

［16］Jiang T, Wu C, Gao Y, et al. Preparation of novel porous starch microsphere foam loading and release of poorly water soluble drug［J］. Drug development and Industrial Pharmacy, 2014, 40（2）: 252-259.

［17］席朝运, 庄远, 陈麟凤, 等. 载氨甲环酸多孔淀粉的制备及其止血效用的评价［J］. 中国实验血液学杂志, 2014, 22（2）: 503-508.

［18］Takanori I, Nobuhiro H, Kazumasa S, et al. Powdery pharmaceutical preparation and method of manufacturing same: EP 0686399［P］. 1994.

［19］Xu X, Hasegwa N, Doi U. Biological availability of docosahexaenoic acid

[20] Hirohisa H, Ryuichi I. Cosmetic material: JP 7076508 [P]. 1995.

[21] Nanbu N, Ito O, Nagatsuka K. Metal chelate forming fiber, process for preparing the same, and method of metal ion sequestration using said fiber: U.S. Patent 6, 156, 075 [P]. 2000.

[22] Noritaka H, Hideo N, Kazuo I. Additive for printing ink and printing ink composition containing the same: JP 1046088 [P]. 1998.

[23] Nisha M, Satyanarayana T. Characteristics, protein engineering and applications of microbial thermostable pullulanases and pullulan hydrolases [J]. Applied Microbiology and Biotechnology, 2016, 100 (13): 5661-5679.

[24] Xia W, Zhang K, Su L, et al. Microbial starch debranching enzymes: Developments and applications [J]. Biotechnology Advances, 2021, 50: 107786.

[25] Mikami B, Iwamoto H, Malle D, et al. Crystal structure of pullulanase: Evidence for parallel binding of oligosaccharides in the active site [J]. Journal of Molecular Biology, 2006, 359 (3): 690-707.

[26] Sim L, Beeren S R, Findinier J, et al. Crystal Structure of the *Chlamydomonas* starch debranching enzyme isoamylase ISA1 reveals insights into the mechanism of branch trimming and complex assembly [J]. Journal of Biological Chemistry, 2014, 289 (33): 22991-23003.

[27] Katsuya Y, Mezaki Y, Kubota M, et al. Three-dimensional structure of *Pseudomonas* isoamylase at 2.2 angstrom resolution [J]. Journal of Molecular Biology, 1998, 281 (5): 885-897.

[28] Park J T, Park H S, Kang H K, et al. Oligomeric and functional properties of a debranching enzyme (TreX) from the archaeon *Sulfolobus solfataricus* P2 [J]. Biocatalysis and Biotransformation, 2008, 26 (1-2): 76-85.

[29] Fang T Y, Tseng W C, Yu C J, et al. Characterization of the thermophilic isoamylase from the thermophilic archaeon *Sulfolobus solfataricus* ATCC 35092 [J]. Journal of Molecular Catalysis B: Enzymatic, 2005, 33 (3-6): 99-107.

[30] 刘国栋. 凝胶型缓释辅料脱支淀粉的制备及其释药行为研究 [D]. 无锡: 江南大学, 2017.

[31] Miao M, Jiang B, Zhang T. Effect of pullulanase debranching and recrystallization on structure and digestibility of waxy maize starch [J]. Carbohydrate Polymers, 2009, 76 (2): 214-221.

[32] Zeng F, Zhu S, Chen F, et al. Effect of different drying methods on the structure and digestibility of short chain amylose crystals [J]. Food Hydrocolloids, 2016, 52: 721-731.

[33] Haki G D, Rakshit S K. Developments in industrially important thermostable enzymes: A review [J]. Bioresource Technology, 2003, 89 (1): 17-34.

[34] Gomes I, Gomes J, Steiner W. Highly thermostable amylase and pullulanase of the extreme thermophilic eubacterium *Rhodothermus marinus*: production and partial characterization [J]. Bioresource Technology, 2003, 90 (2): 207-214.

[35] Hii S L, Tan J S, Ling T C, et al. Pullulanase: Role in starch hydrolysis and potential industrial applications [J]. Enzyme Research, 2012, 2012: 921362.

[36] Shaw J F, Sheu J R. Production of high-maltose syrup and high-protein flour from rice by an enzymatic method [J]. Bioscience, Biotechnology, and Biochemistry, 1992, 56 (7): 1071-1073.

[37] Li Z, Wang M, Wang F, et al. γ-Cyclodextrin: A review on enzymatic production and applications [J]. Applied Microbiology and Biotechnology, 2007, 77 (2): 245-255.

[38] Kyriakides A S, Laura R G, Voutetakis S, et al. Enhancement of pure hydrogen production through the use of a membrane reactor [J]. International Journal of Hydrogen Energy, 2014, 39 (9): 4749-4760.

[39] Zhang H, Jin Z. Preparation of resistant starch by hydrolysis of maize starch with pullulanase [J]. Carbohydrate Polymers, 2011, 83 (2): 865-867.

[40] Li X, Wang Y, Lee B H, et al. Reducing digestibility and viscoelasticity of oat starch after hydrolysis by pullulanase from *Bacillus acidopullulyticus* [J]. Food Hydrocolloid, 2018, 75: 88-94.

[41] Li X, Fu J, Wang Y, et al. Preparation of low digestible and viscoelastic tigernut (*Cyperus esculentus*) starch by *Bacillus acidopullulyticus* pullulanase [J]. International Journal of Biological Macromolecules, 2017, 102: 651-657.

[42] Shi J, Sweedman M C, Shi Y. Structural changes and digestibility of waxy maize starch debranched by different levels of pullulanase [J]. Carbohydrate Polymers, 2018, 194: 350-356.

[43] Li X, Pei J, Fei T, et al. Production of slowly digestible corn starch using hyperthermophilic Staphylothermus marinus amylopullulanase in *Bacillus subtilis* [J]. Food Chemistry, 2019, 277: 1-5.

[44] Hu L, Zheng Y, Peng Y, et al. The optimization of isoamylase processing conditions for the preparation of high-amylose ginkgo starch [J]. International Journal of Biological Macromolecules, 2016, 86: 105-111.

[45] 孔昊存. 淀粉分子糖苷键重构及其产物对小鼠糖脂代谢的调控作用 [D]. 无锡：江南大学, 2021.

[46] 任俊彦. 淀粉的高支化修饰及其产物的消化性能研究 [D]. 无锡：江南大学, 2018.

[47] Ban X, Dhoble A S, Li C, et al. Bacterial 1, 4-α-glucan branching enzymes: Characteristics, preparation and commercial applications [J]. Critical Reviews in Biotechnology, 2020, 40 (3): 1-17.

[48] Kittisuban P, Lee B-H, Suphantharika M, et al. Slow glucose release property of enzyme-synthesized highly branched maltodextrins differs among starch sources [J]. Carbohydrate Polymers, 2014, 107: 182-191.

[49] Feng L, Fawaz R, Hovde S, et al. Crystal structures of *Escherichia coli* branching enzyme in complex with linear oligosaccharides [J]. Biochemistry, 2015, 54 (40): 6207-6218.

[50] Jo H J, Park S, Jeong H G, et al. *Vibrio vulnificus* glycogen branching enzyme preferentially transfers very short chains: N1 domain determines the chain length transferred [J]. FEBS Letters, 2015, 589 (10): 1089-1094.

[51] Roussel X, Lancelon-Pin C, Vikso-Nielsen A, et al. Characterization of substrate and product specificity of the purified recombinant glycogen branching enzyme of *Rhodothermus obamensis* [J]. Biochimica et Biophysica Acta (BBA) -General Subjects, 2013, 1830 (1): 2167-2177.

[52] Palomo M, Kralj S, van der Maarel M, et al. The unique branching patterns of *Deinococcus* glycogen branching enzymes are determined by their N-terminal domains [J]. Applied and Environmental Microbiology, 2009, 75 (5): 1355-1362.

[53] Rumbak E, Rawlings D E, Lindsey G G, et al. Characterization of the *Butyrivibrio fibrisolvens glgB* gene, which encodes a glycogen-branching enzyme with starch clearing activity [J]. Journal of Bacteriology, 1991, 173 (21): 6732-6741.

[54] Thiemann V, Saake B, Vollstedt A, et al. Heterologous expression and characterization of a novel branching enzyme from the thermoalkaliphilic anaerobic bacterium *Anaerobranca gottschalkii* [J]. Applied Microbiology and Biotechnology, 2006, 72 (1): 60-71.

[55] Palomo M, Pijning T, Booiman T, et al. *Thermus thermophilus* glycoside

hydrolase family 57 branching enzyme: Crystal structure, mechanism of action, and products formed [J]. Journal of Biological Chemistry, 2011, 286 (5): 3520-3530.

[56] Marta C.A, Kim B, Jorge R S, et al. The X-ray crystallographic structure of *Escherichia coli* branching enzyme [J]. Journal of Biological Chemistry, 2002, 277 (44): 42164-42170.

[57] Martin M, Štefan J. Domain evolution in the GH13 pullulanase subfamily with focus on the carbohydrate-binding module family 48 [J]. Biologia, 2008, 63 (6): 1057-1068.

[58] Murakami T, Kanai T, Takata H, et al. A novel branching enzyme of the GH-57 family in the hyperthermophilic archaeon *Thermococcus kodakaraensis* KOD1 [J]. Journal of Bacteriology, 2006, 188 (16): 5915-5924.

[59] Kim E J, Ryu S I, Bae H A, et al. Biochemical characterisation of a glycogen branching enzyme from *Streptococcus mutans*: Enzymatic modification of starch [J]. Food Chemistry, 2008, 110 (4): 979-984.

[60] Garg S K, Alam M S, Kishan K V R, et al. Expression and characterization of α- (1, 4) -glucan branching enzyme Rv1326c of *Mycobacterium tuberculosis* H37Rv [J]. Protein Expression Purification, 2007, 51 (2): 198-208.

[61] van der Maarel M, Vos A, Sanders P, et al. Properties of the glucan branching enzyme of the hyperthermophilic bacterium *Aquifex aeolicus* [J]. Biocatal Biotransfor, 2003, 21 (4-5): 199-207.

[62] Yoon S A, Ryu S I, Lee S B, et al. Purification and characterization of branching specificity of a novel extracellular amylolytic enzyme from marine hyperthermophilic *Rhodothermus marinus* [J]. Journal of Microbiology and Biotechnology, 2008, 18 (3): 457-464.

[63] Bai Y, van der Kaaij R M, Leemhuis H, et al. Biochemical characterization of the Lactobacillus reuteri glycoside hydrolase family 70 GTFB type of 4, 6-α-glucanotransferase enzymes that synthesize soluble dietary starch fibers [J]. Applied and Environmental Microbiology, 2015, 81 (20): 7223-7232.

[64] Meng X, Gangoiti J, de Kok N, et al. Biochemical characterization of two GH70 family 4, 6-α-glucanotransferases with distinct product specificity from *Lactobacillus aviarius* subsp. aviarius DSM 20655 [J]. Food Chemistry, 2018, 253: 236-246.

[65] Bai Y, Gangoiti J, Dijkstra B W, et al. Crystal structure of 4, 6-α-glucanotransferase supports diet-driven evolution of GH70 enzymes from α-amylases in oral bacteria [J]. Structure, 2017, 25 (2): 231-242.

［66］Zhang X, Leemhuis H, van der Maarel M. Digestion kinetics of low, intermediate and highly branched maltodextrins produced from gelatinized starches with various microbial glycogen branching enzymes［J］. Carbohydrate Polymers, 2020, 247: 116729.

［67］Li X, Miao M, Jiang H, et al. Partial branching enzyme treatment increases the low glycaemic property and $\alpha-1,6$ branching ratio of maize starch［J］. Food Chemistry, 2014, 164: 502-509.

［68］Yu L, Kong H, Gu Z, et al. Two 1,4-α-glucan branching enzymes successively rearrange glycosidic bonds: A novel synergistic approach for reducing starch digestibility［J］. Carbohydrate Polymers. 2021, 262: 117968.

［69］俞露茜. 双酶法制备慢消化糊精及其对小鼠糖脂代谢的影响［D］. 无锡：江南大学, 2021.

［70］李雅迪. 木薯淀粉的高支化修饰及其流变学特性的研究［D］. 无锡：江南大学, 2017.

［71］李雯雯. 玉米淀粉的高支化改性及其对回生性质的影响［D］. 无锡：江南大学, 2016.

［72］Jung D, Tran P L, Yim C-S, et al. Structural and functional characteristics of clustered amylopectin produced by glycogen branching enzymes having different branching properties［J］. Food Chemistry, 2020, 311: 125972.

［73］Lee B-H, Yan L, Phillips R J, et al. Enzyme-synthesized highly branched maltodextrins have slow glucose generation at the mucosal α-glucosidase level and are slowly digestible *in vivo*［J］. PLoS One, 2013, 8（4）: e59745.

［74］Kong H, Yu L, Gu Z, et al. An innovative short-clustered maltodextrin as starch substitute for ameliorating postprandial glucose homeostasis［J］. Journal of Agricultural and Food Chemistry, 2021, 69: 354-367.

［75］王哲. 淀粉分支酶在大肠杆菌中的分泌表达及其对麦芽糊精的改性研究［D］:［硕士学位论文］. 无锡：江南大学, 2019.

［76］李才明, 李阳, 顾正彪, 等. 麦芽糊精的支化修饰及其特性研究进展［J］. 中国食品学报, 2018, 18（10）: 1-8.

［77］辛辰昊. 淀粉分支酶在大肠杆菌中的非经典分泌研究［D］. 江南大学, 2019.

［78］陈磊. 功能淀粉糊精的制备及其应用研究［D］. 广州：华南理工大学, 2014.

［79］Gourineni V, Stewart M L, Skorge R, et al. Slowly digestible carbohydrate for balanced energy: *In vitro* and *in vivo* evidence［J］. Nutrients, 2017, 9（11）.

[80] Gourineni V, Stewart ML, Skorge R, et al. Glycemic index of slowly digestible carbohydrate alone and in powdered drink-mix [J]. Nutrients, 2019, 11 (6).

[81] Ren J, Li C, Gu Z, et al. Digestion rate of tapioca starch was lowed through molecular rearrangement catalyzed by 1, 4-α-glucan branching enzyme [J]. Food Hydrocolloids, 2018, 84: 117-124.

[82] Jo A R, Kim H R, Choi S J, et al. Preparation of slowly digestible sweet potato Daeyumi starch by dual enzyme modification [J]. Carbohydrate polymers, 2016, 143: 164-171.

[83] 吴敬, 陈晟, 王蕾, 等. 一种 4, 6-α-葡萄糖基转移酶及其在抗性糊精生产中的应用: CN 111424047A [P]. 2020.

[84] Li W, Li C, Gu Z, et al. Retrogradation behavior of corn starch treated with 1, 4-α-glucan branching enzyme [J]. Food Chemistry, 2016, 203: 308-313.

[85] Li Y, Li C, Ban X, et al. New insights into the alleviating role of starch derivatives on dough quality deterioration caused by freeze [J]. Food Chemistry, 2021, 362: 130240.

[86] Wu S, Liu Y, Yan Q, et al. Gene cloning, functional expression and characterisation of a novel glycogen branching enzyme from *Rhizomucor miehei* and its application in wheat breadmaking [J]. Food Chemistry, 2014, 159: 85-94.